U0383323

BIM 技术系列岗位人才培养项目辅导教材

BIM 建模应用技术

（第二版）

人力资源和社会保障部职业技能鉴定中心
工业和信息化部电子通信行业职业技能鉴定指导中心
国家职业资格培训鉴定实验基地   组织编写
北京绿色建筑产业联盟BIM技术研究与应用委员会

BIM 技术人才培养项目辅导教材编委会 编

陆泽荣   叶雄进   主编

中国建筑工业出版社

图书在版编目(CIP)数据

BIM 建模应用技术/BIM 技术人才培养项目辅导教材编委会编 . —2 版. —北京:
中国建筑工业出版社,2018.4(2023.9重印)
　BIM 技术系列岗位人才培养项目辅导教材
　ISBN 978-7-112-21993-3

Ⅰ. ①B… Ⅱ. ①B… Ⅲ. ①建筑设计-计算机辅助设计-应用软件-技术培训-教材　Ⅳ. ①TU201.4

中国版本图书馆 CIP 数据核字(2018)第 055346 号

　　本书为 BIM 技术系列岗位人才培养项目辅导教材,共分为十个章节。第一章 REVIT 基础,第二章 BIM 土建建模基础,第三章风管系统绘制,第四章管道系统绘制,第五章电气系统绘制,第六章构件的创建和编辑基础,第七章 BIM 管线综合基础,第八章 BIM 项目级建模细则,第九章 BIM 快速建模技术,第十章机电快速建模以及计算技术。
　　本书对 BIM 建模技术做了系统的介绍,包括 BIM 建模环境和软件的应用体系。希望本书能为考生提供帮助,也希望能够为从事 BIM 工作的技术人员提供参考。

责任编辑:封　毅　范业庶　毕凤鸣
责任校对:王　瑞

　　本书配套资源请进入 http://book. cabplink. com/zydown. jsp 页面,搜索图书名称找到对应资源点击下载。(注:配套资源需免费注册网站用户并登录后才能完成下载,资源包解压密码为本书征订号 31852)

BIM 技术系列岗位人才培养项目辅导教材
BIM 建模应用技术
(第二版)

人力资源和社会保障部职业技能鉴定中心
工业和信息化部电子通信行业职业技能鉴定指导中心
国家职业资格培训鉴定实验基地　　　　组织编写
北京绿色建筑产业联盟BIM技术研究与应用委员会

BIM 技 术 人 才 培 养 项 目 辅 导 教 材 编 委 会　编
陆泽荣　叶雄进　主编

﹡

中国建筑工业出版社出版、发行(北京海淀三里河路 9 号)
各地新华书店、建筑书店经销
北京红光制版公司制版
建工社(河北)印刷有限公司印刷

﹡

开本:787×1092 毫米　1/16　印张:22¼　字数:552 千字
2018 年 4 月第二版　2023 年 9 月第十七次印刷
定价:65.00 元(含增值服务)
ISBN 978-7-112-21993-3
(31852)

丛书编委会

编委会主任：陆泽荣

编委会副主任：刘占省　叶雄进　严　巍　杨永生

编委会成员：（排名不分先后）

陈会品	陈凌辉	陈　文	程　伟	崔　巍	丁永发
董　皓	杜慧鹏	杜秀峰	方长建	冯延力	付超杰
范明月	高　峰	关书安	郭莉莉	郭伟峰	何春华
何文雄	何　颜	洪艺芸	侯静霞	贾斯民	焦震宇
靳　鸣	金永超	孔　凯	兰梦茹	李步康	李锦磊
李　静	李泰峰	李天阳	李　享	李绪泽	李永哲
林　岩	刘　佳	刘桐良	刘　哲	刘　镇	刘子昌
栾忻雨	芦　东	马东全	马　彦	马张永	苗卿亮
邱　月	屈福平	单　毅	苏国栋	孙佳佳	汤红玲
唐　莉	田东红	王安保	王春洋	王欢欢	王竞超
王利强	王　戎	王社奇	王啸波	王香鹏	王　益
王　雍	王宇波	王　媛	王志臣	王泽强	王晓琴
魏川俊	卫启星	魏　巍	危志勇	伍　俊	吴鑫森
肖春红	向　敏	谢明泉	邢　彤	闫风毅	杨华金
杨　琼	杨顺群	叶　青	苑铖龙	徐　慧	张　正
张宝龙	张朝兴	张　弘	张敬玮	张可嘉	张　磊
张　梅	张永锋	张治国	赵立民	赵小茹	赵　欣
赵雪锋	郑海波	钟星立	周　健	周玉洁	周哲敏
朱　明	祖　建	赵士国			

主　　审：刘　睿　陈玉霞　张中华　齐运全　孙　洋

《BIM 建模应用技术》编写人员名单

主　　编：陆泽荣　北京绿色建筑产业联盟执行主席

叶雄进　北京橄榄山软件有限公司

副 主 编：金永超　云南农业大学

王　益　西安百博建筑设计咨询有限公司

叶　青　欧特克软件（中国）有限公司

王社奇　中联西北工程设计研究院有限公司

王志臣　哈尔滨剑桥学院

编写人员：

李泰峰　北京橄榄山软件有限公司

苑铖龙　北京橄榄山软件有限公司

侯静霞　洛阳鸿业信息科技股份有限公司

张朝兴　云南农业大学

何文雄　云南农业大学

洪艺芸　云南农业大学

吴鑫淼　河北农业大学

张　梅　河北农业大学

丛 书 总 序

中共中央办公厅、国务院办公厅印发《关于促进建筑业持续健康发展的意见》（国发办〔2017〕19号）、住建部印发《2016—2020年建筑业信息化发展纲要》（建质函〔2016〕183号）、《关于推进建筑信息模型应用的指导意见》（建质函〔2015〕159号），国务院印发《国家中长期人才发展规划纲要（2010—2020年）》《国家中长期教育改革和发展规划纲要（2010—2020年)》，教育部等六部委联合印发的《关于进一步加强职业教育工作的若干意见》等文件，以及全国各地方政府相继出台多项政策措施，为我国建筑信息化BIM技术广泛应用和人才培养创造了良好的发展环境。

当前，我国的建筑业面临着转型升级，BIM技术将会在这场变革中起到关键作用；也必定成为建筑领域实现技术创新、转型升级的突破口。围绕住房和城乡建设部印发的《推进建筑信息模型应用指导意见》，在建设工程项目规划设计、施工项目管理、绿色建筑等方面，更是把推动建筑信息化建设作为行业发展总目标之一。国内各省市行业行政主管部门已相继出台关于推进BIM技术推广应用的指导意见，标志着我国工程项目建设、绿色节能环保、装配式建筑、3D打印、建筑工业化生产等要全面进入信息化时代。

如何高效利用网络化、信息化为建筑业服务，是我们面临的重要问题；尽管BIM技术进入我国已经有很长时间，所创造的经济效益和社会效益只是星星之火。不少具有前瞻性与战略眼光的企业领导者，开始思考如何应用BIM技术来提升项目管理水平与企业核心竞争力，却面临诸如专业技术人才、数据共享、协同管理、战略分析决策等难以解决的问题。

在"政府有要求，市场有需求"的背景下，如何顺应BIM技术在我国运用的发展趋势，是建筑人应该积极参与和认真思考的问题。推进建筑信息模型（BIM）等信息技术在工程设计、施工和运行维护全过程的应用，提高综合效益，是当前建筑人的首要工作任务之一，也是促进绿色建筑发展、提高建筑产业信息化水平、推进智慧城市建设和实现建筑业转型升级的基础性技术。普及和掌握BIM技术（建筑信息化技术）在建筑工程技术领域应用的专业技术与技能，实现建筑技术利用信息技术转型升级，同样是现代建筑人职业生涯可持续发展的重要节点。

为此，北京绿色建筑产业联盟特邀请国际国内BIM技术研究、教学、开发、应用等方面的专家，组成BIM技术应用型人才培养丛书编写委员会；针对BIM技术应用领域，组织编写了这套BIM工程师专业技能培训与考试指导用书，为我国建筑业培养和输送优秀的建筑信息化BIM技术实用性人才，为各高等院校、企事业单位、职业教育、行业从业人员等机构和个人，提供BIM专业技能培训与考试的技术支持。这套丛书阐述了BIM技术在建筑全生命周期中相关工作的操作标准、流程、技巧、方法；介绍了相关BIM建模软件工具的使用功能和工程项目各阶段、各环节、各系统建模的关键技术。说明了BIM技术在项目管理各阶段协同应用关键要素、数据分析、战略决策依据和解决方案。提出了推动BIM在设计、施工等阶段应用的关键技术的发展和整体应用策略。

我们将努力使本套丛书成为现代建筑人在日常工作中较为系统、深入、贴近实践的工具型丛书，促进建筑业的施工技术和管理人员、BIM 技术中心的实操建模人员，战略规划和项目管理人员，以及参加 BIM 工程师专业技能考评认证的备考人员等理论知识升级和专业技能提升。本丛书还可以作为高等院校的建筑工程、土木工程、工程管理、建筑信息化等专业教学课程用书。

本套丛书包括四本基础分册，分别为《BIM 技术概论》、《BIM 应用与项目管理》、《BIM 建模应用技术》、《BIM 应用案例分析》，为学员培训和考试指导用书。另外，应广大设计院、施工企业的要求，我们还出版了《BIM 设计施工综合技能与实务》、《BIM 快速标准化建模》等应用型图书，并且方便学员掌握知识点的《BIM 技术知识点练习题及详解（基础知识篇）》《BIM 技术知识点练习题及详解（操作实务篇）》。2018 年我们还将陆续推出面向 BIM 造价工程师、BIM 装饰工程师、BIM 电力工程师、BIM 机电工程师、BIM 铁路工程师、BIM 轨道交通工程师、BIM 工程设计工程师、BIM 路桥工程师、BIM 成本管控、装配式 BIM 技术人员等专业方向的培训与考试指导用书，覆盖专业基础和操作实务全知识领域，进一步完善 BIM 专业类岗位能力培训与考试指导用书体系。

为了适应 BIM 技术应用新知识快速更新迭代的要求，充分发挥建筑业新技术的经济价值和社会价值，本套丛书原则上每两年修订一次；根据《教学大纲》和《考评体系》的知识结构，在丛书各章节中的关键知识点、难点、考点后面植入了讲解视频和实例视频等增值服务内容，让读者更加直观易懂，以扫二维码的方式进入观看，从而满足广大读者的学习需求。

感谢本丛书参加编写的各位编委们在极其繁忙的日常工作中抽出时间撰写书稿。感谢清华大学、北京建筑大学、北京工业大学、华北电力大学、云南农业大学、四川建筑职业技术学院、黄河科技学院、中国建筑科学研究院、中国建筑设计研究院、中国智慧科学技术研究院、中国铁建电气化局集团、中国建筑西北设计研究院、北京城建集团、北京建工集团、上海建工集团、北京百高教育集团、北京中智时代信息技术公司、天津市建筑设计院、上海 BIM 工程中心、鸿业科技公司、广联达软件、橄榄山软件、麦格天宝集团、海航地产集团有限公司、T-Solutions、上海开艺设计集团、江苏国泰新点软件、文凯职业教育学校等单位，对本套丛书编写的大力支持和帮助，感谢中国建筑工业出版社为这套丛书的出版所做出的大量的工作。

北京绿色建筑产业联盟执行主席　陆泽荣

2019 年 1 月

前　　言

计算机软件技术创新和硬件性能的不断提高，为 BIM 在工程中的应用创造了条件。在工程建设行业中使用 BIM 技术的优势和好处显而易见，BIM 技术应用成为土木相关行业今后的技术发展趋势。建设部发文指明 BIM 发展目标：到 2020 年末，建筑行业甲级勘察、设计单位以及特级、一级房屋建筑工程施工企业应掌握并实现 BIM 与企业管理系统和其他信息技术的一体化集成应用。新立项项目勘察设计、施工、运营维护中，集成应用 BIM 的项目比率达到 90%；以国有资金投资为主的大中型建筑；申报绿色建筑的公共建筑和绿色生态示范小区。

编写本书目的是为了给 BIM 工程师提供一个建模工作流的样例，循着本书的引导，让读者掌握 BIM 土建和机电建模的方法、流程。了解最佳的建模工作方法、建模工作注意事项以及使用高效率的建模工具软件。本书重点放在 BIM 建模工作的流程和工作方法上，逐步带领读者创建食堂土建模型和机电模型，阐明了在管线综合模型调整的方法和要领，分享了如何组织团队的协作、如何避免建模软件存在不足带来的建模工作困难。最后介绍了 BIM 快速建模的工具软件如何提高 Revit 平台上建模效率。由于篇幅的限制，本书没有全面展开讲解 Revit 所有功能用法，读者可使用 Revit 软件的在线帮助获取本书没有用到的功能。

修订版增加了与书内容配套的视频，只需要扫描书中的二维码就可以立即查看该内容点的操作教学视频，借用多媒体手段，让读者更好的掌握 Revit 建模基础知识和操作方法。

本书配有练习文件，学习本书需与练习文件同步进行。配套的练习文件请从中国建工出版社的网站中下载，进入 http://book.cabplink.com/zydown.jsp 页面，搜索图书名称找到对应资源点击下载。（注：配套资源需免费注册网站用户并登录后才能完成下载，资源包解压密码为本书征订号 31852）

金永超编写第一章和第二章的结构建模部分，并提供样例模型原始资料；叶青编写第二章的建筑建模以及第三、四、五章；王益编写了第七、八章；王社奇、邹斌编写第六章；叶雄进与李泰峰编写第九章；侯静霞编写第十章。在修订版编写中得到王志臣的内容建议，也采纳了张梅等老师们的建议。第二章的配套视频由吴鑫淼、申梦、邓云、韩莎莎、张梅、王印、唐波、李宏军、周静怡、王彦惠、冉彦立、胡艾霖参与录制。张朝兴、何文雄、洪艺芸、陈姝霖、苑钺龙和参与部分章节的编写或校对工作。全书由叶雄进主编、修改并定稿；刘睿主审全书。

感谢北京绿色建筑产业联盟对本书编写工作的大力支持，感谢中国建筑工业出版社在本书的书写中给予的全面指导。

由于编者水平有限，本书难免有不当之处，衷心期望各位读者给予指正。

2018 年 3 月

目　　录

第 1 章　Revit 基础

本章导读

　　BIM 基础建模软件国际上主要有 Autodesk 公司的 Revit、Bentley 公司的 Microstation、GraphiSoft 公司的 ArchiCAD 软件、Trimble 公司的 SketchUp、达索公司的 Catia 等。本书以 Autodesk 公司的 Revit 为例来讲解 BIM 建模方法。其他软件请参考相关软件的使用文档。

　　Revit 系列软件是由全球领先的数字化设计软件供应商 Autodesk 公司针对建筑设计行业开发的三维参数化设计软件。自 2004 年进入中国以来，已成为最流行、使用率最高的 BIM 软件，越来越多的设计企业、工程公司使用它完成三维设计工作和 BIM 模型创建工作。

　　本章 1.1 节主要介绍了 BIM 及参数化的概念及意义，Revit 的概况、基本概念和应用范围。同时介绍了 Revit 的界面操作，项目文件、项目样板和族的基本概念，族关系、图元关系和文件格式等。本节内容多以概念为主，这些概念是学习掌握 Revit 的基础。

　　1.2 节通过实际操作，详细阐述了如何用鼠标配合键盘控制视图的浏览、缩放、旋转等基本功能以及对图元的复制、移动、对齐、阵列的基本编辑操作；还介绍了通过尺寸标注来约束图元及临时尺寸标注修改图元位置。这些内容都是 Revit 操作的基础，只有通过操作掌握基本的操作后，才能更加灵活地操作软件，创建和编辑各种复杂的模型。

本章二维码

1. REVIT 软件
基础

1.1　初识 Revit

提要：
■ BIM 的概念
■ Revit 与 BIM 的关系
■ Revit 的用途
■ Revit 的文件格式

1.1.1　Revit 简介

Revit 最早是由一家名为 Revit Technology 的公司于 1997 年开发的三维参数化建筑设计软件。2002 年被 Autodesk 收购，并在工程建设行业提出 BIM（Building Information Modeling，建筑信息模型）的概念。

Revit 是专为建筑行业开发的模型和信息管理平台，它支持建筑项目所需的模型、设计、图纸和明细表。并可以在模型中记录材料的数量、施工阶段、造价等工程信息。

在 Revit 项目中，所有的图纸、二维视图和三维视图以及明细表都是同一个基本建筑模型数据库的信息表现形式。Revit 的参数化修改引擎可自动协调在任何位置（模型视图、图纸、明细表、剖面和平面中）进行的修改。

1. BIM（建筑信息模型）

BIM 全称为 Building Information Model，译为"建筑信息模型"，由 Autodesk 公司最早提出此概念。BIM 是以三维数字技术为基础，集成了建筑工程项目各种相关信息的工程数据模型，可以为设计和施工中提供相协调的、内部保持一致的并可进行运算的信息。

利用 Revit 强大的参数化建模能力、精确统计及 Revit 平台上的优秀协同设计、碰撞检查功能，在民用及工厂设计领域中，已经被越来越多的民用设计企业、专业设计院、EPC 企业采用。

> 学习提示：BIM 全称为 Building Information Model，业内也被称为 Building Information Modeling，即"建筑信息动态（过程）模型"，其理论基础来自 BLM（Building Lifecycle Management）即建筑全生命周期管理。

2. 参数化

"参数化"是 Revit 的基本特性。所谓"参数化"是指 Revit 中各模型图元之间的相对关系，例如，相对距离、共线等几何特征。Revit 会自动记录这些构件间的特征和相对关系，从而实现模型间的自动协调和变更管理，例如，当指定窗底部边缘距离标高距离为900，修改标高位置时，Revit 会自动修改窗的位置，以确保变更后窗底部边缘距离标高仍为 900。构件间参数化关系可以在创建模型时由 Revit 自动创建，也可以根据需要由用户手动创建。

在 CAD 领域中，用于表达和定义构件间这些关系的数字或特性称为"参数"，Revit 通过修改构件中的预设或自定义的各种参数实现对模型的变更和修改，这个过程称之为参数化修改。参数化功能为 Revit 提供了基本的协调能力和生产率优势：无论何时在项目中的任何位置进行任何修改，Revit 都能在整个项目内协调该修改，从而确保几何模型和工程数据的一致性。

　　学习提示：学习 Revit 最好的方法就是动手操作。通过本教程的学习和不断深入，相信您一定能很好地掌握软件的操作。

3. Revit 的启动

　　Revit 是标准的 Windows 应用程序。可以像其他 Windows 软件一样通过双击快捷方式启动 Revit 主程序。启动后，默认会显示"最近使用的文件"界面。如果在启动 Revit 时，不希望显示"最近使用的文件界面"，可以按以下步骤来设置：

　　（1）启动 Revit，单击左上角的"应用程序菜单"按钮，在菜单中选择位于右下角的 选项 按钮，出现"用户界面"对话框，如图 1.1.1-1 所示。

图 1.1.1-1　"用户界面"对话框

　　（2）在"选项"对话框中，切换至"常规"选项卡，清除"启动时启用'最近使用的文件'页面"复选框，设置完成后单击 确定 按钮，退出"选项"对话框。

　　（3）单击"应用程序菜单" 按钮，在菜单中选择 退出 Revit 或点击软件右上角的 ✕ 将 Revit 软件完全关闭，重新启动 Revit，此时将不再显示"最近使用的文件"界面，仅显示空白界面。

　　（4）使用相同的方法，勾选"选项"对话框中"启动时启用'最近使用的文件'页面"复选框并单击 确定 按钮，按照上述方法关闭软件再次启动，将重新启用"最近使用的文件"界面。

4. Revit 的界面

　　Revit 2016 的应用界面如图 1.1.1-2 所示。在主界面中，主要包含项目和族两大区

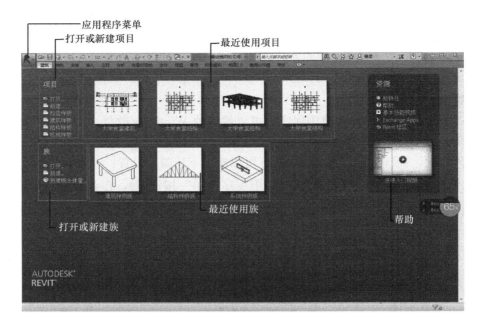

图 1.1.1-2 Revit 的界面

域。分别用于打开或创建项目以及打开或创建族。在 Revit 2016 中，已整合了包括建筑、结构、机电各专业的功能，因此，在项目区域中，提供了建筑、结构、机械、构造等项目创建的快捷方式。单击不同类型的项目快捷方式，将采用各项目默认的项目样板进入新项目创建模式。

项目样板是 Revit 工作的基础。在项目样板中预设了新建项目的所有默认设置，包括长度单位、轴网标高样式、墙体类型等。项目样板仅为项目提供默认预设工作环境，在项目创建过程中，Revit 允许用户在项目中自定义和修改这些默认设置。

如图 1.1.1-3 所示，在"选项"对话框中，切换至"文件位置"选项，可以查看 Revit 中各类项目所采用的样板设置。在该对话框中，还允许用户添加新的样板快捷方式，浏览指定所采用的项目样板。

点击"构造样板"路径任意英文字母，在其后将会出现浏览样板文件图标（图1.1.1-3），点击该图标将进入浏览样板文件界面，通常会默认选取"China"样板文件夹，见图 1.1.1-4。

图中默认的样板文件对应于各专业的建模使用，"构造样板"包括通用的项目设置，"建筑样板"对应于建筑专业，"结构样板"对应于结构专业，"机械样板"针对机电全专业（水、暖、电）。如需要机电中的单专业样板或使用已建立的某样板可采用如下两种方式。

（1）在 Revit 界面增加某样板（以"电气样板"为例）

点击 增加样板（图 1.1.1-5），在弹出的"浏览样板文件"对话框选择"电气样板"。将名称更改为中文"电气样板"，点击确定按钮，Revit 界面将会出现"电气样板"，见图 1.1.1-6。

图 1.1.1-3 "选项"对话框

图 1.1.1-4 "浏览样板文件"对话框

图 1.1.1-5　增加电气样板文件　　　　图 1.1.1-6　增加电气
样板后的界面

（2）新建项目时直接浏览某样板文件

在界面中选择"新建→项目"选项，将弹出"新建项目"对话框，如图 1.1.1-7 所示。在该对话框中可以指定新建项目时要采用的样板文件，除可以选择已有的样板文件方式外，还可以单击 浏览 (B)... 按钮指定其他样板文件创建项目。在该对话框下方，选择新建的"项目"以为该样板文件新建一个项目，选择"样板文件"以为编辑或自定义当前项目样板。

图 1.1.1-7　"新建项目"对话框

5. 使用帮助与信息中心

Revit 提供了完善的帮助文件系统，以方便用户在遇到使用困难时查阅。可以随时单击"帮助与信息中心"栏中的"Help" ⑦▾ 按钮或按键盘"F1"键，打开帮助文档进行查阅。目前，Revit 2016 已将帮助文件以在线的方式存在，因此必须连接 Internet 才能正常查看帮助文档。

1.1.2　Revit 的基本术语

要掌握 Revit 的操作，必须先理解软件中的几个重要的概念和专用术语。由于 Revit 是针对工程建设行业推出的 BIM 工具，因此 Revit 中大多数术语均来自于工程项目，例如结构墙、门、窗、楼板、楼梯等。但软件中包括几个专用的术语，读者务必掌握。

除前面介绍的参数化、项目样板外，Revit 还包括几个常用的专用术语。这些常用术语包括：项目、对象类别、族、族类型、族实例。必须理解这些术语的概念与含义，才能灵活创建模型和文档。

1. 项目

在 Revit 中，可以简单地将项目理解为 Revit 的默认存档格式文件。该文件中包含了工程中所有的模型信息和其他工程信息，如材质、造价、数量等，还可以包括设计中生成的各种图纸和视图，项目以".rvt"的数据格式保存。注意".rvt"格式的项目文件无法在低版本的 Revit 中打开，但可以被更高版本的 Revit 中打开。例如，使用 Revit 2015 创建的项目数据，无法在 Revit 2014 或更低的版本中打开，但可以使用 Revit 2016 打开或编辑。

> 学习提示：使用高版本的软件打开数据后，当进行数据保存时，Revit 将升级项目数据格式为新版本数据格式。升级后的数据也将无法使用低版本软件打开了。

前面提到，项目样板是创建项目的基础。事实上，在 Revit 中创建任何项目时，均会采用默认的项目样板文件。项目样板文件以".rte"格式保存。与项目文件类似，无法在低版本的 Revit 软件中使用高版本创建的样板文件。

2. 对象类别

与 AutoCAD 不同，Revit 不提供图层的概念。Revit 中的轴网、墙、尺寸标注、文字注释等对象以对象类别的方式进行自动归类和管理。Revit 通过对象类别进行细分管理。例如，模型图元类别包括墙、楼梯、楼板等；注释类别包括门窗标记、尺寸标注、轴网、文字等。

在项目任意视图中通过按键盘默认快捷键 VV 或 VG，将打开"可见性图形替换"对话框，如图 1.1.2-1 所示，在该对话框中可以查看 Revit 包含的详细类别名称。

图 1.1.2-1 "可见性图形替换"对话框

注意在 Revit 的各类别对象中，还将包含子类别定义，例如楼板类别中，还包含公共边、内部边缘、楼板边缘等子类别。Revit 通过控制对象中各子类别的可见性、线形、线宽等设置，控制模型对象在当前视图中的显示，以满足可视化及出图的要求。

在创建各类对象时，Revit 会自动根据对象所使用的族将该图元自动归类到正确的对象类别当中。例如，放置门时，Revit 会自动将该图元归类于"门"，而不必像 AutoCAD 那样预先指定图层。

3. 族

Revit 的项目是由墙、门、窗、楼板、楼梯等一系列基本对象"堆积"而成的，这些基本的零件称之为图元。除三维图元外，包括文字、尺寸标注等单个对象也称之为图元。

族是 Revit 项目的基础。Revit 的任何单一图元都由某一个特定族产生。例如，一扇门、一面墙、一个尺寸标注、一个图框等。由一个族产生的各图元均具有相似的属性或参数。例如，对于一个平开门族，由该族产生的图元均含有高度、宽度等参数，但具体每个门的高度、宽度值可以不同，这由该族的类型或实例参数定义决定。

在 Revit 中，族分为三种：

（1）可载入族。

可载入族是指单独保存为族".rfa"格式的独立族文件，且可以随时载入到项目中的族。Revit 提供了族样板文件，允许用户自定义任意形式的族。在 Revit 中门、窗、结构柱、卫浴装置等均为可载入族。

（2）系统族。

系统族仅能利用系统提供的默认参数进行定义，不能作为单个族文件载入或创建。系统族包括墙、天花板、屋顶、楼板、标高、轴网、尺寸标注等。系统族中定义的族类型可以使用"项目传递"功能在不同的项目之间进行传递。

（3）内建族。

在项目中，由用户在项目中直接创建的族称为内建族。内建族仅能在本项目中使用，即不能保存为单独的".rfa"格式的族文件，也不能通过"项目传递"功能将其传递给其他项目。与前两种族不同，内建族仅能包含一种类型。Revit 不允许用户通过复制内建族类型来创建新的族类型。

第 6 章将深入、全面地讲述族中的概念、功能和如何创建族。在第 2、3、4、5 章若碰到族的疑问，可以去第 6 章查阅。

4. 类型和实例

除内建族外，每一个族包含一个或多个不同的类型，用于定义不同的对象特性。例如，对于结构柱来说，可以通过创建不同的族类型，定义不同的结构柱类型和材质等。而每个放置在项目中的实际结构柱图元，则称之为该类型的一个实例。Revit 通过类型属性和实例属性参数控制图元的类型或实例参数特征。同一类型的所有实例均具备相同的类型属性参数设置，而同一类型的不同实例，可以具备完全不同的实例参数设置。

如图 1.1.2-2 所示，列举了 Revit 中族类别、族、族类型和族实例之间的相互关系。

从图 1.1.2-2 可以看出，对于同一类型的不同结构柱实例，它们均具备相同的柱直径或长宽尺寸，但可以具备不同的高度、位置等实例参数。

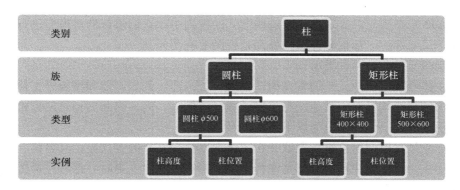

图 1.1.2-2 族关系图

修改类型属性的值会影响该族类型的所有实例，而修改实例属性时，仅影响所有被选择的实例。要修改某个实例具有不同的类型定义，必须为族创建新的族类型。例如，要将项目中若干 400mm×400mm 的矩形柱图元中的某一根修改为 500mm×500mm，必须建立新的类型，将该矩形柱的类型进行替换。

若直接将该矩形柱的类型修改为 500mm×500mm，则所有柱均将更改为 500mm×500mm。

5. 各术语间的关系

在 Revit 中，各类术语间对象的关系如图 1.1.2-3 所示。

可这样理解 Revit 的项目，Revit 的项目由无数个不同的族实例（图元）相互堆砌而成，而 Revit 通过族和族类别来管理这些实例，用于控制和区分不同的实例。而在项目中，Revit 通过对象类别来管理这些族。因此，当某一类别在项目中设置为不可见时，隶属于该类别的所有图元均将不可见。

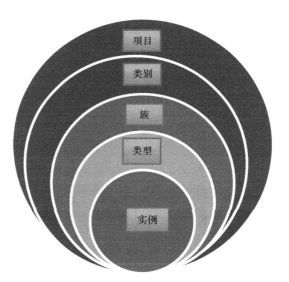

图 1.1.2-3 对象关系图

学习提示：本书在后续的章节中，将通过具体的操作来理解这些晦涩难懂的概念。读者在此有基本理解即可。

1.1.3 图元行为

族是构成项目的基础。在项目中，各图元主要起三种作用：

（1）基准图元可帮助定义项目的定位信息。例如，轴网、标高和参照平面都是基准图元。

（2）模型图元表示建筑的实际三维几何图形。它们显示在模型的相关视图中。例如，墙、窗、门和屋顶是模型图元。

（3）视图专有图元只显示在放置这些图元的视图中。它们可帮助对模型进行描述或归档。例如，尺寸标注、标记和详图构件都是视图专有图元。

而模型图元又分为两种类型：

（1）主体（或主体图元）通常在构造场地在位构建。例如，墙和楼板是主体。

（2）构件是建筑模型中其他所有类型的图元。例如，门、窗和橱柜是模型构件。

对于视图专有图元，则分为以下两种类型：

（1）标注是对模型信息进行提取并在图纸上以标记文字的方式显示其名称、特性。例如，尺寸标注、标记和注释记号都是注释图元。当模型发生变更时，这些注释图元将随模型的变化而自动更新。

（2）详图是在特定视图中提供有关建筑模型详细信息的二维项。例如，包括详图线、填充区域和详图构件。这类图元类似于 AutoCAD 中绘制的图块，不随模型的变化而自动变化。

如图 1.1.3-1 所示，列举了 Revit 中各不同性质和作用图元的使用方式，供读者参考。

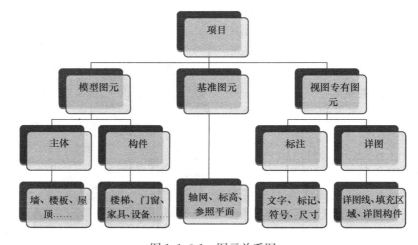

图 1.1.3-1　图元关系图

1.1.4　文件格式

1. 四种基本文件格式

（1）rte 格式

项目样板文件格式。包含项目单位、标注样式、文字样式、线型、线宽、线样式、导入/导出设置等内容。为规范设计和避免重复设置，对 Revit 自带的项目样板文件，可根据用户需要及企业内部标准设置，并保存成项目样板文件，便于用户新建项目文件时选用。

（2）rvt 格式

项目文件格式。包含项目所有的模型、注释、视图、图纸等内容。通常基于项目样板文件（.rte）创建项目文件，编辑完成后保存为 rvt 文件，作为设计使用的项目文件。

（3）rft 格式

可载入族的样板文件格式。创建不同类别的族要选择不同的样板文件。

（4）rfa 格式

可载入族的文件格式。用户可以根据项目需要创建常用族文件，以便随时在项目中载入使用。

2. 支持的其他文件格式

在项目设计、管理时，用户经常会使用多种设计、管理工具来实现自己的意图，为了实现多软件环境的协同工作，Revit 提供了"导入"、"链接"、"导出"工具，可以支持 CAD、FBX、IFC、gbXML 等多种文件格式。用户可以根据需要进行有选择的导入和导出。如图 1.1.4-1 所示。

图 1.1.4-1 文件交换

1.2　Revit 基本操作

提要：
- Revit 操作界面
- Revit 视图
- 基本修改、编辑命令
- 临时尺寸标注
- 快捷操作命令

上一节介绍了 Revit 的基本概念。由于读者刚刚接触 Revit 软件，这些概念显得相当难以理解，即使读者不能理解这些概念也没关系，随着对 Revit 操作和理解的加深，这些概念会自然理解。接下来，将介绍 Revit 的基本操作和编辑工具。

1.2.1　用户界面

Revit 使用了 Ribbon 界面，用户可以根据自己的需要修改界面布局。例如，可以将功能区设置为四种显示设置之一。还可以同时显示若干个项目视图，或修改项目浏览器的默认位置。

如图 1.2.1-1 所示，为在项目编辑模式下 Revit 的界面形式。

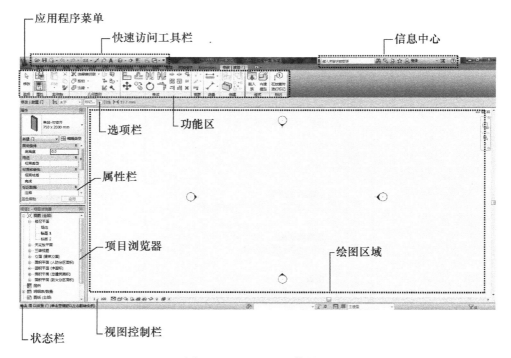

图 1.2.1-1　Revit 工作界面

1. 应用程序菜单

单击左上角的"应用程序菜单"按钮![icon]可以打开应用程序菜单列表，如图 1.2.1-2 所示。

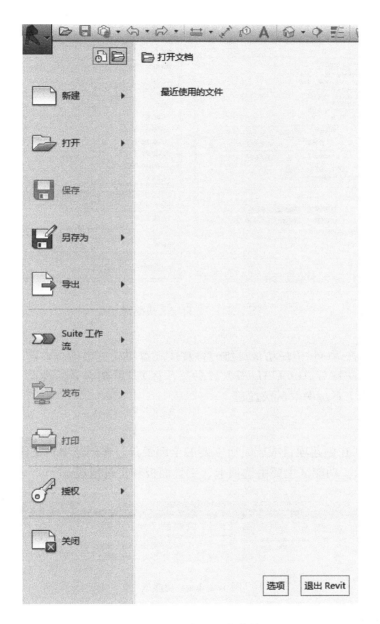

图 1.2.1-2　应用程序菜单

应用程序菜单按钮类似于传统界面下的"文件"菜单，包括【新建】、【保存】、【打印】、【退出 Revit】等均可以在此菜单下执行。在应用程序菜单中，可以单击各菜单右侧的箭头查看每个菜单项的展开选择项，然后再单击列表中各选项执行相应的操作。

单击应用程序菜单右下角的 选项 按钮，可以打开【选项】对话框。如图1.2.1-3所示，在【用户界面】选项中，用户可根据自己的工作需要自定义出现在功能区域的选项卡命令，并自定义快捷键。

图1.2.1-3　自定义快捷键

> **学习提示**：在Revit中使用快捷键时直接按键盘对应字母即可，输入完成后无需输入空格或回车（注意与AutoCAD等软件的操作区别）。在本书后续章节，将对操作中使用到的每一个工具说明默认快捷键。

2.功能区

功能区提供了在创建项目或族时所需要的全部工具。在创建项目文件时，功能区显示如图1.2.1-4所示。功能区主要由选项卡、工具面板和工具组成。

图1.2.1-4　功能区

单击工具可以执行相应的命令，进入绘制或编辑状态。在本书后面章节中，会按选项卡、工具面板和工具的顺序描述操作中该工具所在的位置。例如，要执行"门"工具，将描述为【建筑】→【构件】→【门】。

如果同一个工具图标中存在其他工具或命令，则会在工具图标下方显示下拉箭头，单击该箭头，可以显示附加的相关工具。与之类似，如果在工具面板中存在未显示的工具，会在面板名称位置显示下拉箭头。图1.2.1-5所示为墙工具中包含的附加工具。

图 1.2.1-5 附加工具菜单

学习提示：如果工具按钮中存在下拉箭头，直接单击工具将执行最常用的工具，即列表中第一个工具。

Revit 根据各工具的性质和用途，分别组织在不同的面板中。如图 1.2.1-6 所示，如果存在与面板中工具相关的设置选项，则会在面板名称栏中显示斜向箭头设置按钮。单击该箭头，可以打开对应的设置对话框，对工具进行详细的通用设定。

图 1.2.1-6 工具设置选项

鼠标左键按住并拖动工具面板标签位置时，可以将该面板拖拽到功能区上其他任意位置。使之成为浮动面板。要将浮动面板返回到功能区，移动鼠标移至面板之上，浮动面板右上角显示控制柄时，如图 1.2.1-7 所示，单击"将面板返回到功能区"符号即可将浮动面板重新返回工作区域。注意工具面板仅能返回其原来所在的选项卡中。

图 1.2.1-7 面板返回到功能区按钮

Revit 提供了三种不同的单击功能区面板显示状态。单击选项卡右侧的功能区状态切换符号 ，可以将功能区视图在显示完整的功能区、最小化到面板平铺、最小化至选项卡状态间循环切换。如图 1.2.1-8 所示，为最小化到面板平铺时功能区的显示状态。

15

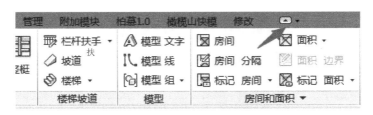

图 1.2.1-8　功能区状态切换按钮

3. 快速访问工具栏

除可以在功能区域内单击工具或命令外，Revit 还提供了快速访问工具栏，用于执行经常使用的命令。默认情况下快速访问栏包含下列项目，如表 1.2.1-1 所示。

快速访问工具栏　　　　　　　　表 1.2.1-1

快速访问工具栏项目	说　　明
（打开）	打开项目、族、注释、建筑构件或 IFC 文件
（保存）	用于保存当前的项目、族、注释或样板文件
（撤销）	用于在默认情况下取消上次的操作。显示在任务执行期间执行的所有操作的列表
（恢复）	恢复上次取消的操作。另外，还可显示在执行任务期间所执行的所有已恢复操作的列表
（切换窗口）	点击下拉箭头，然后单击要显示切换的视图
（三维视图）	打开或创建视图，包括默认三维视图、相机视图和漫游视图
（同步并修改设置）	用于将本地文件与中心服务器上的文件进行同步
（定义快速访问工具栏）	用于自定义快速访问工具栏上显示的项目。要启用或禁用项目，请在"自定义快速访问工具栏"下拉列表上该工具的旁边单击

可以根据需要自定义快速访问栏中的工具内容，根据自己的需要重新排列顺序。例如，要在快速访问栏中创建墙工具，如图 1.2.1-9 所示，右键单击功能区【墙】工具，在弹出的快捷菜单中选择"添加到快速访问工具栏"即可将墙及其附加工具同时添加至快速访问栏中。使用类似的方式，在快速访问栏中右键单击任意工具，选择"从快速访问栏中删除"，可以将工具从快速访问栏

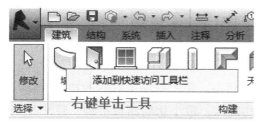

图 1.2.1-9　添加到快速访问工具栏

中移除。

快速访问工具栏可能会显示在功能区下方。在快速访问工具栏上单击"自定义快速访问工具栏"下拉菜单"在功能区下方显示",如图 1.2.1-10 所示。

图 1.2.1-10 自定义快速访问工具栏

单击"自定义快速访问工具栏"下拉菜单,在列表中选择"自定义快速访问栏"选项,将弹出"自定义快速访问工具栏"对话框,见图 1.2.1-10。使用该对话框,可以重新排列快速访问栏中的工具显示顺序,并根据需要添加分隔线。勾选该对话框中的"在功能区下方显示快速访问工具栏"选项也可以修改快速访问栏的位置。

4. 选项栏

选项栏默认位于功能区下方,用于设置当前正在执行操作的细节设置。选项栏的内容比较类似于 AutoCAD 的命令提示行,其内容因当前所执行的工具或所选图元的不同而不同。图 1.2.1-11 所示为使用墙工具时,选项栏的设置内容。

图 1.2.1-11 选项栏

可以根据需要将选项栏移动到绘图区域的底部,在选项栏上单击鼠标右键,然后选择"固定在底部"选项即可。

5. 项目浏览器

项目浏览器用于组织和管理当前项目中包括的所有信息。包括项目中所有视图、明细表、图纸、族、组、链接的 Revit 模型等项目资源。Revit 按逻辑层次关系组织这些项目资源，方便用户管理。展开和折叠各分支时，将显示下一层集的内容。如图 1.2.1-12 所示，为项目浏览器中包含的项目内容。项目浏览器中，项目类别前显示"┼"表示该类别中还包括其他子类别项目。在 Revit 中进行项目设计时，最常用的操作就是利用项目浏览器在各视图中切换。

在 Revit 2016 中，可以在项目浏览器对话框任意栏目名称上单击鼠标右键，在弹出的右键菜单中选择【搜索】选项，打开"在项目浏览器中搜索"对话框，如图 1.2.1-13 所示。可以使用该对话框在项目浏览器中对视图、族及族类型名称进行查找定位。

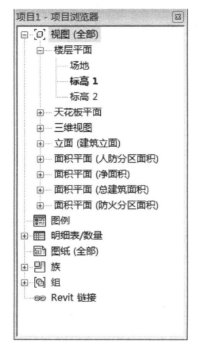

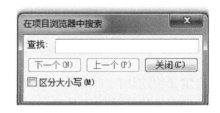

図 1.2.1-12　项目浏览器　　　　图 1.2.1-13　"在项目浏览器中搜索"对话框

在项目浏览器中，右键单击第一行"视图（全部）"，在弹出的右键快捷菜单中选择【类型属性】选项，将打开项目浏览器的"类型属性"对话框，如图 1.2.1-14 所示。可以自定义项目视图的组织方式，包括排序方法和显示条件过滤器。

6. 属性栏

"属性"面板可以查看和修改用来定义 Revit 中图元实例属性的参数。属性面板各部分的功能如图 1.2.1-15 所示。

在任何情况下，按键盘快捷键"Ctrl+1"或"PP"，均可打开或关闭属性面板。还可以选择任意图元，单击上下文关联选项卡中的  按钮；或在绘图区域中单击鼠标右键，在弹出的快捷菜单中选择【属性】选项将其打开。可以将该选项板固定到 Revit 窗口的任一侧，也可以将其拖拽到绘图区域的任意位置成为浮动面板。

当选择图元对象时，属性面板将显示当前所选择对象的实例属性；如果未选择任何图元，则选项板上将显示活动视图的属性。

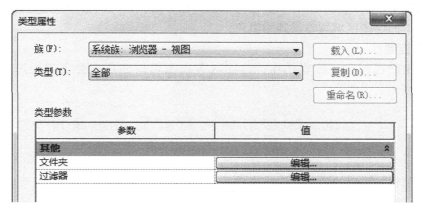

图 1.2.1-14　"类型属性"对话框

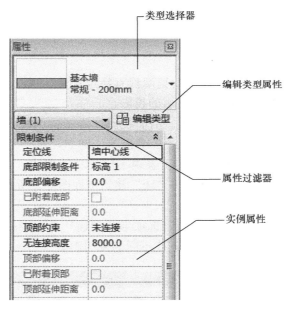

图 1.2.1-15　"属性"面板

7. 绘图区域

Revit 窗口中的绘图区域显示当前项目的楼层平面视图以及图纸和明细表视图。在 Revit 中每当切换至新视图时，都将在绘图区域创建新的视图窗口，且保留所有已打开的其他视图。如图 1.2.1-16 所示，使用【视图】→【窗口】→【平铺】或【层叠】工具，并可设置所有已打开视图排列方式为平铺、层叠等。

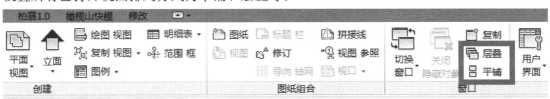

图 1.2.1-16　视图排列方式

默认情况下，绘图区域的背景颜色为白色。在"选项"对话框"图形"选项卡中，可以设置视图中的绘图区域背景反转为黑色。

8. 视图控制栏

在楼层平面视图和三维视图中，绘图区各视图窗口底部均会出现视图控制栏。如图 1.2.1-17所示。

图 1.2.1-17　视图控制栏

通过控制栏，可以快速访问影响当前视图的功能，其中包括下列 12 个功能：

比例、详细程度、视觉样式、打开/关闭日光路径、打开/关闭阴影、显示/隐藏渲染对话框、裁剪视图、显示/隐藏裁剪区域、解锁/锁定三维视图、临时隔离/隐藏、显示隐藏的图元、分析模型的可见性。在后面将详细介绍视图控制栏中各项工具的使用。

1.2.2　视图控制

1. 项目视图种类

Revit 视图有很多种形式，每种视图类型都有特定用途，视图不同于 CAD 绘制的图纸，项目中 BIM 模型根据不同的规则显示的投影。

常用的视图有平面视图、立面视图、剖面视图、详图索引视图、三维视图、图例视图、明细表视图等。同一项目可以有任意多个视图，例如，对于"1F"标高，可以根据需要创建任意数量的楼层平面视图，用于表现不同的功能要求，如"1F"梁布置视图、"1F"柱布置视图、"1F"房间功能视图、"1F"建筑平面图等。所有视图均根据模型剖切投影生成。

如图 1.2.2-1 所示，Revit 在"视图"选项卡"创建"面板中提供了创建各种视图的工具。也可以在项目浏览器中根据需要创建不同的视图类型。

图 1.2.2-1　视图工具

接下来，将对各类视图进行详细的说明。

（1）楼层平面视图及天花板平面

楼层/结构平面视图及天花板视图是沿项目水平方向，按指定的标高偏移位置剖切项目生成的视图。大多数项目至少包含一个楼层/结构平面。楼层/结构平面视图在创建项目标高时默认可以自动创建对应的楼层平面视图（建筑样板创建的是楼层平面，结构样板创建的是结构平面）；在立面中，已创建的楼层平面视图的标高标头显示为蓝色，无平面关联的标高标头是黑色。除使用项目浏览器外，在立面中可以通过双击蓝色标高标头进入对应的楼层平面视图；使用【视图】→【创建】→【平面视图】工具可以手动创建楼层平面视图。

在楼层平面视图中，当不选择任何图元时，"属性"面板将显示当前视图的属性。在"属性"面板中单击"视图范围"后的编辑按钮，将打开"视图范围"对话框，如图1.2.2-2 所示。在该对话框中，可以定义视图的剖切位置。

图 1.2.2-2 "视图范围"对话框

该对话框中，各主要功能介绍如下。

① 视图主要范围

每个平面视图都具有"视图范围"视图属性，该属性也称为可见范围。视图范围用于控制视图中模型对象的可见性和外观的一组水平平面，分别称顶部平面、剖切面和底部平面。顶部平面和底部平面用于制定视图范围最顶部和底部位置，剖切面是确定剖切高度的平面，这三个平面用于定义视图范围的"主要范围"。

② 视图深度范围

"视图深度"是视图范围外的附加平面，可以设置视图深度的标高，以显示位于底裁剪平面之下的图元，默认情况下该标高与底部重合。"主要范围"的底不能超过"视图深度"设置的范围。

各深度范围图解：顶部①、剖切面②、底部③、偏移量④、主要范围⑤和视图深度⑥（图 1.2.2-3）。

③ 视图范围内图元样式设置

"主要范围"内图元投影样式设置：视图—可见性图形设置—模型类别—投影/表面选项内的对象样式设置。

"主要范围"内图元截面样式设置：视图—可见性图形设置—模型类别—截面选项内的对象样式设置。

"深度范围"内图元线样式设置：视图—可见性图形设置—模型类别—可见性—线—〈超出〉（图 1.2.2-4）。

天花板视图与楼层平面视图类似，同样沿水平方向指定标高位置对模型进行剖切生成投影。但天花板视图与楼层平面视图观察的方向相反：天花板视图为从剖切面的位置向上

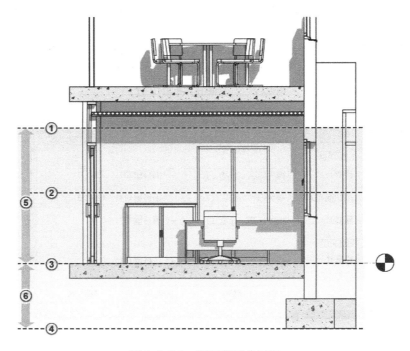

图 1.2.2-3　视图范围分层图

图 1.2.2-4　"可见性/图形替换"对话框

查看模型进行投影显示，而楼层平面视图为从剖切面位置向下查看模型进行投影显示。如图 1.2.2-5 所示，为天花板平面的视图范围定义。

图 1.2.2-5　天花板平面视图范围定义

（2）立面视图

立面视图是项目模型在立面方向上的投影视图。在 Revit 中，默认每个项目将包含东、西、南、北四个立面视图，并在楼层平面视图中显示立面视图符号。双击平面视图中立面标记中的黑色小三角，会直接进入立面视图。Revit 允许用户在楼层平面视图或天花板视图中创建任意立面视图。

（3）剖面视图

剖面视图允许用户在平面、立面或详图视图中通过在指定位置绘制剖面符号线，在该位置对模型进行剖切，并根据剖面视图的剖切和投影方向生成模型投影。剖面视图具有明确的剖切范围，单击剖面标头即可显示剖切深度范围，可以通过鼠标自由拖拽。

（4）详图索引视图

当需要对模型的局部细节进行放大显示时，可以使用详图索引视图。可向平面视图、剖面视图、详图视图或立面视图中添加详图索引，这个创建详图索引的视图，被称之为"父视图"。在详图索引范围内的模型部分，将以详图索引视图中设置的比例显示在独立的视图中。详图索引视图显示父视图中某一部分的放大版本，且所显示的内容与原模型关联。

绘制详图索引的视图是该详图索引视图的父视图。如果删除父视图，则也将删除该详图索引视图。

（5）三维视图

使用三维视图，可以直观查看模型的状态。Revit 中三维视图分两种：正交三维视图和透视图。在正交三维视图中，不管相机距离的远近，所有构件的大小均相同，可以点击快速访问栏的"默认三维视图"图标 直接进入默认三维视图，可以配合使用"Shift"键和鼠标中键根据需要灵活调整视图角度。如图 1.2.2-6 所示。

如图 1.2.2-7 所示，使用【视图】→【创建】→【三维视图】→【相机】工具创建相机视图。在透视三维视图中，越远的构件显示得越小，越近的构件显示得越大，这种视图更符合人眼的观察视角。

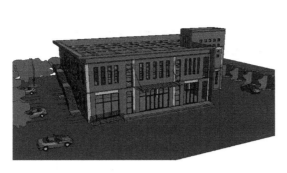

图 1.2.2-6　三维视图　　　　　　　　　　图 1.2.2-7　相机视图工具

2. 视图基本操作

可以通过鼠标、ViewCube 和视图导航来实现对 Revit 视图进行平移、缩放等操作。在平面、立面或三维视图中，通过滚动鼠标可以对视图进行缩放；按住鼠标中键并拖动，可以实现视图的平移。在默认三维视图中，按住键盘"Shift"键并按住鼠标中键拖动鼠标，可以实现对三维视图的旋转。注意，视图旋转仅对三维视图有效。

在三维视图中，Revit 还提供了 ViewCube，用于实现对三维视图的控制。

ViewCube 默认位于屏幕右上方。如图 1.2.2-8 所示。通过单击 ViewCube 的面、顶点或边，可以在模型的各立面、等轴测视图间进行切换。鼠标左键按住并拖拽 ViewCube 下方的圆环指南针，还可以修改三维视图的方向为任意方向，其作用与按住键盘"Shift"键和鼠标中键并拖拽的效果类似。

为更加灵活地进行视图缩放控制，Revit 提供了"导航栏"工具条。如图 1.2.2-9 所示。默认情况下，导航栏位于视图右侧 ViewCube 下方。在任意视图中，都可通过导航栏对视图进行控制。

导航栏主要提供两类工具：视图平移查看工具和视图缩放工具。单击导航栏中上方第一个圆盘图标，将进入全导航控制盘控制模式，如图 1.2.2-10 所示，导航控制盘将跟随鼠标指针的移动而移动。全导航盘中提供【缩放】、【平移】、【动态观察（视图旋转）】等命令，移动鼠标指针至导航盘中的命令位置，按住左键不动即可执行相应的操作（图 1.2.2-11）。

图 1.2.2-8　ViewCube　　　　图 1.2.2-9　"导航栏"工具　　　　图 1.2.2-10　全导航控制盘

【快捷键】显示或隐藏导航盘的快捷键为"Shift＋W"键。

导航栏中提供的另外一个工具为【缩放】工具，单击缩放工具下拉列表，可以查看 Revit 提供的缩放选项。如图 1.2.2-12 所示。在实际操作中，最常使用的缩放工具为【区域放大】，使用该缩放命令时，Revit 允许用户绘制任意的范围窗口区域，将该区域范围内的图元放大至充满视口显示。

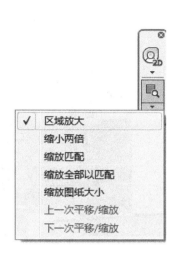

图 1.2.2-11　激活导航栏　　　　图 1.2.2-12　缩放工具

【快捷键】区域放大的键盘快捷键为 ZR。

任何时候使用视图控制栏缩放列表中的【缩放全部以匹配】选项，都可以缩放显示当前视图中的全部图元。在 Revit 2016 中，双击鼠标中键，也会执行该操作。

用于修改窗口中的可视区域。用鼠标点击下拉箭头，勾选下拉列表中的缩放模式，就能实现缩放。

【快捷键】缩放匹配的默认快捷键为 ZF。

除对视口进行缩放、平移、旋转外，还可以对视图窗口进行控制。前面已经介绍过，在项目浏览器中切换视图时，Revit 将创建新的视图窗口。可以对这些已打开的视图窗口进行控制。如图 1.2.2-13 所示，在【视图】选项卡【窗口】面板中提供了【平铺】、【切换窗口】、【关闭隐藏对象】等窗口操作命令。

图 1.2.2-13　窗口操作命令

使用【平铺】，可以同时查看所有已打开的视图窗口，各窗口将以合适的大小并列显示。在非常多的视图中进行切换时，Revit 将打开非常多的视图。这些视图将占用大量的计算机内存资源，造成系统运行效率下降。可以使用【关闭隐藏对象】命令一次性关闭所有隐藏的视图，节省项目消耗系统资源。注意【关闭隐藏对象】工具不能在平铺、层叠视图模式下使用。切换窗口工具用于在多个已打开的视图窗口间进行切换。

【快捷键】窗口平铺的默认快捷键为 WT；窗口层叠的快捷键为 WC。

3. 视图显示及样式

通过视图控制栏，可以对视图中的图元进行显示控制。视图控制栏从左至右分别为：视图比例、视图详细程度、视觉样式、打开/关闭日光路径、阴影、渲染（仅三维视图）、视图裁剪控制、视图显示控制选项。注意：由于在 Revit 中各视图均采用独立的窗口显示，因此，在任何视图中进行视图控制栏的设置，均不会影响其他视图的设置（图1.2.2-14）。

图 1.2.2-14 视图控制栏

图 1.2.2-15 视图比例

（1）比例

视图比例用于控制模型尺寸与当前视图显示之间的关系。如图 1.2.2-15 所示，单击视图控制栏 1 : 100 按钮，在比例列表中选择比例值即可修改当前视图的比例。注意：无论视图比例如何调整，均不会修改模型的实际尺寸，仅会影响当前视图中添加的文字、尺寸标注等注释信息的相对大小。Revit 允许为项目中的每个视图指定不同比例，也可以创建自定义视图比例。

（2）详细程度

Revit 提供了三种视图详细程度：粗略、中等、精细。Revit 中的图元可以在族中定义在不同视图详细程度模式下要显示的模型。如图 1.2.2-16 所示，在门族中分别定义"粗略"、"中等"、"精细"模式下图元的表现。Revit 通过视图详细程度控制同一图元在不同状态下的显示，以满足出图的要求。例如，在平面布置图中，平面视图中的窗可以显示为四条线；但在窗安装大样中，平面视图中的窗将显示为真实的窗截面。

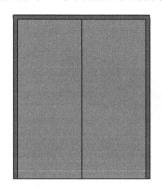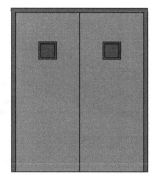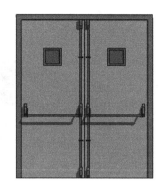

图 1.2.2-16 视图详细程度

（3）视觉样式

视觉样式用于控制模型在视图中的显示方式。如图 1.2.2-17 所示，Revit 提供了六种显示视觉样式："线框""隐藏线""着色""一致的颜色""真实""光线追踪"。显示效果逐渐增强，但所需要的系统资源也越来越大。一般平面或剖面施工图可设置为线框或隐藏线模式，这样系统消耗资源较小，项目运行较快。

线框模式是显示效果最差但速度最快的一种显示模式。"隐藏线"模式下，图元将作遮挡计算，但并不显示图元的材质颜色；"着色"模式和"一致的颜色"模式都将显示对象材质定义中的"着色颜色"中定义的色彩，"着色模式"将根据光线设置显示图元明暗关系；"一致的颜色"模式下，图元将不显示明暗关系。

"真实"模式和材质定义中的"外观"选项参数有关，用于显示图元渲染时的材质纹理。光线追踪模式将对视图中的模型进行实时渲染，效果最佳，但将消耗大量的计算机资源。

图 1.2.2-17 视觉样式选项

图 1.2.2-18 所示为在默认三维视图中同一段墙体在六种不同模式下的不同表现。

在本书后续章节中，将详细介绍如何自定义图元的材质。读者可参考该章节内容，以便加深对本节所述内容的理解。

（4）打开/关闭日光路径、打开/关闭阴影

在视图中，可以通过打开/关闭阴影开关在视图中显示模型的光照阴影，增强模型的表现力。在日光路径里面的按钮中，还可以对日光进行详细设置。

（5）裁剪视图、显示/隐藏裁剪区域

视图裁剪区域定义了视图中用于显示项目的范围，由两个工具组成：是否启用裁剪及是否显示剪裁区域。可以单击 按钮在视图中显示裁剪区域，再通过启用裁剪按钮将视图剪裁功能启用，通过拖拽裁剪边界，对视图进行裁剪。裁剪后，裁剪框外的图元不显示。

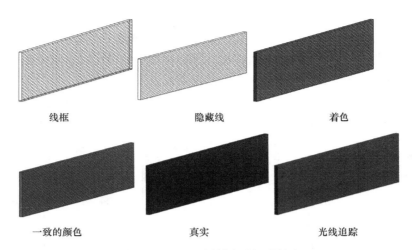

线框	隐藏线	着色
一致的颜色	真实	光线追踪

图 1.2.2-18   不同模式的视觉样式

（6）临时隔离/隐藏选项和显示隐藏的图元选项

在视图中可以根据需要临时隐藏任意图元。如图 1.2.2-19 所示，选择图元后，单击临时隐藏或隔离图元（或图元类别）命令 ，将弹出隐藏或隔离图元选项。可以分别对所选择的图元进行隐藏和隔离。其中，隐藏图元选项将隐藏所选图元；隔离图元选项将在视图中隐藏所有未被选定的图元。可以根据图元（所有选择的图元对象）或类别（所有与被选择的图元对象属于同一类别的图元）的方式对图元的隐藏或隔离进行控制。

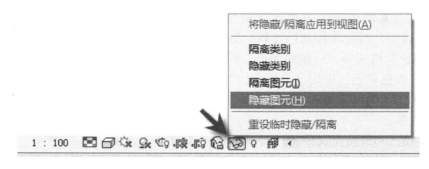

图 1.2.2-19   隐藏图元选项

所谓临时隐藏图元是指当关闭项目后，重新打开项目时被隐藏的图元将恢复显示。视图中临时隐藏或隔离图元后，视图周边将显示蓝色边框。此时，再次单击隐藏或隔离图元命令，可以选择【重设临时隐藏/隔离】选项恢复被隐藏的图元。或选择【将隐藏/隔离应用到视图】选项，此时视图周边蓝色边框消失，将永久隐藏不可见图元，即无论任何时候，图元都将不再显示。

要查看项目中隐藏的图元，如图 1.2.2-20 所示，可以单击视图控制栏中显示隐藏的图元 命令。Revit 将会显示彩色边框，所有被隐藏的图元均会显示为亮红色。

如图 1.2.2-21 所示，单击选择被隐藏的图元，点击【显示隐藏的图元】→【取消隐藏图元】选项可以恢复图元在视图中的显示。注意：恢复图元显示后，务必单击"切换显示隐藏图元模式"按钮或再次单击视图控制栏 按钮返回正常显示模式。

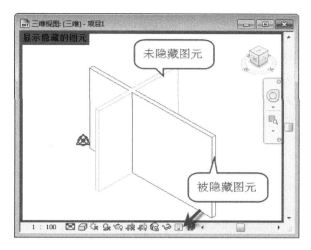

图 1.2.2-20　查看项目中隐藏的图元　　　　图 1.2.2-21　恢复显示被隐藏的图元

学习提示：也可以在选择隐藏的图元后单击鼠标右键，在右键菜单中选择【取消在视图中隐藏】→【按图元】，取消图元的隐藏。

（7）显示/隐藏渲染对话框（仅三维视图才可使用）

单击该按钮，将打开渲染对话框，以便对渲染质量、光照等进行详细的设置。Revit2016 默认采用 Mental Ray 渲染器进行渲染。本书后续章节中，将介绍如何在 Revit 中进行渲染。读者可以参考该章节的相关内容。

（8）解锁/锁定三维视图（仅三维视图才可使用）

如果需要在三维视图中进行三维尺寸标注及添加文字注释信息，需要先锁定三维视图。单击该工具将创建新的锁定三维视图。锁定的三维视图不能旋转，但可以平移和缩放。在创建三维详图大样时，将使用该方式。

（9）分析模型的可见性

临时仅显示分析模型类别：结构图元的分析线会显示一个临时视图模式，隐藏项目视图中的物理模型并仅显示分析模型类别，这是一种临时状态，并不会随项目一起保存，清除此选项则退出临时分析模型视图。

1.2.3　图元基本操作

1. 图元选择

在 Revit 中，要对图元进行修改和编辑，必须选择图元。在 Revit 中可以使用三种方式进行图元的选择，即单击选择、框选、按过滤器选择。

（1）单击选择

移动鼠标至任意图元上，Revit 将高亮显示该图元并在状态栏中显示有关该图元的信息，单击鼠标左键将选择被高亮显示的图元。在选择时如果多个图元彼此重叠，可以移动鼠标至图元位置，循环按键盘 "Tab" 键，Revit 将循环高亮预览显示各图元，当要选择的图元高亮显示后单击鼠标左键将选择该图元。

学习提示：按 "Shift＋Tab" 键可以按相反的顺序循环切换图元。

如图 1.2.3-1 所示，要选择多个图元，可以按住键盘"Ctrl"键后，再次单击要添加到选择集中的图元；如果按住键盘"Shift"键单击已选择的图元，将从选择集中取消该图元的选择。

Revit 中，当选择多个图元时，可以将当前选择的图元选择集进行保存，保存后的选择集可以随时被调用。如图 1.2.3-2 所示，选择多个图元后，单击【选择】→ 保存 按钮，即可弹出"保存选择"对话框，输入选择集的名称，即可保存该选择集。要调用已保存的选择集，单击【管理】→【选择】→ 载入 按钮，将弹出"恢复过滤器"对话框，在列表中选择已保存的选择集名称即可。

图 1.2.3-1　选择多个图元　　　　　　　　　图 1.2.3-2　保存选择

（2）框选

将光标放在要选择的图元一侧，并对角拖拽光标以形成矩形边界，可以绘制选择范围框。当从左至右拖拽光标绘制范围框时，将生成"实线范围框"。被实线范围框全部位包围的图元才能选中；当从右至左拖拽光标绘制范围框时，将生成"虚线范围框"，所有被完全包围或与范围框边界相交的图元均可被选中，如图 1.2.3-3 所示。

选择多个图元时，在状态栏过滤器 中能查看到图元种类；或者在过滤器中，取消部分图元的选择。

（3）特性选择

鼠标左键单击图元，选中后高亮显示；再在图元上单击鼠标右键，用"选择全部实例"工具，在项目或视图中选择某一图元或族类型的所有实例。有公共端点的图元，在连接的构件上单击鼠标右键，然后单击"选择连接的图元"，能把这些同端点链接图元一起选中，如图 1.2.3-4 所示。

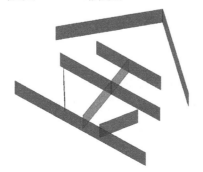

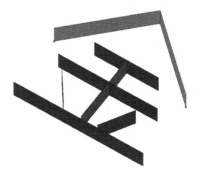

图 1.2.3-3　框选　　　　　　　　　　　　图 1.2.3-4　特性选择

2. 图元编辑

如图 1.2.3-5 所示，在修改面板中，Revit 提供了【修改】、【移动】、【复制】、【镜像】、【旋转】等命令，利用这些命令可以对图元进行编辑和修改操作。

移动✛：【移动】命令能将一个或多个图元从一个位置移动到另一个位置。移动的时候，可以选择图元上某点或某线来移动，也可以在空白处随意移动。

【快捷键】移动命令的默认快捷键为 MV。

复制：【复制】命令可复制一个或多个选定图元，并生成副本。点选图元，复制时，选项栏如图 1.2.3-6 所示。可以通过勾选"多个"选项实现连续复制图元。

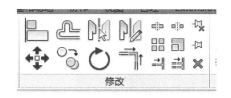

图 1.2.3-5 图元编辑面板

图 1.2.3-6 关联选项栏

【快捷键】复制命令的默认快捷键为 CO。

阵列复制：【阵列】命令用于创建一个或多个相同图元的线性阵列或半径阵列。在族中使用【阵列】命令，可以方便地控制阵列图元的数量和间距，如百叶窗的百叶数量和间距。阵列后的图元会自动成组，如果要修改阵列后的图元，需进入编辑组命令，然后才能对成组图元进行修改。

【快捷键】阵列复制命令的默认快捷键为 AR。

对齐：【对齐】命令将一个或多个图元与选定位置对齐。如图 1.2.3-7 所示，对齐工具时，要求先单击选择对齐的目标位置，再单击选择要移动的对象图元，让选择的对象自动对齐至目标位置。对齐工具可以以任意的图元或参照平面为目标，在选择墙对象图元时，还可以在选项栏中指定首选的参照墙的位置；要将多个对象对齐至目标位置，勾选选

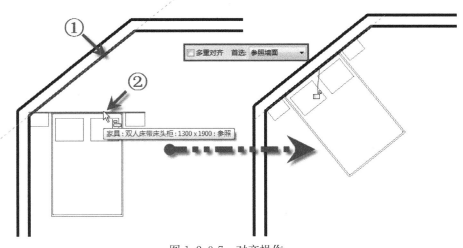

图 1.2.3-7 对齐操作

31

项栏中的"多重对齐"选项即可。

【快捷键】对齐工具的默认快捷键为 AL。

旋转◯：【旋转】命令可使图元绕指定轴旋转。默认旋转中心位于图元中心，如图 1.2.3-8 所示，移动鼠标至旋转中心标记位置，按住鼠标左键不放将其拖拽至新的位置松开鼠标左键，可设置旋转中心的位置。然后单击确定起点旋转角边，再确定终点旋转角边，就能确定图元旋转后的位置。在执行旋转命令时，可以勾选选项栏中的【复制】选项，可在旋转时创建所选图元的副本，而在原来的位置上保留原始对象。

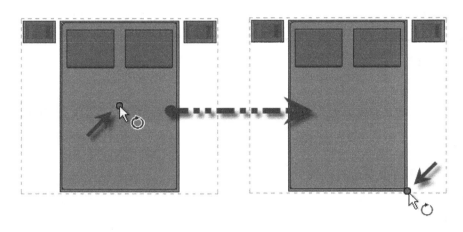

图 1.2.3-8　旋转操作

【快捷键】旋转命令的默认快捷键为 RO。

偏移△：【偏移】命令可以生成与所选择的模型线、详图线、墙或梁等图元进行复制或在与其长度垂直的方向移动指定的距离。如图 1.2.3-9 所示，可以在选项栏中指定拖拽图形方式或输入距离数值方式来偏移图元。不勾选复制时，生成偏移后的图元时将删除原图元（相当于移动图元）。

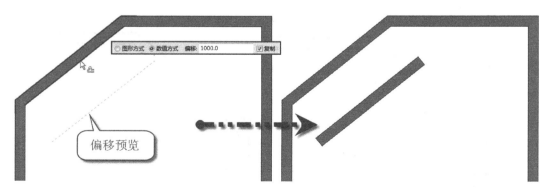

图 1.2.3-9　偏移操作

【快捷键】偏移命令的默认快捷键为 OF。

镜像▷◁ ◁▷：【镜像】命令使用一条线作为镜像轴，对所选模型图元执行镜像（反转其位置）。确定镜像轴时，既可以拾取已有图元作为镜像轴，也可以绘制临时轴。通过选项栏，可以确定镜像操作时是否需要复制原对象。

修剪和延伸：如图 1.2.3-10 所示，修剪和延伸共有三个工具，从左至右分别为修剪/延伸为角，单个图元修剪和多个图元修剪工具。

【快捷键】修剪和延伸为角命令的默认快捷键为 TR。

如图 1.2.3-11 所示，使用【修剪】和【延伸】命令时必须先选择修剪或延伸的目标位置，再选择要修剪或延伸的对象即可。对于多个图元的修剪工具，可以在选择目标后，多次选择要修改的图元，这些图元都将延伸至所选择的目标位置。可以将这些工具用于墙、线、梁或支撑等图元的编辑。对于 MEP 中的管线，也可以使用这些工具进行编辑和修改。

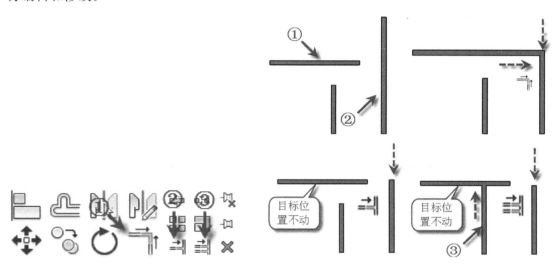

图 1.2.3-10　镜像操作　　　　　　　图 1.2.3-11　修剪、延伸操作

学习提示：在修剪或延伸编辑时，鼠标单击拾取的图元位置将被保留。

拆分图元 ⊞ ⊡：拆分工具有两种使用方法：拆分图元和用间隙拆分，通过【拆分】命令，可将图元分割为两个单独的部分，可删除两个点之间的线段，也可在两面墙之间创建定义的间隙。

删除图元 ✖：【删除】命令可将选定图元从绘图中删除，和用 Delete 命令直接删除的效果一样。

【快捷键】删除命令的默认快捷键为 DE。

3. 图元限制及临时尺寸

（1）尺寸标注的限制条件

在放置永久性尺寸标注时，可以锁定这些尺寸标注。锁定尺寸标注时，即创建了限制条件。选择限制条件的参照时，会显示该限制条件（蓝色虚线），如图 1.2.3-12 所示。

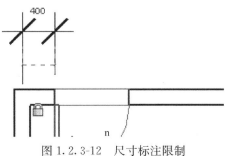

图 1.2.3-12　尺寸标注限制

（2）相等限制条件

选择一个多段尺寸标注时，相等限制条件会在尺寸标注线附近显示为一个"EQ"符号。如果选择尺寸标注线的一个参照（如墙），则会出现"EQ"符号，在参照的中间会出现一条蓝色虚线，如图 1.2.3-13 所示。

"EQ"符号表示应用于尺寸标注参照的相等限制条件图元。当此限制条件处于活动状态时，参照（以图形表示的墙）之间会保持相等的距离。如果选择其中一面墙并移动它，则所有墙都将随之移动一段固定的距离。

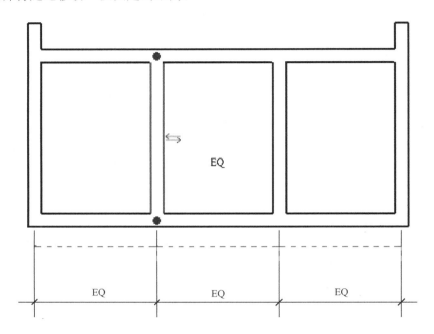

图 1.2.3-13　相等限制

（3）临时尺寸

临时尺寸标注是相对最近的垂直构件进行创建的，并按照设置值进行递增。点选项目

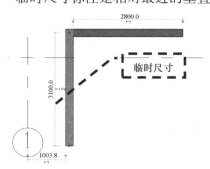

中的图元，图元周围就会出现蓝色的临时尺寸，修改尺寸上的数值，就可以修改图元位置。可以通过移动尺寸界线来修改临时尺寸标注，以参照所需构件，如图 1.2.3-14 所示。

单击在临时尺寸标注附近出现的尺寸标注符号├┤，然后即可修改新尺寸标注的属性和类型。

图 1.2.3-14　临时尺寸

1.2.4　快捷操作命令

1. 常用快捷键

为提高工作效率，汇总常用快捷键如表 1.2.4-1～表 1.2.4-4 所示，用户在任何时候都可以通过键盘输入快捷键直接访问至指定工具。

建模与绘图工具常用快捷键   表 1. 2. 4-1

命令	快捷键	命令	快捷键
墙	WA	对齐标注	DI
门	DR	标高	LL
窗	WN	高程点标注	EL
放置构件	CM	绘制参照平面	RP
房间	RM	模型线	LI
房间标记	RT	按类别标注	TG
轴线	GR	详图线	DL
文字	TX		

编辑修改工具常用快捷键   表 1. 2. 4-2

命令	快捷键	命令	快捷键
删除	DE	对齐	AL
移动	MV	拆分图元	SL
复制	CO	修剪/延伸	TR
旋转	RO	偏移	OF
定义旋转中心	R3	在整个项目中选择全部实例	SA
列阵	AR	重复上上个命令	RC
镜像、拾取轴	MM	匹配对象类型	MA
创建组	GP	线处理	LW
锁定位置	PP	填色	PT
解锁位置	UP	拆分区域	SF

捕捉替代常用快捷键   表 1. 2. 4-3

命令	快捷键	命令	快捷键
捕捉远距离对象	SR	捕捉到远点	PC
象限点	SQ	点	SX
垂足	SP	工作平面网格	SW
最近点	SN	切点	ST
中点	SM	关闭替换	SS
交点	SI	形状闭合	SZ
端点	SE	关闭捕捉	SO
中心	SC		

视图控制常用快捷键   表 1. 2. 4-4

命令	快捷键	命令	快捷键
区域放大	ZR	上一次缩放	ZP
缩放配置	ZF	动态视图	F8

续表

命令	快捷键	命令	快捷键
线框显示模式	WF	重设临时隐藏	HR
隐藏线显示模式	HL	隐藏图元	EH
带边框着色显示模式	SD	隐藏类别	VH
细线显示模式	TL	取消隐藏图元	EU
视图图元属性	VP	取消隐藏类别	VU
可见性图形	VV	切换显示隐藏图元模式	RH
临时隐藏图元	HH	渲染	RR
临时隔离图元	HI	快捷键定义窗口	KS
临时隐藏类别	RC	视图窗口平铺	WT
临时隔离类别	IC	视图窗口层叠	WC

2. 自定义快捷键

除了系统自带的快捷键外，Revit 亦可以根据用户自己的习惯修改其中的快捷键命令。下面以修改"门"定义快捷键"M"为例，来详细讲解如何在 Revit 中自定义快捷键。

（1）如图 1.2.4-1 所示，单击【视图】→【窗口】→【用户界面】→【快捷键】选项，如图 1.2.4-2 所示，打开【快捷键】对话框。

图 1.2.4-1　自定义快捷键

（2）如图 1.2.4-3 所示，在"搜索"文本框中，输入要定义快捷键的命令的名称"门"，将列出名称中所显示的"门"的命令或通过"过滤器"下拉框找到要定义的快捷键的命令所在的选项卡，来过滤显示该选项卡中的命令列表内容。

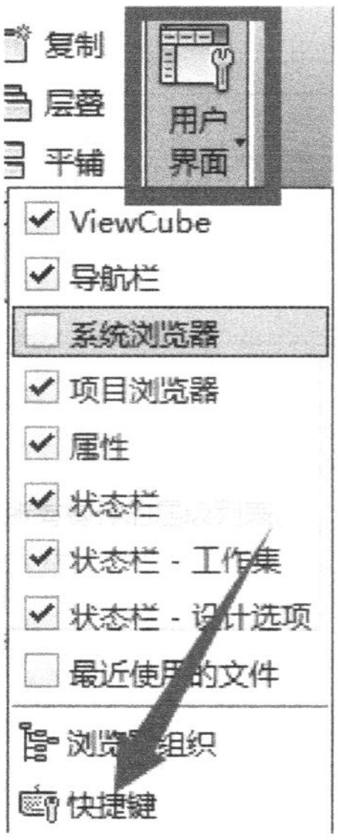

（3）在"指定"列表中，第一步选择所需命令"门"，第二步在"按新建"文本框再输入快捷键字符"M"，第三步单击 【指定(A)】 按钮。新定义的快捷键将显示在选定命令的"快捷方式"列，如图 1.2.4-4 所示。

（4）如果自定义的快捷键已被指定给其他命令，则会弹出"快捷方式重复"对话框，如图 1.2.4-5 所示，通知指定的快捷键已指定给其他命令。单击确定按钮忽略提示，按取消按钮重新指定所选命令的快捷键。

（5）如图 1.2.4-6 所示，单击"快捷键"对话框底部的 【导出(E)...】 按钮，弹出"导出快捷键"对话框，如图 1.2.4-7 所示，输入要导出的快捷键文件名称，单击 【保存(S)】 按钮可以将所有自己定义的快捷键保存为 .xml 格式的数据文件。

图 1.2.4-2　打开自定义快捷键命令

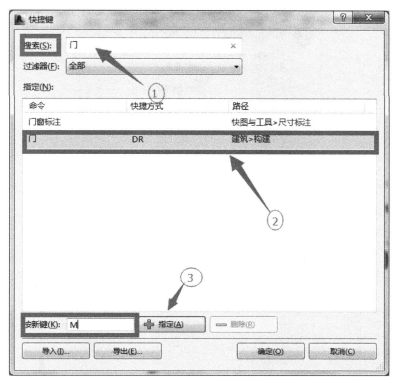

图 1.2.4-3　"快捷键"对话框搜索

图 1.2.4-4　"快捷键"对话框指定

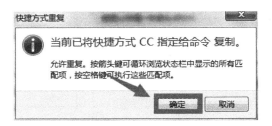

图 1.2.4-5　"快捷方式重复"提示

图 1.2.4-6　"快捷键"对话框导出

图 1.2.4-7　保存"快捷键"

（6）当重新安装 Revit2016 时，可以通过"快捷键"对话框底部的【导入】工具，导入已保存的".xml"格式快捷键文件。同一命令可以指定给多个不同的快捷键。

章 后 习 题

一、单选

1. 在以下 Revit 用户界面中可以关闭的界面为（B）。

A. 绘图区域　　　　　　　B. 项目浏览器

C. 功能区　　　　　　　　D. 视图控制栏

2. 定义平面视图主要范围的平面不包含以下哪个面？（D）

A. 顶部平面　　　　　　　B. 底部平面

C. 剖切面　　　　　　　　D. 标高平面

3. 支持 Revit 导入导出快捷键的文件格式是（B）。

A. txt　　　　　　　　　　B. xml

C. ifc　　　　　　　　　　D. csv

4. 视图详细程度不包括（D）。

A. 精细　　　　　　　　　B. 粗略

C. 中等　　　　　　　　　D. 一般

5. 在 Revit 中，应用于尺寸标注参照的相等限制条件的符号是（C）。

A. EO　　　　　　　　　　B. OE

C. EQ　　　　　　　　　　D. QE

6. 在【视图】选项卡【窗口】面板中没有提供以下哪个窗口操作命令？（D）

A. 平铺　　　　　　　　　B. 复制

C. 层叠　　　　　　　　　D. 隐藏

7. Revit 高低版本和保存项目文件之间的关系是（A）。

A. 高版本 Revit 可以打开低版本项目文件，并只能保存为高版本项目文件

B. 高版本 Revit 可以打开低版本项目文件，可以保存为低版本项目文件

C. 低版本 Revit 可以打开高版本项目文件，并只能保存为高版本项目文件

D. 低版本 Revit 可以打开高版本项目文件，可以保存为高版本项目文件

二、多选

1. 以下哪几种格式可以通过 Revit 直接打开？（ABE）

A. rvt　　　　　　　　　　B. rte

C. rta　　　　　　　　　　D. nwc

E. ifc

2. Revit 中族分类为以下哪几种？（ABE）

A. 可载入族　　　　　　　B. 系统族

C. 嵌套族　　　　　　　　D. 体量族

E. 内建族

3. 单击 Revit 左上角"应用程序菜单"中的选项，在弹出的选项对话框中可以进行设置的有（ABDE）。

A. 常规　　　　　　　　　B. 渲染

C. 管理　　　　　　　　　D. 图形

E. 检查拼写

4. Revit 中进行图元选择的方式有哪几种？（BDE）

A. 按鼠标滚轮选择　　　　B. 按过滤器选择

C. 按 Tab 键选择　　　　　D. 单击选择

E. 框选

三、简答

1. 简述一下 Revit 中族类别、族、族类型和族实例之间的相互关系，举例说明。

2. 请分别简述 Revit 修改面板中包含的基本命令以及其用法，至少五个命令。

第 2 章　BIM 土建建模基础

本章导读

从本章开始，将通过在 Revit 中进行操作，以大学食堂项目为蓝本，从零开始进行土建模型的创建。

本章内使用到的光盘文件可从出版社的下载页面下载使用：http：//www. china-building. com. cn/Default. asp。

第 1 节介绍该项目的一些基本情况，以及用 Revit 创建出来的模型造型，并提供部分建筑、结构的平面图、立面图等，让大家对项目有个初步认识。接着创建项目标高、轴网，完成轴网的尺寸标注，为项目建立定位信息。

第 2 节具体介绍如何用 Revit 实现这个项目。按先结构框架后建筑构件的模式逐步完成该项目的土建模型创建，最后还介绍了场地和 RPC 构件。

第 3 节介绍对已建立的工程模型进行展示与表现。考虑到对教学设备性能的要求，这里有选择地介绍如何在 Revit 中创建相机和漫游视图以及使用视觉样式，以进一步表达工程模型的展现效果。

在介绍完 Revit 功能后，有一段技巧提示文字说明如何用 Revit 上的二次开发软件来快速、高效地实现所做的功能。本章以橄榄山快模免费版为例来介绍如何加快建模速度，点击 www. glsbim. com 首页的下载按钮下载安装软件。

本章二维码

2. REVIT 之结构柱创建

3. REVIT 之结构梁创建

4. REVIT 之结构基础创建

5. REVIT 之墙体创建

6. REVIT 之门窗创建

7. REVIT 之楼板创建

8. REVIT 之屋顶创建

9. REVIT 之楼梯创建

10. REVIT 之扶手创建

11. REVIT 之场地创建

12. 创建相机视图与漫游动画

2.1　项目准备

提要：
■ 项目基本情况
■ 项目模型创建要求
■ 项目图纸

2.1.1　项目概况

在进行模型创建之前，读者需要熟悉大学食堂项目的基本情况。

1. 项目说明

工程名称：大学食堂

建筑面积：961.3m²

建筑层数：地上 2 层

建筑高度：8.7m

建筑的耐火等级为二级，设计使用年限为 50 年。

建筑结构为钢筋混凝土框架结构，抗震设防烈度为 7 度，结构安全等级为一级。

本建筑室内±0.000 标高相对于绝对标高为 1745.970。

2. 模型创建要求

（1）外墙采用 200mm 厚的加气混凝土砌块，外墙外部采用瓷砖贴面，内部采用乳胶漆喷涂。

（2）内墙采用 200mm 厚的加气混凝土砌块，墙身内外均采用乳胶漆喷涂。

（3）楼板层采用 120mm 厚的现浇钢筋混凝土，面层采用水磨石。

（4）门窗均采用塑钢节能门窗。

如图 2.1.1-1 所示，为该项目模型的建筑造型效果图。

3. 项目主要图纸

本大学食堂项目包括建筑和结构两部分内容。创建模型时，应严格按照图纸的尺寸进行创建。相关图纸附在随书光盘里的"第 2 章 \ 二维设计 PDF 图纸"文件夹中，CAD 图纸和字体在随书光盘"第 2 章 \ 二维设计 DWG 图纸"文件夹中。

（1）建筑平面图

大学食堂项目建筑部分的各层平面主要尺寸如图 2.1.1-2～图 2.1.1-4 所示。

（2）建筑立面图

本项目各立面形式、标高如图 2.1.1-5～图 2.1.1-8 所示。其中，在南立面部分包含部分幕墙。

图 2.1.1-1　建筑造型效果图

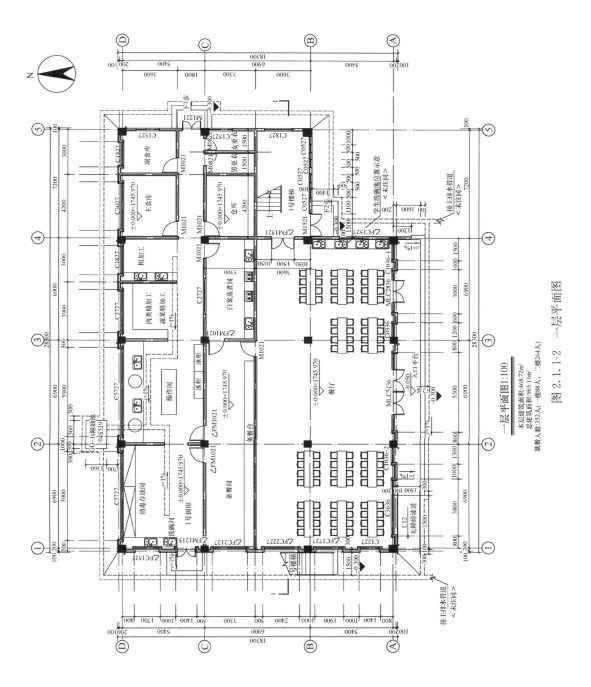

一层平面图1:100

本层建筑面积:468.72m²
总建筑面积:965.13m²

就餐人数:352人（一楼88人，二楼264人）

图 2.1.1-2 一层平面图

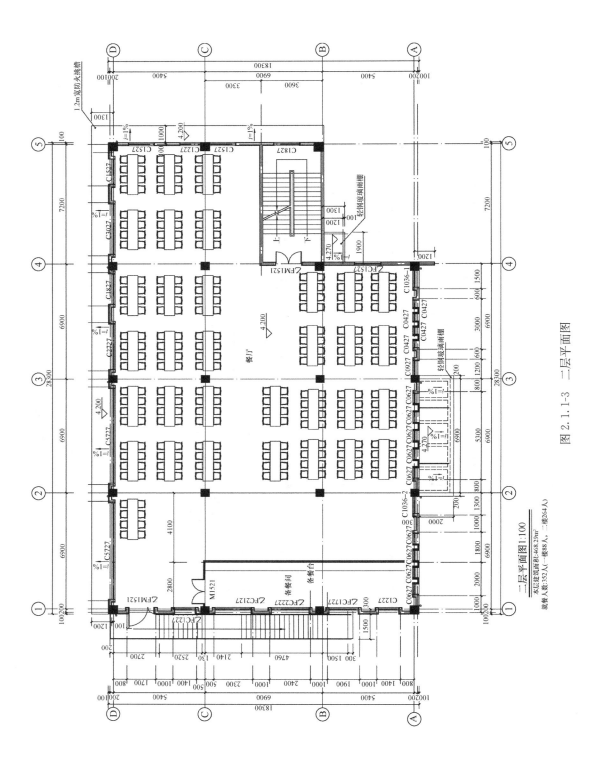

图 2.1.1-3　二层平面图

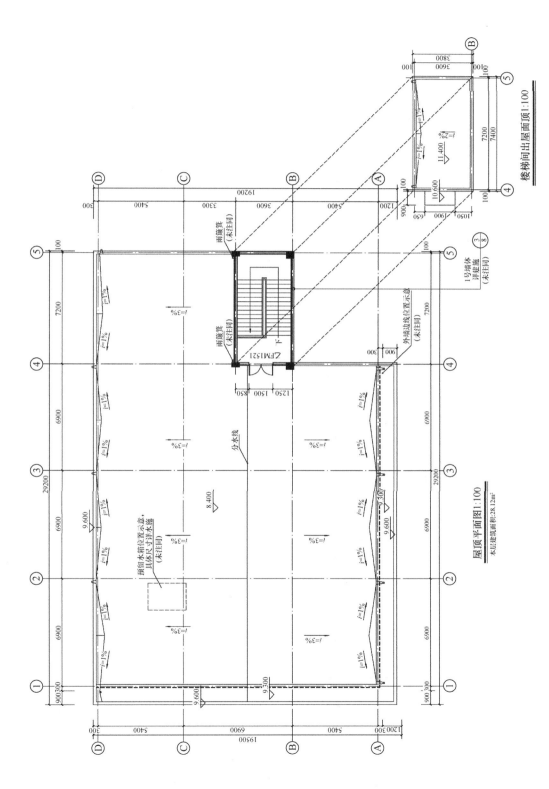

图 2.1.1-4 屋顶平面图

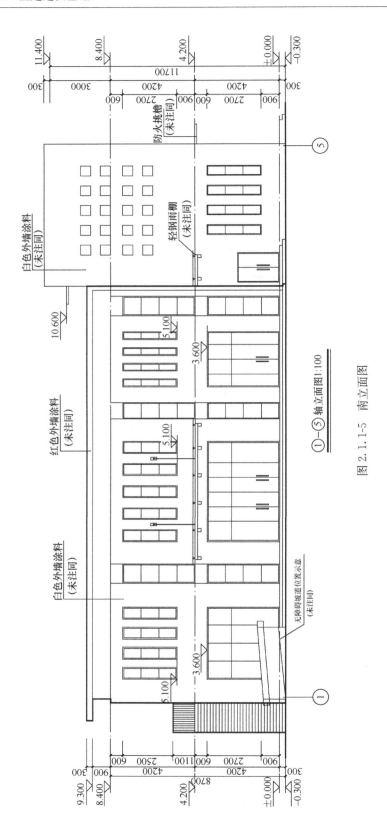

①—⑤ 轴立面图1:100

图 2.1.1-5　南立面图

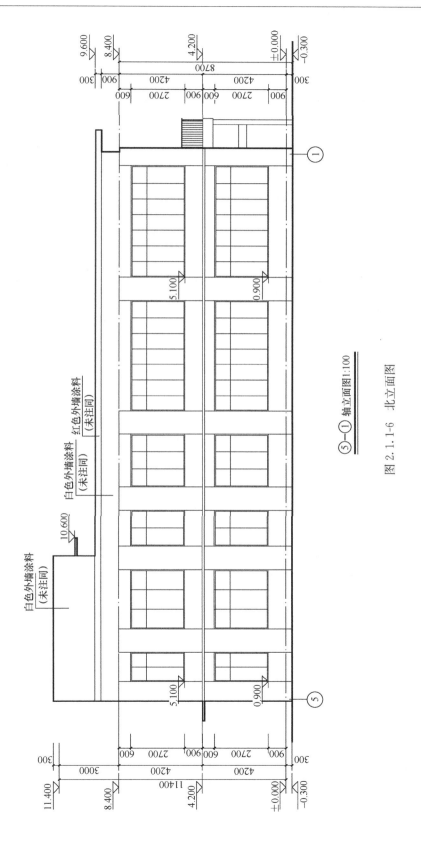

⑤—① 轴立面图1:100

图 2.1.1-6 北立面图

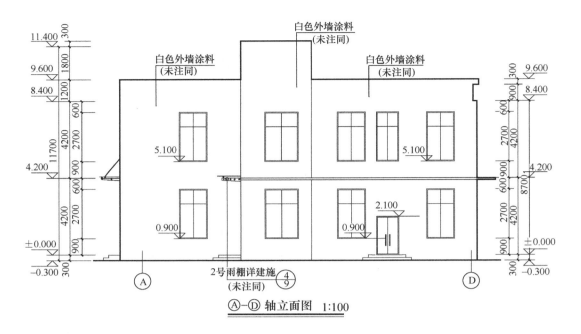

图 2.1.1-7　东立面图

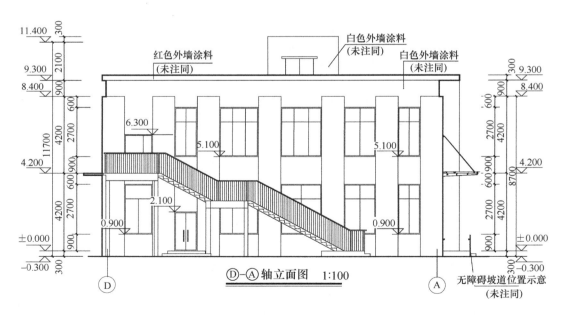

图 2.1.1-8　西立面图

（3）结构图纸

本项目中，除建筑部分外，还包含完整的结构柱、结构梁、基础，在 Revit 中创建模型时，需要根据各结构构件的尺寸创建精确的结构部分模型。具体布置如图 2.1.1-9～图 2.1.1-14 所示。

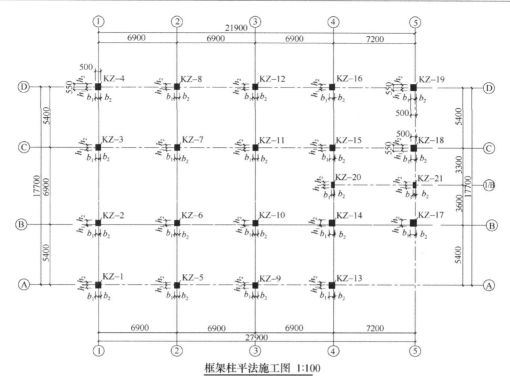

框架柱平法施工图 1:100

1.承台顶~1.700m标高的框架柱箍筋间距均为100mm,箍筋直径同柱表,且不少于8mm。
2.未尽事宜按相关规范规定执行。

图 2.1.1-9　结构柱布置图

柱号	标高	b×h(b×D)(圆柱直径)	b1	b2	h1	h2	全部纵筋	b边一侧中部筋	h边一侧中部筋	箍筋类型号	箍筋	平法栏
KZ-1	基础顶~-4.200	500×550	300	200	300	250	12Φ25	4Φ22	2Φ22	1.(4×4)	Φ8@100	
KZ-2	基础顶~-4.200	450×500	300	150	300	250		4Φ25	2Φ25	1.(4×4)	Φ8@100/200	
KZ-3	基础顶~-4.200	450×500	300	150	100	400		4Φ25	2Φ20	1.(3×4)	Φ8@100/200	
KZ-4	基础顶~-4.200	450×500	300	150	250	250	12Φ25	4Φ22	2Φ22	1.(3×4)	Φ12@100/200	
KZ-5	基础顶~-4.200	450×500	300	200	300	300		4Φ22	2Φ22	1.(3×3)	Φ8@100/200	
KZ-6	基础顶~-4.200	500×550	300	200	300	300	12Φ25	4Φ22	2Φ22	1.(4×4)	Φ8@100	
KZ-7	基础顶~-4.200	450×500	225	225	300	200		4Φ25	2Φ25	1.(3×4)	Φ8@100/200	
KZ-8	基础顶~-4.200	450×500	225	225	300	400	12Φ22	4Φ20	2Φ20	1.(3×4)	Φ8@100/200	
KZ-9	基础顶~-4.200	450×500	225	225	100	400		4Φ18	2Φ18	1.(3×4)	Φ8@100/200	
KZ-10	基础顶~-4.200	450×500	225	225	250	250		4Φ25	2Φ20	1.(3×4)	Φ8@100/150	
KZ-11	8.400~11.400	500×550	225	225	300	300		4Φ20	3Φ22	1.(3×4)	Φ8@100/200	
KZ-12	基础顶~-4.200	450×500	225	225	100	400		4Φ25	3Φ22	1.(3×4)	Φ8@100/150	
KZ-13	基础顶~-4.200	450×500	225	225	300	200		4Φ22	2Φ18	1.(3×4)	Φ8@100/200	
KZ-14	基础顶~-4.200	500×550	400	100	300	450		4Φ20	3Φ20	1.(4×4)	Φ8@100/200	
KZ-15	基础顶~-4.200	500×600	400	100	250	450		4Φ18	3Φ25	1.(4×3)	Φ8@100/150	
KZ-16	基础顶~-4.200	450×500	350	100	300	400		4Φ22	3Φ20	1.(3×4)	Φ8@100/200	
KZ-17	8.400~11.400	450×500	350	100	100	500		4Φ25	3Φ25	1.(3×4)	Φ8@100/150	
KZ-18	8.850~12.250	500×600	450	100	250	275		4Φ25	3Φ25	1.(4×4)	Φ8@100/150	
KZ-19	基础顶~-4.200	500×550	400	100	250	300		4Φ22	2Φ22	1.(3×4)	Φ8@100	
KZ-20	8.850~12.250	300×500	200	100	250	250		4Φ22	3Φ22	1.(3×3)	Φ8@100	
KZ-21	8.850~12.250	300×500	200	100	250	250		4Φ22	3Φ22	1.(3×3)	Φ8@100	

图 2.1.1-10　结构柱表

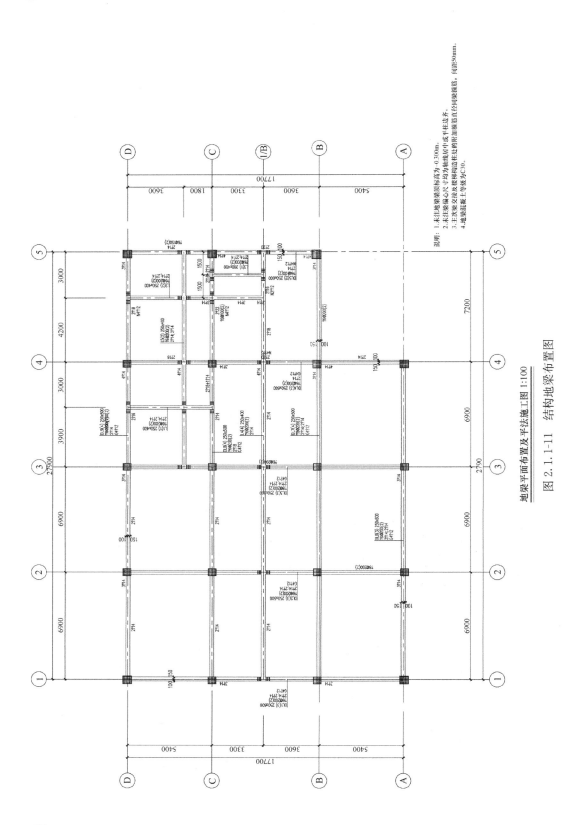

地梁平面布置及平法施工图 1:100　结构地梁布置图

图 2.1.1-11　结构地梁布置图

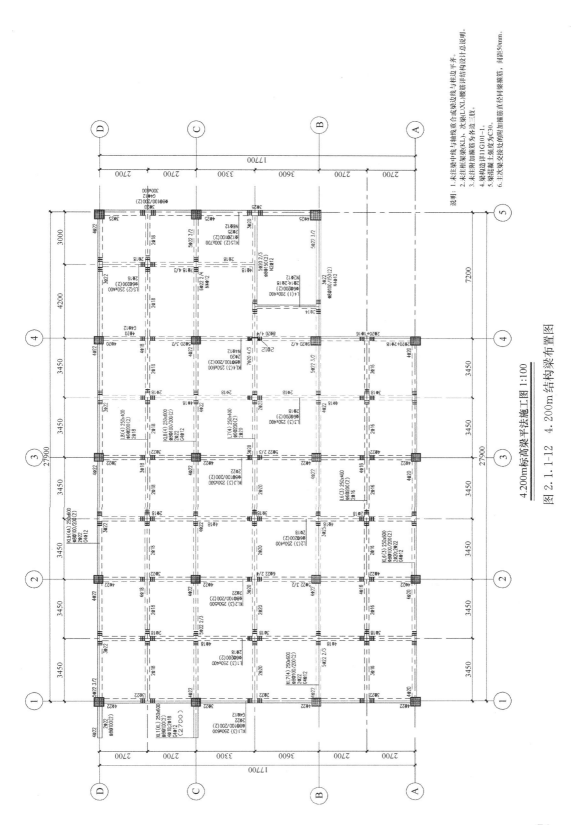

4.200m标高梁平法施工图 1:100
4.200m 结构梁布置图

图 2.1.1-12 4.200m 结构梁布置图

说明：1.未注梁中线与轴线重合或梁边线与柱边平齐。
2.未注框架梁(KL)、次梁(L)L腰筋为结构详图设计总说明。
3.未注附加箍筋为各边三肢。
4.梁构造详11G101-1。
5.梁混凝土强度为C30。
6.主次梁交接处的附加箍筋直径同梁箍筋，间距50mm。

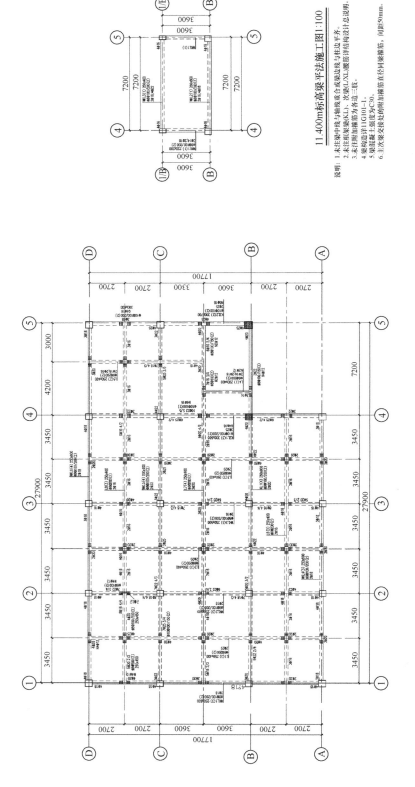

图 2.1.1-13　8.400m 结构梁布置图

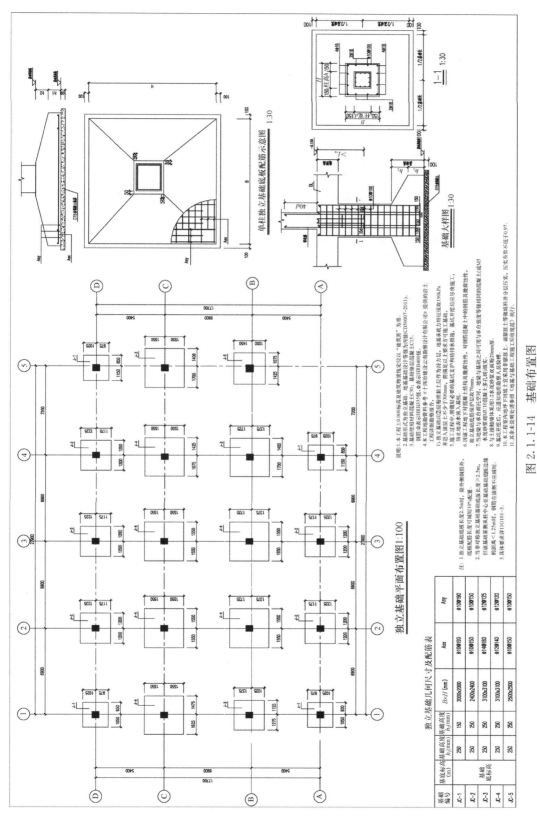

图 2.1.1-14 基础布置图

（4）项目透视图

通过透视图，能够更加直观、准确地理解项目的整体概况。在 Revit 中，创建完成模型后可以根据需要生成任意角度的透视图。大学食堂项目模型西南方向的透视图如图2.1.1-15所示。

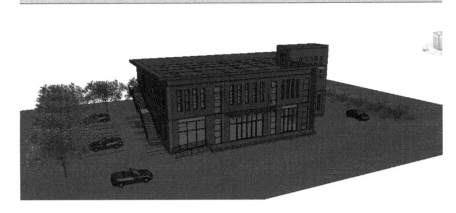

图 2.1.1-15　透视图

结合本章各层的平面、立面尺寸值，可以在 Revit 中建立精确、完整的 BIM 模型。在本教材后面的章节中，将通过实际操作步骤，创建大学食堂项目的建筑、结构模型，并使用该模型进行漫游和相机视图表现。

2.1.2　创建结构标高和轴网

提要：
■ 标高和轴网的概念
■ 创建标高和轴网
■ 标注轴网的尺寸

标高和轴网是建筑设计、施工中重要的定位信息。Revit 通过标高和轴网为模型中各构件的空间关系定位，从项目的标高和轴网开始，再根据标高和轴网信息建立建筑中梁、柱、基础、墙、门、窗等模型构件。

1. 创建项目标高

标高用于反映建筑构件在高度方向上的定位情况，因此在 Revit 中开始进行建模前，应先对项目的层高和标高信息作出整体规划。

图 2.1.2-1　"新建项目"对话框

下面以大学食堂项目为例，介绍在 Revit 中创建项目标高的一般步骤。

（1）启动 Revit 2016 或其他相近版本，默认将打开"最近使用的文件"页面。单击左上角的 ![按钮] 按钮，在列表中选择【新建】→【项目】命令，弹出"新建项目"对话框，如图 2.1.2-1 所示。在

"样板文件"的选项中选择"结构样板",确认"新建"类型为项目,单击 确定 按钮,即完成了新项目的创建。

> 学习提示:选择样板文件时,可通过点击"浏览"按钮选择除默认外其他类型的样板文件。

(2)默认将打开"标高 1"结构平面视图。在项目浏览器中展开"立面"视图类别,双击"南立面"视图名称,切换至南立面。在南立面视图中,显示项目样板中设置的默认标高"标高 1"和"标高 2",且"标高 1"的标高为"±0.000m","标高 2"的标高为3.000m,如图 2.1.2-2 所示。

图 2.1.2-2 默认南立面视图

(3)在视图中适当放大标高右侧标头位置,单击鼠标左键选中"标高 1"文字部分,进入文本编辑状态,将"标高 1"改为"1F"后点击回车,会弹出"是否希望重命名相关视图?"对话框,选择"是",如图 2.1.2-3 所示。采用同样的方法将"标高 2"改为"2F"。

图 2.1.2-3 重命名视图名称

(4)移动鼠标至"标高 2"标高值位置,双击标高值,进入标高值文本编辑状态。按键盘上的 Delete 键,删除文本编辑框内的数字,键入"4.2"后按回车键确认。此时 Revit 将修改"2F"的标高值为"4.2m",并自动向上移动"2F"标高线,如图 2.1.2-4 所示。

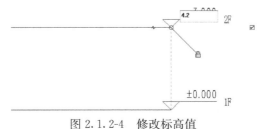

图 2.1.2-4 修改标高值

　　学习提示：*在样板文件中，已设置标高对象标高值的单位为"m"，因此在标高值处输入"4.2"，Revit 将自动换算成项目单位"4200mm"。*

　　（5）如图 2.1.2-5 所示，单击【结构】→【基准】→【标高】命令，进入放置标高模式，Revit 将自动切换至【放置标高】上下文选项卡。

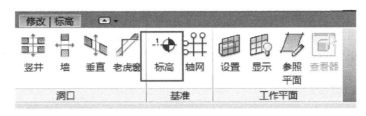

图 2.1.2-5　放置标高

　　（6）采用默认设置，移动鼠标光标至标高 2F 左侧上方任意位置，Revit 将在光标与标高"2F"间显示临时尺寸，指示光标位置与"2F"标高的距离。移动鼠标，当光标位置与标高"2F"端点对齐时，Revit 将捕捉已有标高端点并显示端点对齐蓝色虚线，再通过键盘输入或鼠标控制屋面标高与标高"2F"的标高差值"4200"，如图 2.1.2-6 所示。单击鼠标左键，确定 8.4m 梁标高起点。

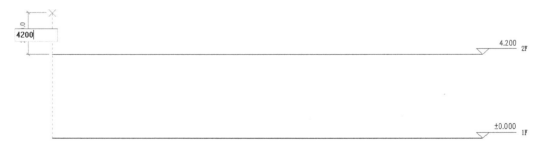

图 2.1.2-6　新建屋面标高

　　学习提示：*标高的左右标头的可见性可以通过点选标高线左右两侧的小方框来控制。*

　　（7）沿水平方向向右移动鼠标光标，在光标和鼠标间绘制标高。适当放大视图，当光标移动至已有标高右侧端点时，Revit 将显示端点对齐位置，单击鼠标左键完成屋面标高的绘制，并按步骤（3）修改为"屋面标高"的名称。

　　（8）单击选择新绘制的屋面标高，点击【修改】→【复制】命令，勾选选项栏中的"约束"和"多个"选项，如图 2.1.2-7 所示。

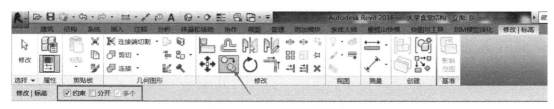

图 2.1.2-7　复制其他标高

（9）单击屋面标高上任意一点作为复制基点，向上移动鼠标，使用键盘输入数值"3000"并按回车确认，Revit 将自动在屋面标高上方 3000mm 处生成新标高"3G"，按"ESC"键完成复制操作。单击标高"3G"标头标高名称文字，进入文字修改状态，修改标高"3G"的名称为"屋顶标高"，如图 2.1.2-8 所示。

图 2.1.2-8　结构标高复制完成

（10）单击选择标高"1F"，点击【修改】→【复制】命令，再单击标高"1F"上任意一点作为复制基点，向下移动鼠标，使用键盘输入数值"300"并按回车确认，作为复制的距离，Revit 将自动在标高"1F"下方 300mm 处生成新标高"3I"，修改其标高名称为"地梁标高"，将其类型属性更改为"下标头"（图 2.1.2-9），最后结果如图 2.1.2-10 所示。

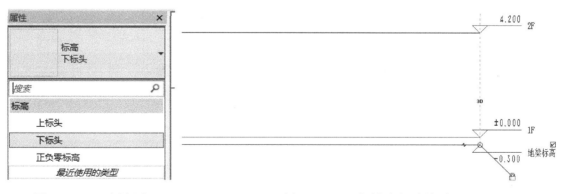

图 2.1.2-9　更改标头　　　　图 2.1.2-10　复制更改地梁标高

学习提示：采用复制方式创建的标高，Revit 不会为该标高生成结构平面视图。

（11）如图 2.1.2-11 所示，点击【视图】→【创建】→[平面视图]→【结构平面】命令，Revit 将打开"新建结构平面"对话框。

（12）如图 2.1.2-12 所示，在"新建结构平面"对话框中按住键盘"Ctrl"或"Shift"选中"地梁标高"和"屋顶标高"，然后按　　确定　　按钮，Revit 将在项目浏览器中创建与标高同名的结构平面视图。

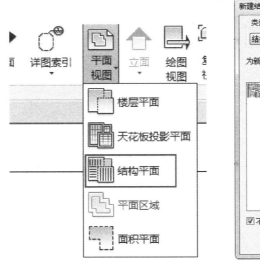

图 2.1.2-11　新建结构平面　　　　　图 2.1.2-12　创建已复制的标高

（13）点击其中任意一条标高线，点击左侧 　编辑类型 ，依次将类型属性中"上标头"、"下标头"和"正负零标高"的"端点 1 处的默认符号"打勾，如图 2.1.2-13 所示。

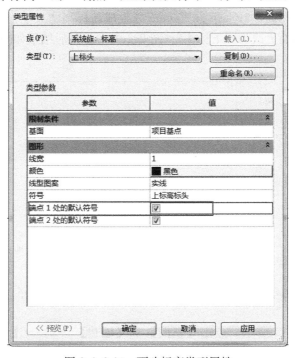

图 2.1.2-13　更改标高类型属性

双击鼠标中键缩放显示当前视图中的全部图元，此时已在 Revit 中完成了大学食堂项目的结构标高绘制，结果如图 2.1.2-14 所示。在项目浏览器中，依次切换至"东、西、北"立面视图，在其他立面视图中，已生成与南立面完全相同的标高。

图 2.1.2-14　完成项目标高绘制

（14）单击  按钮，在弹出的菜单中选择【保存】命令，弹出"另存为"对话框，指定保存位置并命名为"大学食堂结构"，单击　　保存(S)　　按钮，将项目保存为".rvt"格式文件。

> 学习提示：在 Revit 中，标高对象实质为一组平行的水平面，该标高平面会投影显示在所有的立面或剖面视图当中。因此，在任意立面视图中绘制标高图元后，会在其余相关立面视图中生成与当前绘制视图中完全相同的标高。

技巧：Revit 上插件橄榄山快模免费版中有楼层命令。批量创建楼层标高、批量修改标高的名字、修改单个楼层高度等，并且自动为新建的所有标高创建平面图。点击【橄榄山快模】→【快速楼层轴网工具】→【楼层】就可以启动命令，按照界面和提示操作。

2. 创建项目轴网

标高创建完成以后，可以切换至任何结构平面视图，常使用 1F 结构平面视图，创建和编辑轴网。轴网用于在平面视图中定位图元，Revit 提供了【轴网】命令，用于创建轴网对象，其操作与创建标高的操作一致。下面继续为大学食堂项目创建轴网。

（1）接上面练习，或打开光盘"第 2 章 \ 2.1.2 结构标高 .rvt"项目文件。切换至"1F"结构平面视图。

（2）如图 2.1.2-15 所示，点击【结构】→【基准】→【轴网】命令，自动切换至

图 2.1.2-15　创建项目结构轴网

【放置轴网】上下文选项卡中，进入轴网放置状态。

（3）单击"属性"面板中的 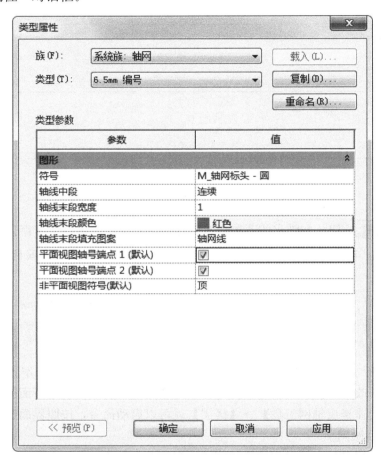 编辑类型 按钮，弹出"类型属性"对话框。如图 2.1.2-16 所示，类型为"6.5mm 编号"，"轴线中段"为"连续"，"轴线末端颜色"选择"红色"，并勾选"平面视图轴号端点 1"和"平面视图轴号端点 2"，单击 确定 按钮退出"类型属性"对话框。

图 2.1.2-16　轴网类型属性

学习提示："符号"参数列表中的族为当前项目中已载入的轴网标头族及其类型。Revit 允许用户自定义该标头族，并在项目中使用。在标高对象的"类型属性"对话框中，也将看到类似的设置。

（4）移动鼠标光标至空白视图左下角空白处单击，确定第 1 条垂直轴线起点，沿垂直方向向上移动鼠标光标，Revit 将在光标位置与起点之间显示轴线预览，当光标移动至左上角位置时，单击鼠标左键完成第一条垂直轴线的绘制，并自动将该轴线编号为"1"。

学习提示：在绘制时，当光标处于垂直或水平方向时，Revit 将显示垂直或水平方向捕捉。在绘制时按住键盘 Shift 键，可将光标锁定在水平或垂直方向。

（5）确认 Revit 仍处于放置轴线状态。移动鼠标光标至上一步中绘制完成的轴线 1 起始端点右侧任意位置，Revit 将自动捕捉该轴线的起点，给出端点对齐捕捉参考线，并在光标与轴线 1 间显示临时尺寸标注，指示光标与轴线 1 的间距。利用键盘输入"6900"并按下回车，将在距轴线 1 右侧 6900mm 处确定第二根垂直轴线起点，如图 2.1.2-17 所示。

（6）沿垂直方向移动鼠标，直到捕捉到轴线 1 上方端点时点击鼠标左键，完成第 2 根垂直轴线的绘制，该轴线自动编号为"2"。按"Esc"键两次退出放置轴网模式。

（7）单击选择新绘制的轴线 2，在修改面板中单击"复制"命令，确认勾选选项栏"约束"和"多个"选项。单击轴线 2 上任意一点作为复制基点，向右移动鼠标，使用键盘输入数值"6900"并按回车确认，作为第一次复制的距离，Revit 将自动在轴线 2 右方 6900mm 处生成轴线 3。按"Esc"两次退出复制模式。

（8）选择上一步绘制的轴线 3，双击轴网标头中的轴网编号，进入编号文本编辑状态，删除原有标号值，利用键盘输入"3"，按"回车键"确认修改，该轴线编号将修改为"3"。

（9）使用复制的方式在轴线 3 的右侧复制生成垂直方向的其他垂直轴线，间距依次为 6900、7200mm，依次修改编号为 4、5，如图 2.1.2-18 所示。

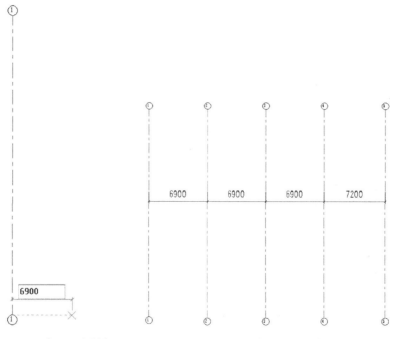

图 2.1.2-17　建立竖向轴网　　　　图 2.1.2-18　完成竖向轴网

学习提示：Revit 默认会按上一次修改的编号加 1 的方式命名新生成的轴网编号。

（10）单击【轴网】命令，移动鼠标光标至空白视图左下角空白处单击，确定水平轴线起点，沿水平方向向右移动鼠标光标，Revit 2016 将在光标位置与起点之间显示轴线预览，当光标移动至右侧适当位置时，单击鼠标左键完成第一条水平轴线的绘制，修改其轴线编号为"A"。按"Esc"键两次退出放置轴网模式。

（11）单击选择新绘制的水平轴线 A，单击修改面板中的【复制】命令，拾取轴线 A

上任意一点作为复制基点，垂直向上移动鼠标，依次输入复制间距为 5400、6900、5400mm，轴线编号将由 Revit 2016 自动生成为 A、B、C、D，点击任意一条轴网在其端部将会出现四种符号，见图 2.1.2-19。

　　点击拖拽长度可以同时修改对齐轴线的长度，若需要单独修改其中某一轴线的长度，需要先点击"解锁"对齐约束。可以通过轴头显示开关控制某条轴线的轴头符号，点击添加弯头符号可以添加弯头。

　　通过上述更改使轴网更加美观、适用，适当缩放视图，观察 Revit 已完成了大学食堂项目结构轴网绘制，结果如图 2.1.2-20 所示。

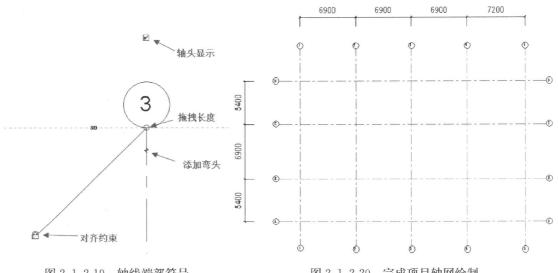

图 2.1.2-19　轴线端部符号　　　　　　图 2.1.2-20　完成项目轴网绘制

　　（12）切换至其他结构平面视图，注意 Revit 已在其他结构平面视图中生成相同的轴网。切换至"南"立面视图，注意在南立面视图中，也已生成①～⑤轴网投影。

　　（13）单击 按钮，在弹出的菜单中选择【保存】命令保存该文件。

　　与标高类似，在 Revit 中轴网为一组垂直于标高平面的垂直平面。且轴网具备平面视图中的长度及立面视图中的高度属性，因此会在所有相关视图中生成轴网投影。

　　技巧：橄榄山快模免费版中有矩形轴网和弧形轴网等快速绘制轴线命令。仅需指定开间和进深的数量以及间距就可以迅速创建多开间多进深的轴网，并且可以规定轴线命名规则等，点击【橄榄山快模】→【快速楼层轴网工具】→【矩形】或【弧形】启动命名来创建轴网。

3. 标注轴网

　　绘制完成轴网后，可以使用 Revit【注释】→【对齐尺寸标注】命令，为各结构平面视图中的轴网添加尺寸标注。为了美观，在标注之前，应对轴网的长度进行适当修改。

　　（1）接上面练习，或打开光盘"2.1.2 结构标高轴网.rvt"项目文件。切换至 1F 结构平面视图。

　　（2）单击轴网 1，选择该轴网图元，自动进入到【修改 | 轴网】上下文选项卡。如图 2.1.2-21 所示，移动鼠标至轴线 1 标头与轴线连接处圆圈位置，按住鼠标左键不放，

垂直向下移动鼠标，拖动该位置至图中所示位置后松开鼠标左键，Revit 将修改已有轴线长度。注意：由于 Revit 默认会使所有同侧同方向轴线保持标头对齐状态，因此修改任意轴网后，同侧同方向的轴线标头位置将同时被修改。

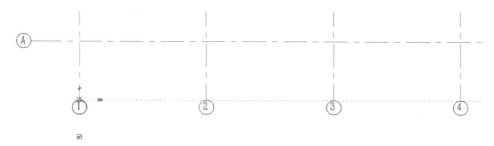

图 2.1.2-21　编辑轴网

（3）使用相同的方式，适当修改水平方向轴线长度。切换至 2F 结构平面视图，注意该视图中，轴网长度已经被同时修改。

（4）如图 2.1.2-22 所示，点击【注释】→【尺寸标注】→【对齐尺寸标注】命令，Revit 进入放置尺寸标注模式。

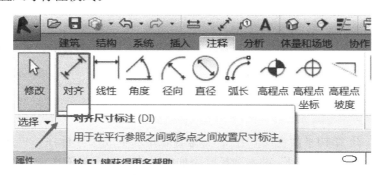

图 2.1.2-22　对齐尺寸标注

（5）在"属性"面板类型选择器中，选择当前标注类型为"对角线－3mm RomanD"。移动鼠标光标至轴线 1 任意一点，单击鼠标左键作为对齐尺寸标注的起点，向右移动鼠标至轴线 2 上任一点并单击鼠标左键，以此类推，分别拾取并单击轴线 1、轴线 2、轴线 3、轴线 4、轴线 5，完成后向下移动鼠标至轴线下适当位置点击空白处，即完成垂直轴线的尺寸标注，结果如图 2.1.2-23 所示。

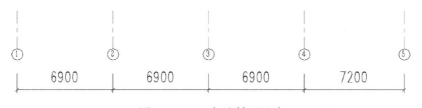

图 2.1.2-23　标注轴网尺寸

（6）确认仍处于对齐尺寸标注状态。依次拾取轴线 1 及轴线 5，在上一步骤中创建的尺寸线下方单击放置生成总尺寸线。

> *学习提示：对齐尺寸标注仅可对互相平行的对象进行尺寸标注。*

（7）重复上一步骤，使用相同的方式完成项目水平轴线的两道尺寸标注，为了方便读者观看，在此将状态栏视图比例调整为 1：200，结果如图 2.1.2-24 所示。

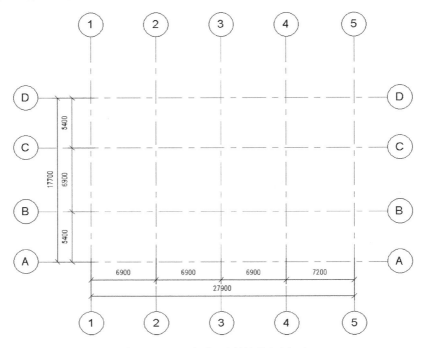

图 2.1.2-24　完成一层轴网尺寸标注

（8）切换至 2F 结构平面视图，注意该视图中并未生成尺寸标注。再次切换回 1F 结构平面视图，配合键盘"Ctrl"键，选择已添加的尺寸标注。若依次增加过于麻烦，可以先单击其中一条标注，右键，采用"选择全部实例"在整个项目中的特性方式选择所有标注，见图 2.1.2-25。

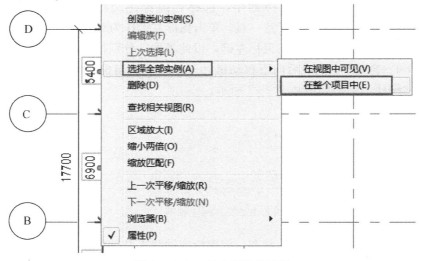

图 2.1.2-25　按实例特性选择

自动切换至【修改｜尺寸标注】上下文选项卡。如图 2.1.2-26 所示，点击【剪贴板】→ 📋 按钮→ 📋粘贴 →【与选定的视图对齐】选项，将弹出"选择视图"对话框。

（9）如图 2.1.2-27 所示，在"选择视图"对话框列表中，配合使用"Ctrl"或"Shift"键，依次选择如图 2.1.2-27 所示项目，单击 ⸢ 确定 ⸥ 按钮退出"选择视图"对话框。

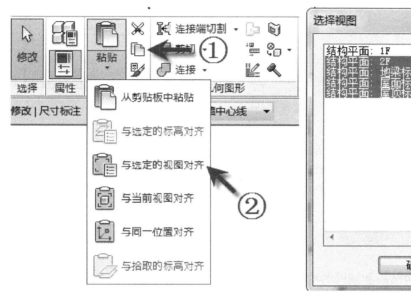

图 2.1.2-27　复制尺寸标注

图 2.1.2-27　"选择视图"对话框

切换至 2F 结构平面视图。注意：所选择的尺寸标注已经出现在当前视图中。使用相同的方式查看其他视图中的轴网尺寸标注。

（10）保存该项目文件。

除逐个为轴网添加尺寸标注外，还可以利用自动标注功能批量生成轴网的尺寸标注。具体方法如下：首先使用【墙】命令绘制任意一面穿过所有垂直或水平轴网的墙体。点击【注释】→【尺寸标注】→【对齐尺寸标注】命令，并在选项栏选"拾取：整个墙"，并单击后面的"选项"，在"自动尺寸标注选项"对话框中勾选"相交轴网"，如图 2.1.2-28 所示。然后单击墙体即可为所有与该墙相交的轴网图元生成尺寸，再次单击空白位置确定尺寸线位置即可。

默认 Revit 会为墙两端点位置生成尺寸标注，删除墙体图元时，墙两侧端点的尺寸标注即可自动删除。在 2.2.4 节中将详细介绍墙的生成，读者可参考相关内容。

在添加轴网后，还应分别在南立面与东立面视图中，采用与修改轴网长度相同的方式修改标高的长度，使之穿过所有轴网。请读者自行尝试该操作，在此不再赘述。

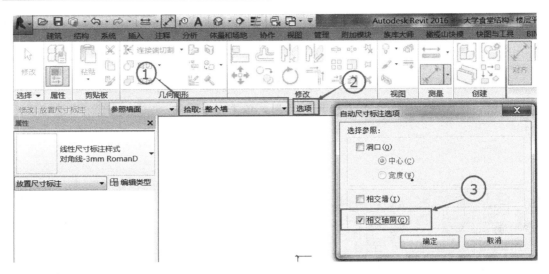

图 2.1.2-28　批量生成轴网的尺寸标注

　　学习提示：橄榄山快模免费版中有轴线重排命令，可批量对平行轴线按顺序重命名，并且可以自动标注轴线。点击【橄榄山快模】→【快速楼层轴网工具】→【轴线重排】就可以启动这个命令，然后按照提示操作。

2.2　创建项目模型

　　前节已经建立了结构标高和轴网的项目定位信息。从本节开始，按先结构框架后建筑构件的模式逐步完成大学食堂项目的土建模型创建。

2.2.1　结构柱

提要：
■ 创建结构柱
■ 编辑结构柱

　　本小节介绍结构柱的创建。在布置结构柱前需确认结构平面视图完整，并在结构选项卡中完成。

　　Revit 提供两种柱，即结构柱和建筑柱。建筑柱适用于墙垛、装饰柱等。在框架结构模型中，结构柱是用来支撑上部结构并将荷载传至基础的竖向构件。

1. 创建结构柱

　　在大学食堂项目中，可以从 1F 标高开始，分层创建各层结构柱。接下来，将根据已完成的标高轴网，继续创建大学食堂项目结构柱。创建结构柱，首先须定义项目中需要的结构柱类型。

　　（1）接前节练习，或打开光盘"第 2 章 \ 2.1.2 结构标高轴网 . rvt"项目文件。切换至 1F 结构平面视图，检查并设置结构平面视图"属性"面板中的"规程"为"结构"。

下拉规程选项可以看到不同的规程形式，用于显示不同规程所定义的模型图元，在此使用"结构"规程。如图 2.2.1-1 所示。

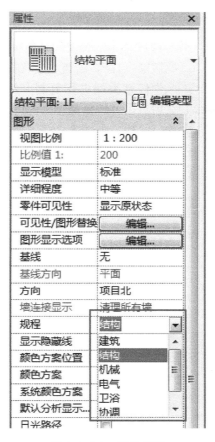

图 2.2.1-1　结构规程

> 学习提示：Revit 使用"规程"用于控制各类别图元的显示方式。Revit 提供建筑、结构、机械、电气、卫浴和协调共六种规程。在结构规程中会隐藏"建筑墙"、"建筑楼板"等非结构图元，而"墙饰条"、"幕墙"等图元不会被隐藏。

（2）在 1F 结构平面视图下，单击【结构】→【柱】工具，进入结构柱放置模式。自动切换至【修改 | 放置结构柱】上下文选项卡，如图 2.2.1-2 所示。

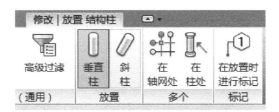

图 2.2.1-2　修改 | 放置结构柱

学习提示：在【建筑】→【柱】下拉列表中，提供了【结构柱】选项。其功能及用法与【结构】→【柱】工具相同。

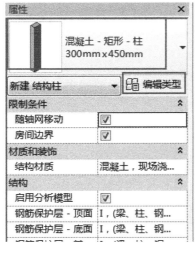

图 2.2.1-3　确定结构柱类型

（3）单击"属性"面板中的"编辑类型"按钮，打开"类型属性"对话框，选择"族"为"混凝土—矩形—柱"，若类型中无图纸中结构柱的尺寸，选择其中任意类型进行复制，例如选择"300mm×450mm"后点击"编辑类型"，如图 2.2.1-3 所示。

（4）如图 2.2.1-4 所示，在"类型属性"对话框中，单击　复制(D)...　按钮，在弹出的"名称"对话框中输入"500mm×550mm"作为新类型名称，完成后单击　确定　按钮返回"类型属性"对话框。

（5）修改类型参数"b"和"h"（分别代表结构柱的截面宽度和深度）的值为"500"和"550"，见图 2.2.1-4。完成后单击　确定　按钮退出"类型属性"对话框，完成设置。

图 2.2.1-4　修改结构柱属性

学习提示：结构柱类型属性中参数内容主要取决于结构族中的参数定义。不同结构柱族可用的参数可能会不同。

（6）如图 2.2.1-5 所示，确认【修改｜放置结构柱】面板中柱的生成方式为【垂直柱】；修改选项栏中结构柱的生成方式为"高度"，在其后的下拉列表中选择结构柱到达的标高为"2F"，代表结构柱从本视图标高 1F 建立至 2F。

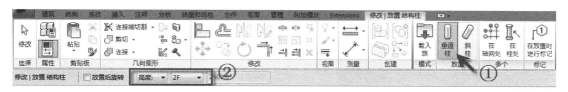

图 2.2.1-5 修改｜放置 结构柱

学习提示 1："高度"是指创建的结构柱将以当前视图所在标高为底，通过设置顶部标高的形式生成结构柱，所生成的结构柱在当前结构平面标高之上；"深度"是指创建的结构柱以当前视图所在标高为顶，通过设置底部标高的形式生成结构柱，所生成的结构柱在当前结构平面标高之下。

学习提示 2：在通过选项栏指定结构柱标高时，还可以选择"未连接"选项。该选项允许用户在后面的高度值栏中输入结构柱的实际高度值。

（7）将鼠标挪动至绘图区域，将会出现"矩形柱"的预览位置，鼠标放置于①-Ⓐ轴交点处会出现自动捕捉，单击鼠标左键即为安装一个放置于轴线相交处的矩形柱 KZ-1，见图 2.2.1-6。

（8）若需要实现同时放置多个相同类型的矩形柱，单击功能区"多个"面板中的【在轴网处】命令，进入"在轴网交点处"放置结构柱模式，自动切换至"修改｜放置 结构柱"的"在轴网交点处"上下文选项卡。如图 2.2.1-7 所示，移动鼠标至①轴线点击选中，

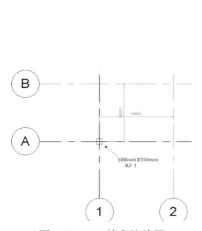

图 2.2.1-6 单个柱放置

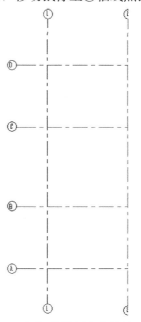

图 2.2.1-7 在①-Ⓐ轴网交点处放置结构柱

然后按住"ctrl"键分别点击选中①、④轴线，则上述被选择的轴线变成蓝色显示，并在选择框内所选轴线交点处出现结构柱的预览图形，单击"多个"面板中的 ✓ 完成 按钮，Revit 将在预览位置生成结构柱。

（9）使用类似的方式继续创建其他轴线的结构柱，结果如图 2.2.1-8 所示。

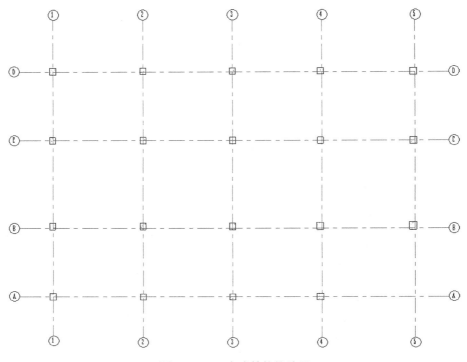

图 2.2.1-8　完成结构柱放置

（10）本项目的结构柱基本均为偏轴柱，并非居中放置在轴网相交处，因此需要进行结构柱位置的微调。以①-④轴交点的 KZ-1 柱为例，点击快速访问栏中的粗细线更改图标，见图 2.2.1-9，将线条更改为细线以方便查看。选中该柱后并未出现需要临时尺寸的位置（图 2.2.1-10），按住鼠标左键拖动临时尺寸拖拽点，根据图纸中的 $b1$、$b2$ 和 $h1$、$h2$ 值将拖拽点拖动至需要的位置，图 2.2.1-11 即为拖动目标尺寸 $b1$ 和 $h1$，点击临时尺寸值将其更改为 $b1=300$，$h1=300$。

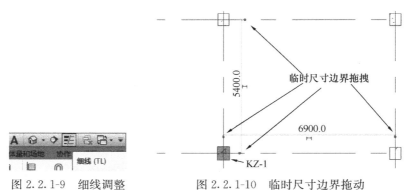

图 2.2.1-9　细线调整　　　　图 2.2.1-10　临时尺寸边界拖动

（11）从上述放置和更改位置的方法可以发现，若按照此方法完成所有柱尺寸的更改需要耗费较长的时间。在有 CAD 电子图纸的情况下，按照下一节介绍的导入 CAD 底图的方式建模会大幅度提升建模效率。

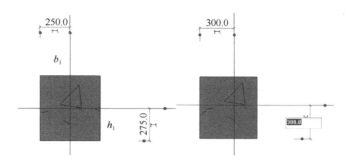

图 2.2.1-11　临时尺寸边界拖动与尺寸数值更改

学习提示：橄榄山快模免费版中的标准柱命令，可批量在轴线的交点上创建柱子，也可以灵活设置柱子的偏心。多种方式创建柱子：自由点击创建柱子；在一条轴线上的轴线交点处创建柱子；也可在框选范围内的轴线交点上创建柱子。点击【橄榄山快模】→【快速生成构件】→【批量建板】命令启动批量在轴线上创建柱子。

2. 编辑结构柱

除可以基于轴网的交点放置结构柱外，还可以单击手动放置结构柱，并配合使用复制、阵列、镜像等图元修改工具对结构柱进行修改。本节将采用手动放置结构柱方式创建"1F"标高其余结构柱。

（1）接上面练习，切换至"1F 结构平面视图"。单击【结构】→【柱】命令，进入"修改｜放置　结构柱"上下文选项卡。确认结构柱创建方式为"垂直"；不勾选选项栏"放置后旋转"选项；设置结构柱生成方式为"高度"；设置结构柱到达标高为"2F"。

（2）确认当前结构柱类型为同样方法创建的"500mm×450mm"。移动鼠标光标分别捕捉至②轴线和Ⓐ、Ⓑ、Ⓒ、Ⓓ轴线交点位置单击放置 4 根"500mm×450mm"结构柱。按"Esc"键两次结束结构柱命令。

3. 导入 CAD 图纸

在【插入】选项中有【链接 CAD】和【导入 CAD】两种工具，见图 2.2.1-12。

图 2.2.1-12　链接与导入 CAD

【链接 CAD】是将 CAD 图纸作为链接的方式置于项目中，优点为 CAD 图纸原文件更新后，项目中的图纸也会随着更新；缺点为若原 CAD 文件丢失或链接失效，项目中的

CAD 底图也随着消失。

【导入 CAD】是将 CAD 图纸导入项目中作为项目的一部分，优点和缺点与【链接 CAD】恰好相反。由于本项目的 CAD 图纸不需再进行更改，在此推荐使用【导入 CAD】方式。

导入图纸前，首先需要对 CAD 图纸进行编辑，在此以较低版本的 CAD2007 软件为例讲述 CAD 图纸导入前的编辑工作。

（1）打开图纸，使用 CAD 软件打开"第 2 章 \ 二维设计 DWG 图纸"文件夹"大学食堂结构图"，若缺少 CAD 字体需要提前进行安装或替换，方法为将光盘"第 2 章 \ 二维设计 DWG 图纸"中"CAD 字体"文件中的所有字体文件复制到 CAD 软件的 Font 文件夹中。

（2）拆图，打开后找到所有结构图中的"框架柱平法施工图"，框选中该部分图纸，使用写块命令"W"（wblock）进行写块，注意更改文件路径和名称及插入单位"毫米"，点击"确定"按钮，如图 2.2.1-13 所示，将"框架柱平法施工图"从所有结构图纸中分离至单独"结构柱 . dwg"文件，读者可打开该文件查看进行验证。

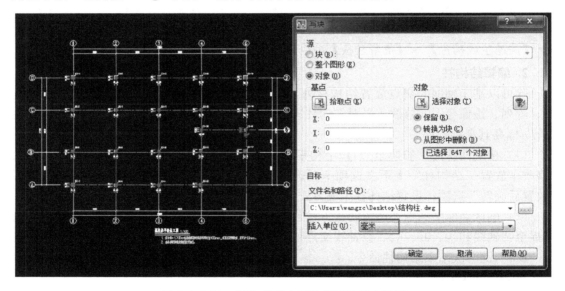

图 2.2.1-13　CAD 软件中写块拆图的基本设置

（3）导入图纸，切换至 1F 结构视图，点击【插入】→【导入 CAD】，在基本设置中将"导入单位"改为"毫米"，"定位"改为"自动－中心到中心"使导入后的图纸居于项目视图的中心，勾选"仅当前视图"仅将图纸放置于当前 1F 结构平面视图中，点击"打开"进行导入，见图 2.2.1-14。

（4）底图对齐，导入后 CAD 底图中的轴网与项目轴网并未相对应，使用修改中的"对齐"或"移动"工具将 CAD 底图移动，使之与项目轴网相对应。若 CAD 底图中带颜色的线条显示不清，可将 Revit 绘图区域背景色改为黑色，方法为点击左上角的 图形选项卡，将背景色改为"黑色"。

图 2.2.1-14 导入 CAD 的基本设置

学习提示：项目中的轴网放置位置已经调整正确，CAD 底图导入后应移动 CAD 底图与项目轴网对齐，不要错误地将项目的轴网进行移动。对齐轴网后，也可以考虑将 CAD 底图锁定，防止错误操作后使底图移动。

4. 编辑结构柱

（1）编辑结构柱平面位置

CAD 底图导入后，可以清晰地捕捉底图中每根结构柱的边缘。通过"对齐"或"移动"工具快速将已经放置于轴网处的矩形柱对齐至 CAD 底图的结构柱位置，使用视觉样式中的"着色模式"会更便于操作，双击项目浏览器中的"三维"可以查看三维空间位置，如图 2.2.1-15 所示。

（2）复制 1F 平面结构柱至 2F 平面

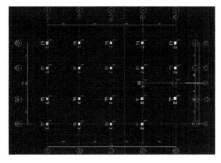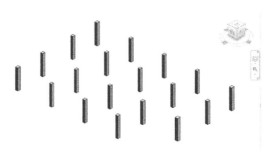

图 2.2.1-15 着色模式下结构柱平面和三维位置

选中 1F 结构平面视图中的所有结构柱。单击"修改 | 结构柱"选项卡【剪贴板】→【复制】命令，再单击【剪贴板】→【粘贴】命令下方的下拉三角箭头，从下拉菜单中选择"与选定标高对齐"选项，弹出"选择标高"对话框。在列表中选择"屋面标高"，如图 2.2.1-16 所示。单击 确定 按钮，将结构柱顶部对齐粘贴至屋面标高位置，三维视图见图 2.2.1-17。

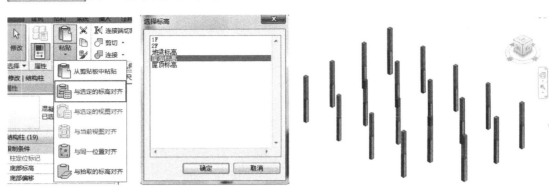

图 2.2.1-16　复制结构柱　　　　　　　　图 2.2.1-17　结构柱复制后的三维视图

学习提示：选中 1F 结构柱，修改"顶部偏移"标高值为"屋面标高"，可生成贯穿标高"2F"、"屋面标高"的结构柱。该结构柱在"2F"、"屋面标高"结构平面视图中均可产生正确的投影。使用该方法创建的结构柱为单一模型图元，而使用对齐粘贴方式生成的各标高结构柱，各标高间结构柱相互独立。

（3）检测复制后结构柱的标高

切换至 2F 结构平面视图，以在当前标高中生成相同类型的结构柱图元。选择所有结构柱，确认结构柱"属性"面板中的"底部标高"与"顶部标高"分别设置为"2F"和"屋面标高"，"底部偏移"和"顶部偏移"均为"0.00"。

（4）修改 1F 标高的结构柱底部高度至基础顶面位置

切换至 1F 结构平面视图。可以框选所有图元，采用 过滤器 的方式，仅选中所有结构柱，如图 2.2.1-18 所示。将左侧"属性"选项中"底部标高"所在标高"1F"，修改为"底部偏移"值"—1600mm"，见图 2.2.1-19。完成后，单击 应用 按钮应用该值，Revit 将修改所选择结构柱图元的高度。切换至默认三维视图，完成后的结构柱如图 2.2.1-20 所示。

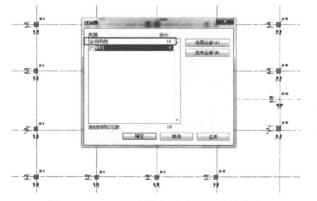

图 2.2.1-18　过滤器方式选择所有结构柱　　　　图 2.2.1-19　设置 1F 结构柱标高

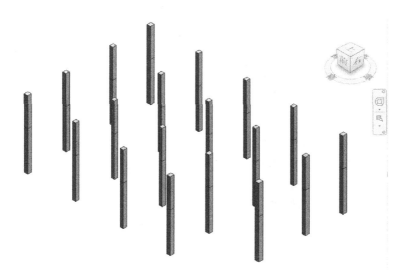

图 2.2.1-20　完成后的结构柱三维视图

（5）创建屋顶标高以上结构柱

通过查看图纸，在 KZ-14、KZ-17、KZ-20 和 KZ-21 位置有四根"屋面标高"至"屋顶标高"范围的结构柱。其中，KZ-14，KZ-17 上面的柱截面尺寸为 450mm×500mm，且分别与 KZ-14、KZ-17 柱截面的下及右侧对齐。切换至"屋面标高"平面，采用上述结构柱的创建和编辑方法，创建四根结构柱（图 2.2.1-21）。

图 2.2.1-21　增加屋面以上标高结构柱后的三维视图

（6）保存该项目文件

　　学习提示：创建结构柱时，默认会勾选"属性"面板中的"房间边界"选项。计算房间面积时，将自动扣减柱的占位面积。Revit 默认还会勾选结构柱的"随轴网移动"选项，勾选该选项时，当移动轴网时，位于轴网交点位置的结构柱将随轴网一起移动。

2.2.2　结构梁

提要：

■ 创建结构梁

■ 编辑结构梁

在前述章节中，使用结构柱工具为大学食堂项目创建了结构柱，本节将继续完成结构梁创建，这些工作将继续在结构选项卡中完成。

Revit 提供了梁和梁系统两种创建结构梁的方式。使用梁时必须先载入相关的梁族文件。接下来为大学食堂建立结构梁，学习梁的使用方法。

（1）接上节模型，或打开光盘"第 2 章 \ 2.2.1 结构柱 .rvt"项目文件。切换至 1F 结构平面视图，检查并设置结构平面视图"属性"面板中的"规程"为"结构"。点击属性栏中的"可见性/图形替换"进行编辑，1F 平面中会显示上一节导入的结构柱 CAD 图，使用快捷键 VV 或 VG，在导入的类别中将结构柱 .dwg 文件前的对号去掉，即为不显示该 CAD 底图，如图 2.2.2-1 所示，点击确定。

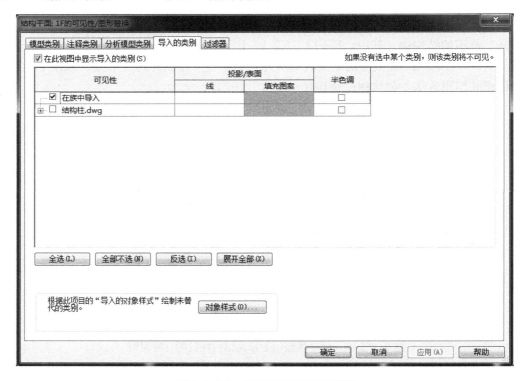

图 2.2.2-1　CAD 底图可见性设置

（2）图纸中 4.2m 梁位于本项目 2F 标高，因此切换至 2F 结构平面。点击功能区【结构】→【结构】→【梁】命令，自动切换至"修改放置梁"上下文选项卡中。在类型选择器中选择"混凝土—矩形梁"族，类型选择"300mm×600mm"或其他类型均可以（图2.2.2-2）。

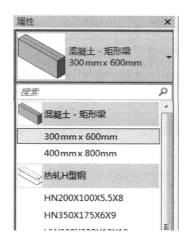

图 2.2.2-2　结构梁类型选择

> *学习提示：若此时在类型选择器中没有矩形梁，可通过点击【编辑类型】载入族的方式至结构族库中载入，具体方法与后文 2.2.3 节独立基础的载入方法完全相同。*

（3）点击 ，打开"类型属性"对话框，4.2m 梁图纸中，KL-1 尺寸为 250mm×600mm。复制并新建名称为"250mm×600mm"的梁类型。如图 2.2.2-3 所示，修改类型参数中的宽度为"250"，高度为"600"。注意修改"类型标记"值为"250mm

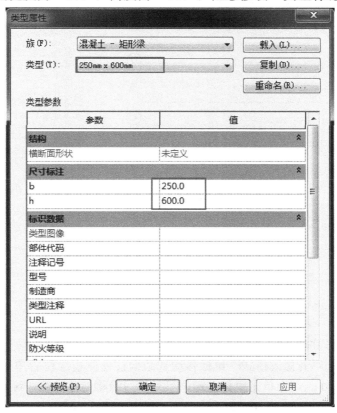

图 2.2.2-3　KL-1 结构梁的类型属性

×600mm"。完成后，单击 ┃   确定   ┃按钮退出"类型属性"对话框。

> *学习提示："类型标记"值将在绘制时出现在梁标签中。*

（4）如图 2.2.2-4 所示，确认"绘制"面板中的绘制方式为【直线】，设置选项栏中的"放置平面"为"2F"，修改结构用途为"大梁"，不勾选"三维捕捉"和"链"选项。

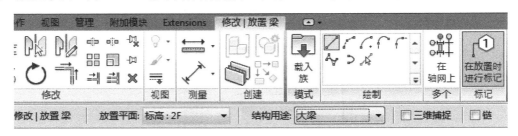

图 2.2.2-4   修改｜放置结构梁

> *学习提示：若激活"标记"面板中的【在放置时进行标记】选项，在放置梁的同时将会直接进行标记。*

（5）确认"属性"面板中的"Z 方向对正"设置为"顶"。即所绘制的结构梁将以梁图元顶面与"放置平面"标高对齐。如图 2.2.2-5 所示，移动鼠标至①-Ⓐ轴交点单击鼠标左键，将其作为梁起点，沿①轴线竖直向上移动鼠标直到至①-Ⓓ轴单击作为梁终点，绘制 KL-1 结构梁。

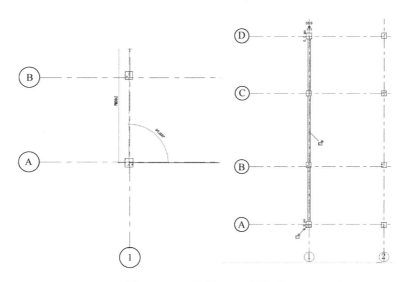

图 2.2.2-5   绘制 KL-1 结构梁

（6）KL-1 梁与柱的关系为梁与柱外边缘平齐，因此需对所建梁作对齐处理。使用【对齐】命令，进入对齐修改模式。鼠标移动到结构柱外侧边缘位置单击作为对齐的目标位置，再次对齐梁外侧边缘单击鼠标左键，梁外侧边缘将与柱外侧边缘对齐。

（7）使用类似的方式，绘制 2F 结构平面视图其他部分的梁。注意：位于⑤轴的梁与结构柱外侧边缘对齐，其余梁居中于轴线。也可以采用上一节中导入 CAD 底图的方式快速建模，将 CAD 图中 4.200m 高梁平法施工图进行拆图后导入，结果如图 2.2.2-6 所示。

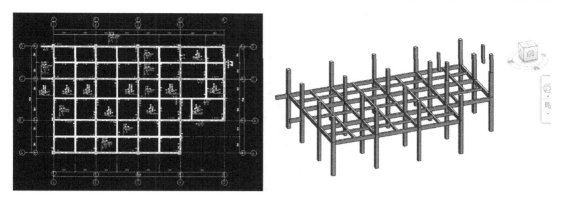

图 2.2.2-6　2F 结构梁平面和三维视图

（8）框选 2F 结构平面视图中所有图元。配合使用选择 过滤器，过滤选择所有已创建的结构框架梁图元。配合使用【复制到剪贴板】→【与选定的标高对齐】的方式粘贴至"地梁标高"（-0.3m）和"屋面标高"（8.4m），见图 2.2.2-7。切换至默认三维视图，复制完成后的框架梁如图 2.2.2-8 所示。

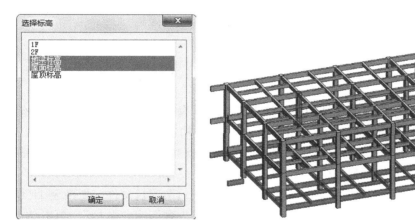

图 2.2.2-7　结构梁粘贴标高　　　图 2.2.2-8　地梁和 8.4m 高结构梁复制后的三维视图

　　学习提示： 当选择集中包含标记信息时，仅能选择与所选择的视图对齐选项。

（9）保存该项目文件。

　　学习提示： 橄榄山快模免费版中轴线生梁命令，可批量在一根轴线上两个轴线交点间生成梁，也可以在整根轴线上生成梁，还可以在选择的全部轴线上生成梁。可指定梁的偏心距、Z 方向上的偏移量，还可以一次创建多层的梁。点击【橄榄山快模】→【快速生成构件】→【轴线生梁】命令启动快速创建梁命令。

（10）三层梁的平面布置并非完全相同，依次切换至"地梁标高"、"屋面标高"和

"屋顶标高"平面视图，按照 CAD 图纸更改地梁标高和屋面标高中结构梁的位置和属性，最终完成后的三维视图见图 2.2.2-9。

图 2.2.2-9　结构梁完成后的三维视图

（11）保存该项目文件。

2.2.3　基础

提要：
■ 创建基础
■ 编辑基础

在前述章节中，介绍了如何使用结构柱、梁工具为大学食堂项目创建上部框架结构，本节将继续完成下部结构基础的创建。这些操作将继续在结构选项卡中完成。

Revit 提供了三种基础形式，分别是独立基础、条形基础和基础底板，用于生成建筑不同类型的基础，大学食堂为框架结构，柱下独立基础形式。

（1）接上节练习或打开光盘"第 2 章 \ 2.2.2 结构梁 .rvt"项目文件。切换至 1F 结构平面视图，检查并设置结构平面视图"属性"面板中的"规程"为"结构"。单击功能区的【结构】→【基础】→【独立基础】命令，在左侧类型选择器下拉仅有两种普通板基础或者直接提示缺少基础族需要载入，因此需要载入独立基础族。

（2）选中任意一种基础类型，点击属性栏的 🔲 编辑类型，在类型属性中点击"载入"，如默认弹出"China"文件夹即为默认的族库位置，如未正确安装族库，也可以点击上一步找到该文件夹或者直接浏览光盘中附带的基础族库。在"China"文件夹，双击打开"结构"文件夹，见图 2.2.3-1。然后打开"基础"文件夹，选择"独立基础—坡形截面"后点击打开，见图 2.2.3-2。

（3）点击复制，命名 JC-1，按照 CAD 图中的基础几何尺寸表更改尺寸标注参数，见图 2.2.3-3。

（4）如图 2.2.3-4 所示，单击"多个"面板的【在柱上】命令，进入"修改 | 放置独

图 2.2.3-1　载入基础族

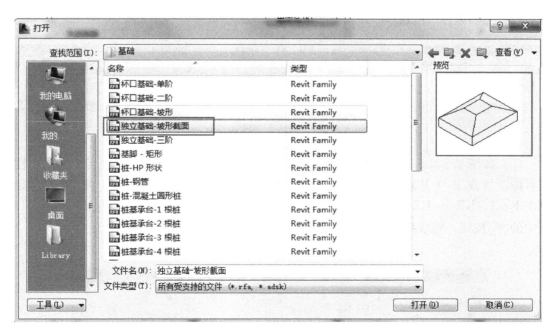

图 2.2.3-2　载入独立基础—坡形截面族

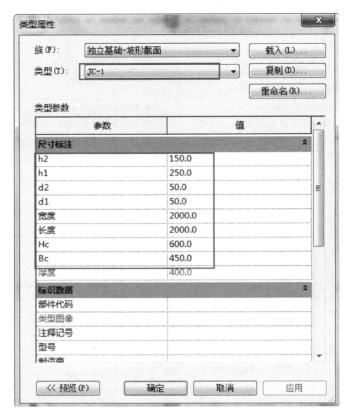

图 2.2.3-3　JC-1 独立基础类型属性

立基础"→"在柱上"模式。

图 2.2.3-4　修改 | 放置独立基础

（5）如图 2.2.3-5 所示，在该模式下，Revit 允许用户拾取已放置于项目中的结构柱。查看图纸发现 JC-1 基础位于 KZ-1、KZ-4、KZ-13 和 KZ-19 结构柱下方，按 Ctrl 键依次点击 KZ-1、KZ-4、KZ-13、KZ-19 结构柱。Revit 将显示基础放置预览，单击"多个"面板中的 ✔ 按钮，完成结构柱选择。

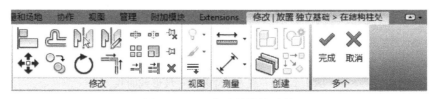

图 2.2.3-5　完成结构柱选择

学习提示：*独立基础仅可放置于结构柱图元下方，不可在建筑柱下方生成独立基础。*

（6）Revit 将自动在所选择的结构柱底部生成独立基础，并将基础移动至结构柱底部。Revit 给出了如图 2.2.3-6 所示的警告对话框，单击视图的任意空白位置或点击关闭该警告对话框。

图 2.2.3-6　警告对话框

（7）按 Esc 键两次，退出所有命令。此时"属性"面板中显示当前结构平面视图属性。单击"视图范围"参数后的"编辑"按钮，打开"视图范围"对话框。为了在视图中能够显示结构基础但不显示结构地梁，修改"视图深度"中的标高"偏移量"为"一1800"，修改"主要范围"中"顶"、"剖切面"和"底"的偏移量分别为"一900"、"一1000"和"一1200"，如图 2.2.3-7 所示。完成后单击 ▢确定▢ 按钮退出"视图范围"对话框。

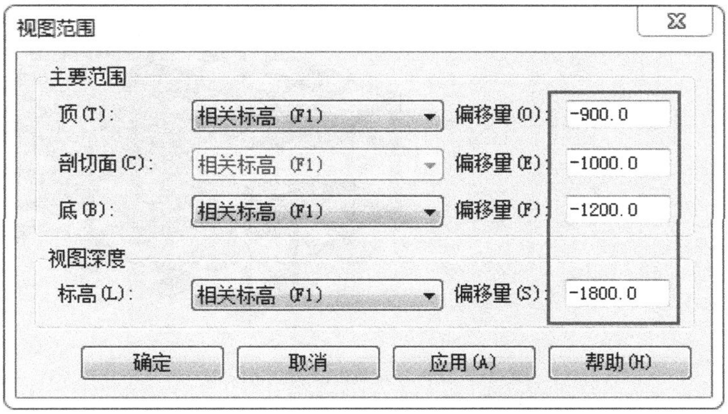

图 2.2.3-7　修改视图范围

学习提示：*通过将视图范围中的"顶"调低至结构地梁底面（一900mm）以下，可以使得结构地梁在 1F 结构平面视图不显示，也可以通过"可见性/图形替换（快捷键 VV）"将结构梁（结构框架）的可见性进行更改。*

（8）修改视图范围后，基础将显示在当前的 1F 结构平面视图中。结果如图 2.2.3-8 所示。

（9）当基础尺寸不相同时，可以使用图元"属性"编辑基础的长度、宽度、阶高、材质等，可从类型选择器切换其他尺寸规格类型；可用【移动】、【复制】等编辑命令进行创

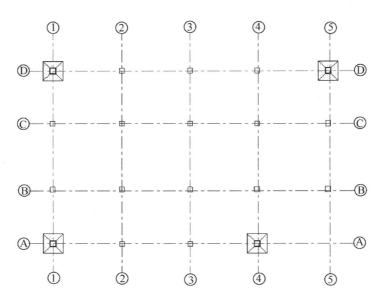

图 2.2.3-8　完成基础放置

建编辑。按照上述方法依次完成 JC-2、JC-3、JC-4 和 JC-5 基础的建立，切换至默认三维视图，完成后基础模型如图 2.2.3-9 所示。

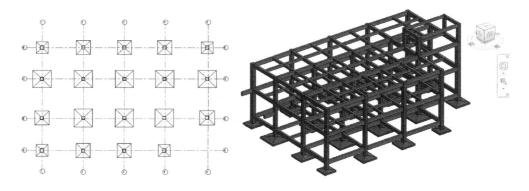

图 2.2.3-9　完成后的基础模型

（10）至此完成了独立基础的布置，保存该项目文件。

条形基础的用法类似于墙饰条，用于沿墙底部生成带状基础模型。单击选择墙即可在墙底部添加指定类型的条形基础，如图 2.2.3-10 所示。可以分别在条形基础类型参数中调节条形基础的坡脚长度、根部长度、基础厚度等参数，以生成不同形式的条形基础。与墙饰条不同的是，条形基础属于系统族，无法为其指定轮廓，且条形基础具备诸多结构计算属性，而墙饰条则无法参与结构承载力计算。

独立基础是将自定义的基础族放置在项目中，并作为基础参与结构计算。使用"公制结构基础.rte"族样板可以自定义任意形式的结构基础，基础底板则可以用于创建筏板基础等。在独立基础中载入"桩基承台"替换原有独立基础，实现建立桩基础，如图 2.2.3-11 所示。

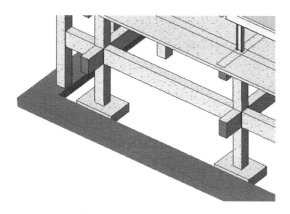

图 2.2.3-10　条形基础布置

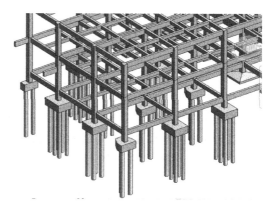

图 2.2.3-11　桩基础替换

钢筋

在前述章节中，介绍了如何使用结构柱、梁和基础工具为大学食堂项目创建框架结构，结构板的创建方式同建筑板相同，为了避免与建筑板重复，本项目仅建立建筑板。如果需要单独建立结构板，请读者学习后文中建筑板的创建方法进行结构板的创建和编辑。本节将简要介绍结构中钢筋的建模方法。

接下来以 KZ-1 结构柱为例讲解结构柱配筋的基本方法。

接上节练习或打开光盘"第 2 章 \ 2.2.3 结构基础.rvt"项目文件。切换至 1F 结构平面，发现在该平面视图中显示结构基础，点击结构平面属性中的"视图范围"，将"底"和"深度"的偏移量均改为"0"，点击确定，视图中将会仅显示结构柱（图 2.2.3-12）。

图 2.2.3-12　设置视图范围

点击【结构】→【钢筋】，如图 2.2.3-13 所示，将会弹出添加钢筋形状选项，点击

图 2.2.3-13　钢筋功能区域

确定 ，打开选项栏钢筋形状浏览器，选择钢筋形状：01 代表直钢筋（图 2.2.3-14）。

图 2.2.3-14　打开钢筋形状浏览器

根据 CAD 图纸，KZ－1 柱纵向钢筋直径为 25mm，因此在左侧钢筋类型选择器中选择 25HRB335 钢筋，将【修改 | 放置钢筋】中的放置方向改为垂直于保护层，如图 2.2.3-15 所示，根据图纸中纵向钢筋的位置放置全部纵向钢筋，放置后如图 2.2.3-16 所示。

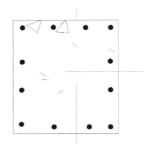

图 2.2.3-15　更改放置方向　　　　　　　　图 2.2.3-16　打开钢筋形状浏览器

切换至三维视图查看已建立的钢筋，在三维视图中使用线框模式可以观察到 KZ-1 柱的纵向钢筋，但钢筋的显示均为细线条，无法体现钢筋的直径。若需要查看带有钢筋直径的三维视图样式，首先可以采用全部框选，然后用 过滤器 的方式仅选中所有结构钢筋，点击属性栏"视图可见性状态"进行编辑，如图 2.2.3-17 所示，在弹出的钢筋图元视图可见性状态对话框中将三维视图后的"清晰的视图"和"作为实体查看"勾选，点击确定，如图 2.2.3-18 所示。

视图类型	视图名称	清晰的视图	作为实体查看
三维视图	{三维}	☑	☑
立面	南		
立面	东		
立面	北		
立面	西		
结构平面	F1	☑	
结构平面	F2		
结构平面	屋面标高		
结构平面	地梁标高		
结构平面	屋顶标高		

图 2.2.3-17　钢筋属性　　　　　　　　图 2.2.3-18　钢筋图元视图可见性设置

更改后发现钢筋仍然没有显示直径实体，此时将视图控制栏中的详细程度改为"精细"，便可以显示出钢筋直径，视觉样式改为真实可以更明显地观察钢筋的形状和材质，如图 2.2.3-19 所示。

可按照上述方法继续完成结构柱箍筋的放置，钢筋形状浏览器中选择钢筋形状：33，属性栏选择 8HRB335 钢筋，在修改｜放置钢筋中放置方向选择平行于工作平面，钢筋集中选择间距100mm 集合放置，如图 2.2.3-20 所示。在 KZ-1 结构柱中点击左键放置（图 2.2.3-21）。

切换至三维视图，同样按照三维实体显示的方法设计箍筋三维显示，结果如图 2.2.3-22 所示。将文件另存为 2.2.3.1 结构钢筋.rvt。参照上述 KZ-1 柱的方法可完成其余结构梁、结构柱和基础钢筋的建立。

图 2.2.3-19　钢筋三维
实体显示

图 2.2.3-20　箍筋放置方向和钢筋集

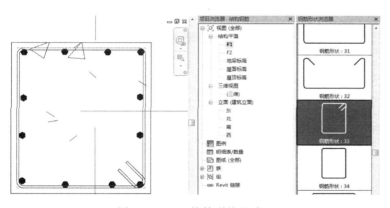

图 2.2.3-21　箍筋形状和放置

图 2.2.3-22　KZ-1 柱
箍筋三维视图

> 学习提示：若项目钢筋数量较多，也可以考虑采用基于 Revit 的插件来快速建立钢筋，如 Extensions 等。

2.2.4　墙体

提要：

■ 墙体属性和类型

■ 绘制墙

■ 幕墙

在本章第一节中已经建立了大学食堂项目的标高和轴网信息。从这节开始，将为大学食堂项目创建建筑模型。建筑模型是在建筑楼层平面视图中创建，并在建筑选项卡中完成的。

本节介绍墙体模型创建，在进行墙体的创建时，需要根据墙的用途及功能，例如墙体的高度、墙体的构造、立面显示、内墙和外墙的区别等，创建不同的墙体类型和赋予不同的属性。

1. 墙体概述

在 Revit 中创建墙体模型可以通过功能区中的【墙】命令来进行，【墙】命令的使用与结构梁类似。Revit 提供了建筑墙、结构墙和面墙三个墙体创建命令。

建筑墙：主要用于绘制建筑中的隔墙。

结构墙：绘制方法与建筑墙完全相同，但使用结构墙工具创建的墙体，可以在结构专业中为墙图元指定结构受力计算模型，并为墙配置钢筋，因此该工具可以用于创建剪力墙等墙图元。

面墙：根据体量或者常规模型表面生成墙体图元。

墙还有两个可以进行添加的部分是：墙饰条和墙分隔缝，墙饰条是用于在墙上添加水平或垂直的装饰条，比方说踢脚板和冠顶。分隔缝可以在墙上进行水平或垂直的剪切。

2. 墙体创建

（1）墙体属性和类型

打开"2.2.4 绘制墙"模型，单击功能区【建筑】→【墙】命令，功能区显示【修改 | 放置墙】，如图 2.2.4-1 所示。

图 2.2.4-1　修改 | 放置墙

在【绘制】面板中，可以选择绘制墙的工具。该工具与梁的绘制工具基本相同，包括默认的"直线"、"矩形"、"多边形"、"圆形"、"弧形"等工具。其中，需要注意的是两个工具：一个是【拾取线】　，使用该工具可以直接拾取视图中已创建的线来创建墙体；另一个是【拾取面】　，该工具可以直接拾取视图中已经创建的体量面或是常规模型面来创建墙体。

> *学习提示：使用光标移动到其中一个线段或者是面上的时候，可以按 Tab 键来切换选择顺序，选择相邻全部高亮显示的时候单击，可以创建相邻连续的墙。*

接下来是墙的属性设置。单击墙按钮之后，"属性"选项板的显示如图 2.2.4-2 所示。

① 单击墙类型，在下拉列表中选择其他需要的类型。

② 定位线是指在平面上的定位线位置，默认为墙中心线，包括核心层中心线、面层面：外部、面层面：内部、核心面：外部、核心面：内部。

③ 底部限制条件和顶部约束是定义墙的底部和顶部标高。其中，顶部约束不能低于

底部限制条件。

④ 底部偏移和顶部偏移是相对应底部标高和顶部标高进行偏移的高度，由这四个参数来控制墙体的总高度。

其中，在选择墙的类型时，需要按照项目中的需要创建各种墙类型，单击"属性"中的"编辑类型"，打开"类型属性"对话框。在"类型属性"对话框中，确认"族"列表中当前族为"系统族：基本墙"，单击 **复制(D)...** 按钮，输入名称"大学食堂外墙 200mm"作为新墙体类型名称，如图 2.2.4-3所示，单击 **确定** 按钮返回"类型属性"对话框。同理，创建"大学食堂内墙 200mm"。

如果要继续修改墙的厚度和做法，在"类型参数"中单击结构参数一栏的值"编辑"按钮。打开"编辑部件"对话框，中间部分所显示的不同功能层即为墙体的做法，可以按照墙体做法添加不同的功能图层并且设定其材质和厚度，上文中提到的核心层是两个核心边界中间的部分。而墙体类型属性对话框中的"厚度"参数值为所有图层厚度的总

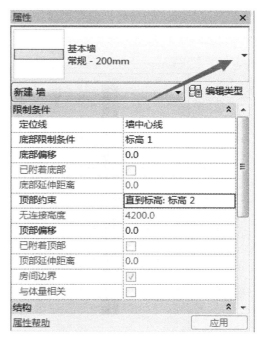

图 2.2.4-2 墙属性栏

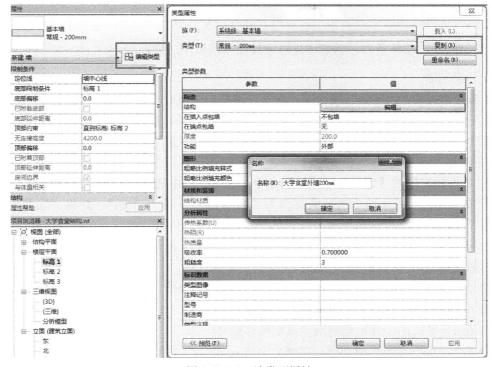

图 2.2.4-3 墙类型属性

和，如果打开一个比较复杂的外墙结构，比方说"外墙—带粉刷砖与砌块复合墙"，那么总厚度是 429，如图 2.2.4-4 所示。

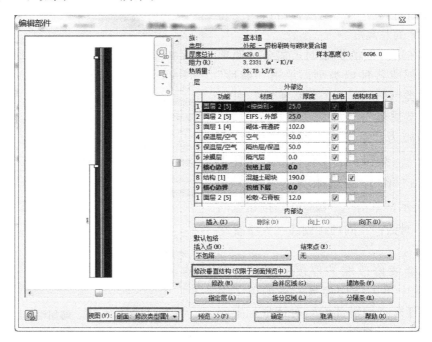

图 2.2.4-4　外墙—带粉刷砖与砌块复合墙结构

在该对话框中还可以进行"预览"，在预览显示中修改视图为"剖面：修改类型属性"的话，就可以修改墙体垂直结构，进行拆分或者合并区域，添加墙饰条或者分隔条。

> **学习提示：墙饰条和分隔缝也可以直接在三维视图中进行绘制。**

（2）绘制墙

继续在"2.2.4 绘制墙"模型中，在项目浏览器中点开楼层平面，双击其中的"1F"，即可打开 1F 层平面图。设置墙的类型和参数之后就可以在视图中绘制墙，由于 DWG 设计图纸中外墙造型比较复杂，所以本教材会简化外墙创建，在 1F 层平面图中，绘制 1F 到 2F 的外墙步骤：

① 单击功能区的【建筑】→【墙】命令，在工具栏中选择绘制【直线】命令。

② 在"属性"选项板中选择墙类型为"大学食堂外墙 200mm"，并将"底部限制条件"和"顶部约束"分别选择为"1F"和"直到 2F"。

③ 从左到右水平方向绘制墙，这样能保证面层面外部是处于上部。绘制时可以使用空格键来切换墙内部外部。

④ 在选项栏中将"链"勾选上，这样可以连续绘制墙，并且按需求设置偏移量，如图 2.2.4-5 所示。

⑤ 在 1F 平面图中开始绘制墙，设定偏移量"—200"，单击平面图左下角①轴线与Ⓐ轴线的交点，水平方向移动光标，在键盘中输入"900"数值，这样就能创建一段 900mm 长度的墙体。如图 2.2.4-6 所示。

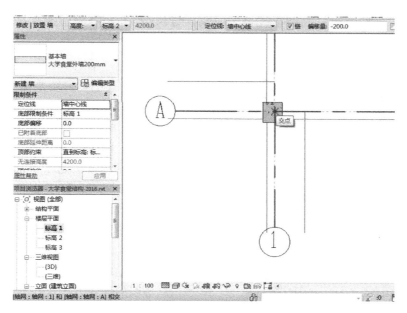

图 2.2.4-5　创建墙

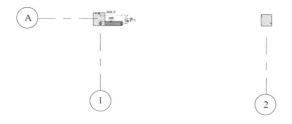

图 2.2.4-6　墙路径

按照以上步骤，绘制整个 1F 平面墙体，如图 2.2.4-7 所示。

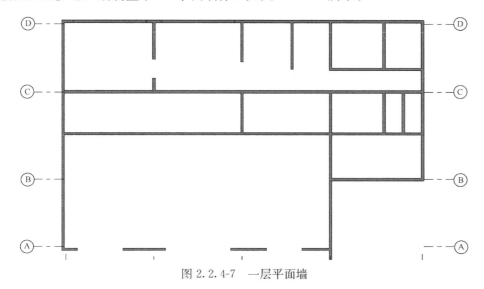

图 2.2.4-7　一层平面墙

学习提示：使用光标绘制直线墙的时候，可以按 Shift 键来切换水平垂直正交方向，不会出现角度偏移。

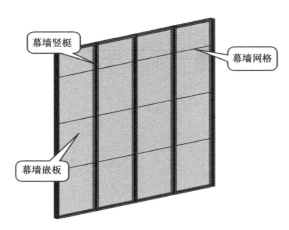

图 2.2.4-8　幕墙构造

（3）创建幕墙

在 Revit 中，幕墙是由"幕墙嵌板"、"幕墙网格"和"幕墙竖梃"组成的，如图 2.2.4-8 所示。幕墙嵌板是构成幕墙的基本单元，幕墙由一块或者多块幕墙嵌板组成。幕墙网格决定了幕墙嵌板的大小、数量。幕墙竖梃为幕墙龙骨，是沿幕墙网格生成的线性构件。大学食堂项目中的幕墙造型相对比较简单，接下来介绍幕墙的创建和定义过程，在最后会介绍如何将幕墙嵌入普通墙中。

幕墙的创建方式与基本墙一致，但是幕墙多数是以玻璃材质为主。在 Revit 建筑样板中，包含三种基本样式："幕墙"、"外部玻璃"、"店面"。其中，"幕墙"没有网格和竖梃，"外部玻璃"包含，预设网格，"店面"包含预设网格和竖梃。

打开"2.2.4 创建幕墙"模型，在项目浏览器中双击打开 1F 平面图，在平面图中绘制幕墙的步骤如下：

① 单击【墙】命令，在墙属性栏中选择幕墙。

② 幕墙底部限制条件设置为"1F"，顶部约束也设置为"1F"，将顶部偏移设置为"3600"。

③ 沿着Ⓐ轴线，在①轴和②轴线之间的墙空白处绘制一段幕墙，如图 2.2.4-9 所示（由于教材简化外墙，所以幕墙也只是稍微对齐外墙内侧，并没有做出设计中的凹形造

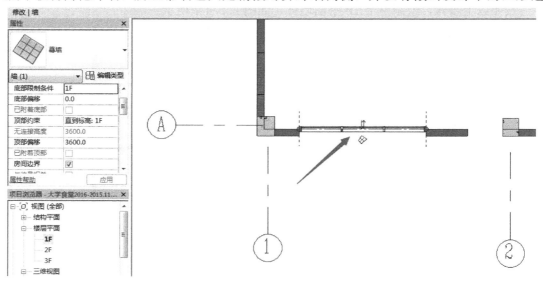

图 2.2.4-9　创建幕墙

型）。

接下来，从创建好的幕墙中添加网格和竖梃。从项目浏览器中，双击南立面视图打开立面视图。

单击【建筑】→【幕墙网格】，显示【修改 | 放置 幕墙网格】，如图 2.2.4-10 所示。

图 2.2.4-10　修改 | 放置 幕墙网格

单击修改面板中的【全部分段】，在立面图中靠近幕墙左边边缘，在状态栏显示"幕墙嵌板的三分之一"位置时单击鼠标左键，如图 2.2.4-11 所示。使用相同的步骤，光标接近幕墙下边缘的两个三分之一处分别创建网格。

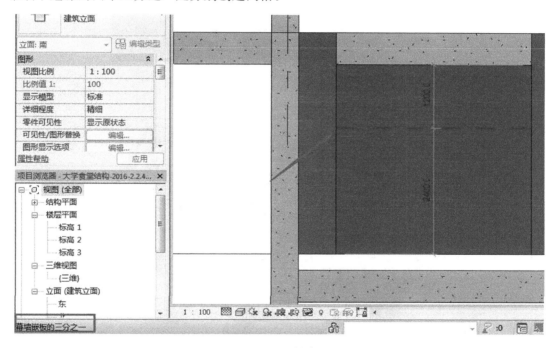

图 2.2.4-11　创建网格

网格创建完毕之后，可以在网格的基础上添加竖梃，单击【建筑】→【竖梃】，显示【修改 | 放置 竖梃】，如图 2.2.4-12 所示。

图 2.2.4-12　修改 | 放置
幕墙网格

单击【全部网格线】，在"属性"栏中选择"矩形竖梃 50mm×150mm"在立面图中单击幕墙上的网格之后就生成如图 2.2.4-13 所示的竖梃样式。

按照相同的步骤，将Ⓐ轴与②～③轴、③～④轴之间的幕墙添加上。另外，在添加Ⓓ轴与①～②轴、②～③轴之间的幕墙时，将基本墙顶标高设置为 1F，偏移 900，幕墙底标高设置为 900，这样就显示为墙体下部分为基本墙、上部分为幕墙。

将整个 1F 的墙创建完毕之后显示如图 2.2.4-14 所示。

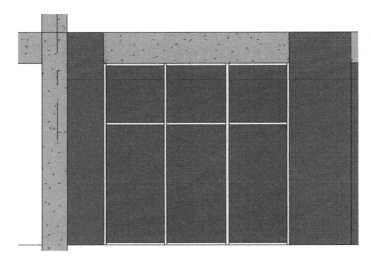

图 2.2.4-13　竖梃样式

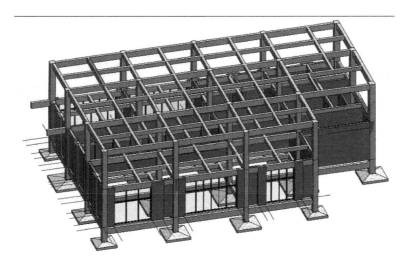

图 2.2.4-14　一层平面图幕墙

针对大学食堂的外墙造型，如果更简化一些，将幕墙和墙创建在同一水平线，那么可以直接将幕墙嵌入墙中，步骤如下：

① 使用【建筑】→【墙】命令，选择"大学食堂外墙 200mm"类型，直接从①轴和Ⓐ轴线交点的柱边缘处绘制到④轴和Ⓐ轴线交点柱边缘的一段 4200mm 高度外墙。

② 再使用【建筑】→【墙】命令，选择"幕墙"类型，注意将顶标高偏移设置为－600，在刚刚创建的外墙内相同位置创建一段幕墙，如图 2.2.4-15 所示。

③ 此时右下角会有"警告"对话框，提示高亮的墙重叠。将幕墙嵌入普通墙的方法有两种，一种是单击幕墙属性栏中的"编辑类型"，在"类型属性"对话框中勾选上"自动嵌入" 自动嵌入 ☑ ，如果勾选上该选项的话，就不会弹出警告信息

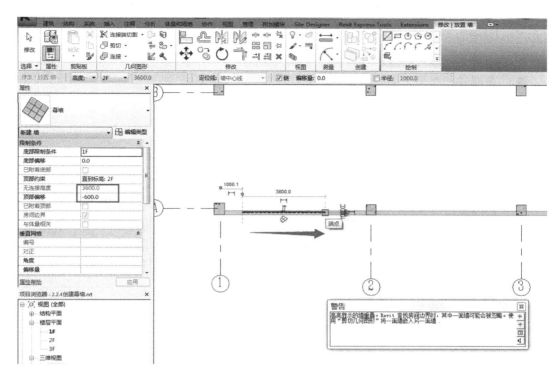

图 2.2.4-15　绘制幕墙与外墙重叠

而是直接嵌入到重叠位置的墙内。

④ 另一种方法是使用"剪切几何图形"工具，单击功能区的【修改】→【几何图形】→【剪切几何图形】命令 剪切，在绘图区中选择外墙，再选择幕墙，这样幕墙就嵌入到外墙中。

⑤ 幕墙嵌入外墙中显示如图 2.2.4-16 所示。这样创建出来的外墙造型会更简洁、完整，请在实际项目中按设计图纸选择创建方案。

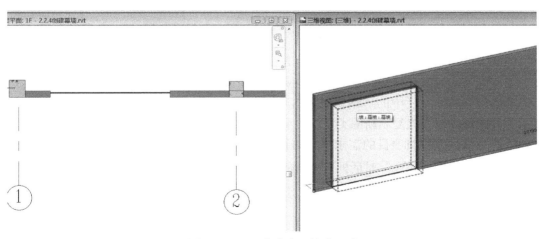

图 2.2.4-16　幕墙嵌入外墙显示

2.2.5　门窗

提要：
■ 门窗属性和类型
■ 放置门窗
■ 放置窗
■ 幕墙添加门窗

门窗是建筑中最常用的构件。在 Revit 中门和窗都是可载入族。关于族的概念和创建方法详见第 6 章。在项目中创建门和窗之前，必须先将门窗族载入当前项目中。门和窗都是以墙为主体放置的图元，这种依赖于主体图元而存在的构件称为"基于主体的构件"。本节将使用门窗构件为大学食堂项目模型创建门窗，并学习门窗的信息修改方法。

在创建门窗的时候会自动在墙上形成剪切洞口，在 Revit 中门窗除了具体族的区别外，创建步骤大体相似。具体族创建请参考第 6 章。

1. 门窗属性和类型

单击功能区的【建筑】→【门】命令，功能区显示【修改｜放置门】，如图 2.2.5-1 所示。

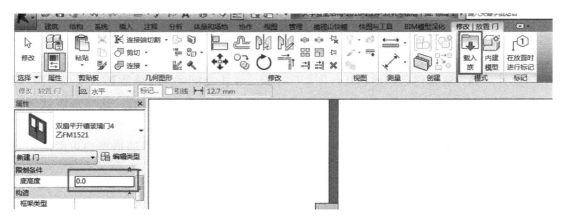

图 2.2.5-1　修改｜放置门

门和窗的"属性"栏中需要区别的地方在于门的"底高度"基本是 0，而窗的"底高度"是窗台高，所以在创建门窗的时候需要注意查看一下"底高度"参数。

单击门"属性"栏中的"编辑类型"，打开门的"类型属性"对话框，如图 2.2.5-2 所示，其中可以载入族复制新的类型。类型参数中常用来修改的基本参数是材质和尺寸标注，这些参数可以按照项目的需求进行修改。如果在未放置到项目中之前查看门样式的话，可以单击"类型属性"对话框左下角的 《 预览(P) 按钮。在预览窗口中，可以选择门在不同的平面或者三维的显示情况。

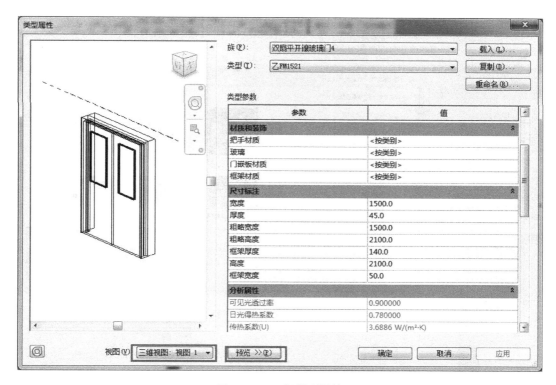

图 2.2.5-2　门类型属性

学习提示：在"类型属性"对话框中修改门窗尺寸，在视图中所有同类型名称的门窗尺寸都会跟着变化，如果只是想修改其中一个门尺寸，建议是复制一个类型出来在新类型中进行修改。

在 Revit 2016 安装的时候会一起安装 Revit Contents Library，其中包括一些基本的样例和族，门窗族的路径默认安装在目录 C：\ ProgramData \ Autodesk \ RVT 2016 \ Libraries。但是在实际项目中会需要非常多不同的门窗族，建议使用橄榄山快模中的族管家来下载所需要的族。若安装 Revit 时，Revit 自带族库没有安装，同样可以使用橄榄山云族库中的族。找到需要的族后即可立即加载到当前项目中，如图 2.2.5-3 所示。

2. 放置门

了解了门窗的基本属性，接下来是要在刚刚已经创建好墙体的模型中放置门窗。打开"2.2.5 放置门窗"模型，打开 1F 平面图中放置门窗的步骤如下：

（1）在功能区单击【建筑】→【门】命令。

（2）单击门"属性"栏，在下拉列表中选择"双扇平开镶玻璃门 4 乙 FM1521"。

（3）光标移到④～⑤轴线与⑧轴线相交的墙上，等光标由圆形禁止符号变为小十字之后单击该墙，在单击的位置生成一个门。

（4）选中门，高亮显示左右的尺寸标注，单击左边尺寸标注的数值，将其修改为 0。如图 2.2.5-4 所示。

（5）单击门上蓝色的翻转按钮（或者是空格键），更改门的方向。

图 2.2.5-3　橄榄山族管家

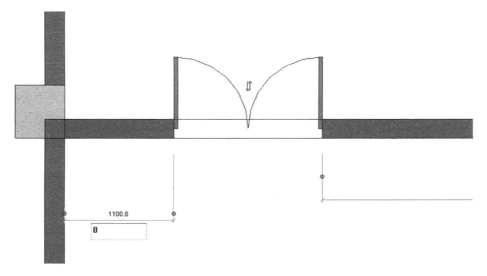

图 2.2.5-4　创建门

按照以上步骤，从项目浏览器中切换到三维视图，可以看到门在三维中的显示，如图 2.2.5-5 所示。

3. 放置窗

放置窗的步骤与上面介绍的门步骤相同，按照以上步骤，请注意窗在创建前需将底高度设置为"900"。

请将模型中剩下的 1F 平面门窗按照模型中的方法创建完成，如图 2.2.5-6 所示。

4. 幕墙添加门窗

打开"2.2.5 创建幕墙门窗"模型，切换到三维视图中，在食堂正门处是幕墙，如果

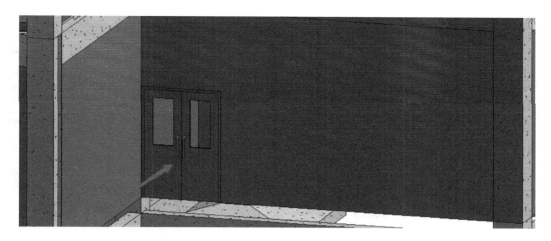

图 2.2.5-5　门显示

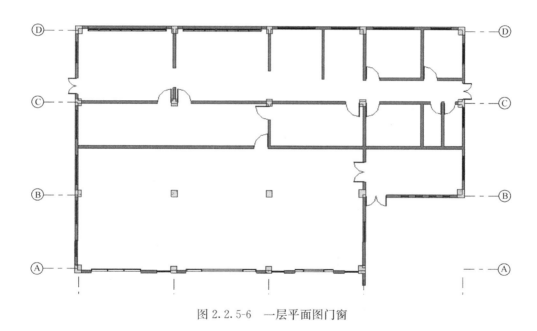

图 2.2.5-6　一层平面图门窗

是按照普通门窗命令创建的话是无法拾取幕墙的，可以采取替换幕墙嵌板的方式来创建门窗，步骤如下：

（1）在三维视图中，光标移动到中间②～③轴之间的幕墙附近，选择其中一块嵌板边缘，按 Tab 键切换到嵌板高亮显示，单击该嵌板。

（2）在属性栏中可以看到显示为【系统嵌板　玻璃】，单击下拉列表选择【窗嵌板】，如图 2.2.5-7 所示。

（3）替换一个嵌板之后可以将中间的四个嵌板都替换，按空格键调整把手（把手在视图详细程度为精细的时候显示）的位置，按 Tab 键选中中间的竖梃并将其删除掉，创建结果如图 2.2.5-8 所示。

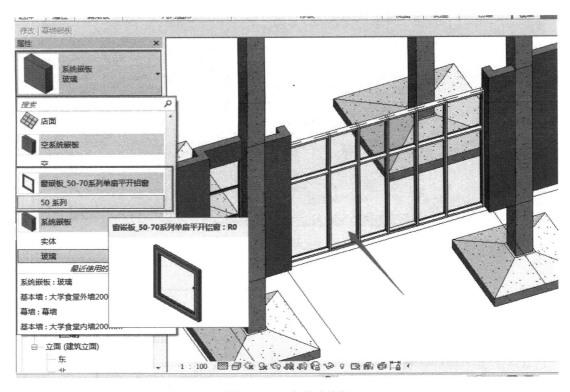

图 2.2.5-7　切换窗嵌板

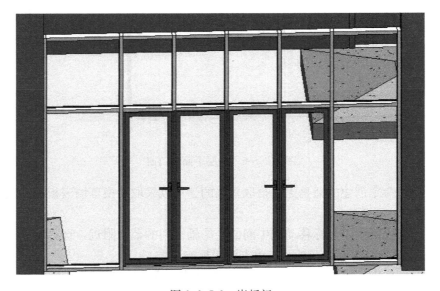

图 2.2.5-8　嵌板门

学习提示：如果是嵌入的双扇门，那么就需要按 Tab 键选择中间的网格线删除掉之后才能添加。

放置门或窗的时候建议多使用修改中的复制或阵列命令来创建，在三维中将其他结构构件都隐藏之后，仅显示这两节创建 1F 的建筑墙和门窗，如图 2.2.5-9 所示。

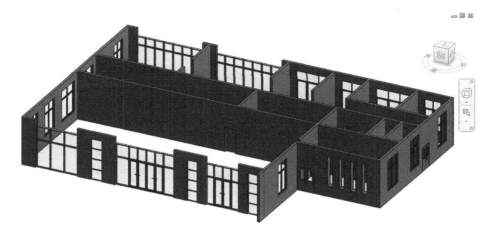

图 2.2.5-9　一层平面图门窗

请在本小节之后，按照大学食堂模型，将二层的墙和门窗创建完毕，如图 2.2.2-10 所示。

图 2.2.5-10　门窗三维视图

2.2.6　楼板、屋顶

提要：

■ 创建楼板和天花板

■ 楼板洞口

■ 创建屋顶

楼板和天花板是建筑物中重要的水平构件，起到划分楼层空间的作用。在 Revit 中楼板、天花板和屋顶都属于平面草图绘制构件，这个与之前创建单独构件的绘制方式不同。

楼板是系统族，在 Revit 中提供了四个与楼板相关的命令："楼板：建筑"，"楼板：结构"，"面楼板"和"楼板边缘"。其中，"楼板边缘"属于 Revit 中的主体放样构件，是通过在类型属性中指定轮廓，再沿楼板边缘放样生成的带状图元。

而屋顶同样是系统族，不过分类与楼板不同，包括"迹线屋顶"、"拉伸屋顶"和"面屋顶"。

1. 创建楼板和天花板

单击功能区的【建筑】→【楼板】命令，功能区显示【修改 | 创建楼层边界】，如图 2.2.6-1所示。

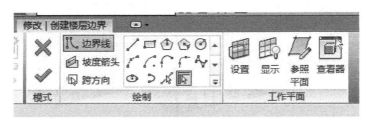

图 2.2.6-1　修改 | 创建楼层边界

其中，楼板边界的绘制方式与墙的绘制工具基本相同，包括默认的"直线"、"矩形"、"多边形"、"圆形"、"弧形"等工具。其中，需要注意的是一个工具【拾取墙】，使用该工具可以直接拾取视图中已创建的外墙来创建楼板边界。

楼板的标高是在实例属性中设置，其类型属性与墙也基本一致，通过修改结构来设置楼板的厚度，如图 2.2.6-2 所示。

打开"2.2.6 创建楼板"模型，双击"项目浏览器"中的 1F 平面图，接下来的步骤

图 2.2.6-2　楼板类型属性

是如何在平面图中创建楼板：

（1）单击功能区的【建筑】→【楼板】命令。

（2）在"属性"栏中，单击楼板下拉菜单，选择【楼板】样式，标高设置为"1F"。

（3）光标移动到左下角Ⓐ轴与①轴交点处，按 Tab 键切换到连续的墙，如图 2.2.6-3 所示。

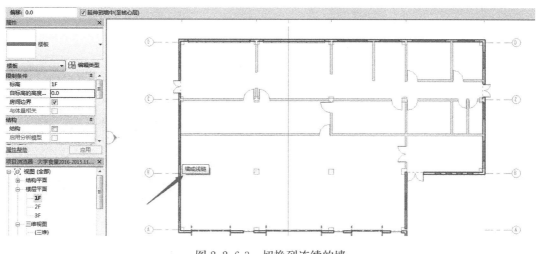

图 2.2.6-3　切换到连续的墙

（4）单击鼠标，会生成图 2.2.6-3 中亮显的草图线，再沿着Ⓐ轴将剩下的幕墙边缘也拾取上。

（5）使用"修改"面板中的【对齐】、【修剪】、【延伸】等命令使红色的草图线形成一个闭合的环。

（6）单击【修改｜创建楼层边界】中的绿色对勾 ✔，完成编辑模式。

（7）针对已经创建好的楼板，可以选中楼板，再单击功能区的【修改｜楼板】→【修改子图元】命令来编辑楼板形状，在修改子图元的时候会出现楼梯造型操作柄 ，可以选中修改该点的高程，而且除了自动生成的操纵点，还可以添加点或者分隔线。

> 学习提示：在楼板草图中边界是必须闭合的，如果没有闭合，单击完成会弹出错误提示。从错误提示中可以显示未连接的草图，单击错误提示中的继续按钮就可以继续连接相应的草图线。

绘制天花板的步骤与绘制楼板的步骤一致，不过需要在属性栏中设置偏移高度。使用功能区的【建筑】→【天花板】命令，单击【绘制天花板】命令拾取墙外墙边线这样创建一个天花板，或者是使用【自动创建天花板】命令，拾取闭合墙边线绘制单个房间天花板。

2. 楼板洞口

上一小节中创建的是 1F 整个底部楼板，打开"2.2.6 创建楼板"模型，选中刚刚创建的楼板，单击【修改】→【复制到剪切板】→【粘贴】，在弹出的下拉菜单中选择【与选定标高对齐】，如图 2.2.6-4 所示。

在弹出的"选择标高"对话框中，按住"Ctrl"键同时选择"2F"，单击确定按钮。

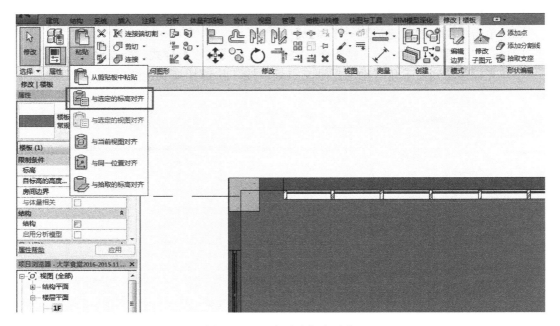

图 2.2.6-4　与选定标高对齐

将视图切换到三维视图中，可以看到在 2F 中有相同的楼板实例，修改该楼板厚度为 100mm。

下一步是在楼板中创建洞口，在楼板上开洞常用的有两种方式：

第一种是编辑草图的时候在闭合边界中需要开洞口的位置添加小的闭合图形，那么小闭合图形就是一个洞口。如图 2.2.6-5 所示，是在楼梯间创建一个小的封闭的矩形洞口。

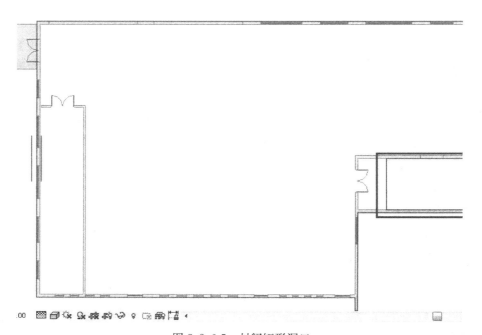

图 2.2.6-5　封闭矩形洞口

第二种方式，使用【建筑】选项栏中的洞口功能，单击其中的【竖井】竖井，同样绘制封闭矩形洞口，如图 2.2.6-6 所示。

图 2.2.6-6　竖井洞口

单击完成竖井之后，选中该竖井修改其底部限制和顶部约束。这种方式多用于多个楼层在同一位置进行开洞的情况。

3. 创建屋顶

屋顶的创建方式有三种，其中比较简单的是【面屋顶】，直接拾取已经创建好的体量或者常规模型的表面创建屋顶，如图 2.2.6-7 所示。

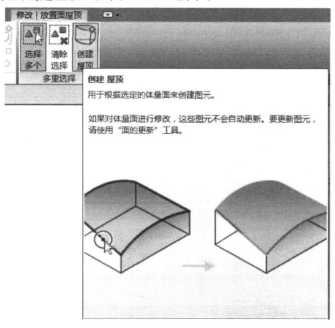

图 2.2.6-7　面屋顶

【迹线屋顶】的创建方式与楼板绘制草图边界的方式基本相同，其中的区别是迹线屋顶的每一个草图线是可以定义屋顶坡度，定义坡度的草图线旁边会出现小三角形符号，如图 2.2.6-8 所示。

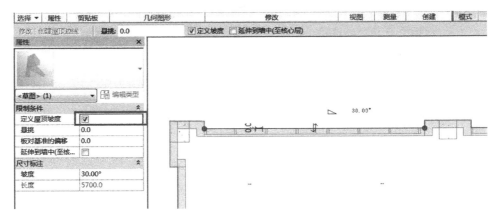

图 2.2.6-8　迹线屋顶定义坡度

第三种是【拉伸屋顶】，在大学食堂模型中使用该方式来创建屋顶，创建步骤如下：

（1）打开"2.2.6 创建屋顶"模型，双击项目浏览器中的三维视图，单击【建筑】→【屋顶】下拉列表，单击【拉伸屋顶】。

（2）在弹出的"工作平面"对话框中，在"名称"中指定"轴网 5"为工作平面，单击确定。

（3）接下来在弹出的"屋顶参照标高和偏移"对话框中，标高设置为"3F"，偏移值设置为"－300"，单击确定。

（4）单击【修改｜创建拉伸屋顶轮廓】→【显示】工作平面，如图 2.2.6-9 所示。

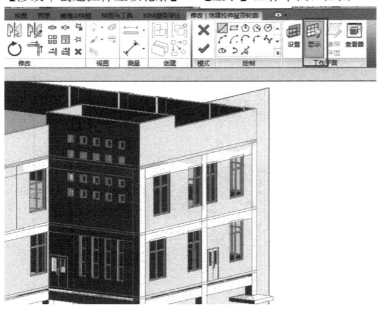

图 2.2.6-9　显示工作平面

（5）点击右上角的 ViewCube 切换到右视图，沿着出屋面墙顶绘制一条直线，如图 2.2.6-10 所示。

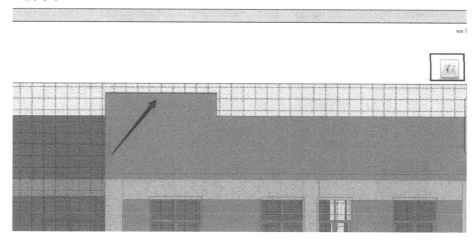

图 2.2.6-10　拉伸屋顶直线

（6）单击 ✔ 完成编辑，按 Shift 键和鼠标左键旋转视图，可以看到生成的拉伸屋顶三维形状。单击选中该屋顶，在"属性"栏中将"拉伸终点"数值设置为"－7200"。设置如图 2.2.6-11 所示。

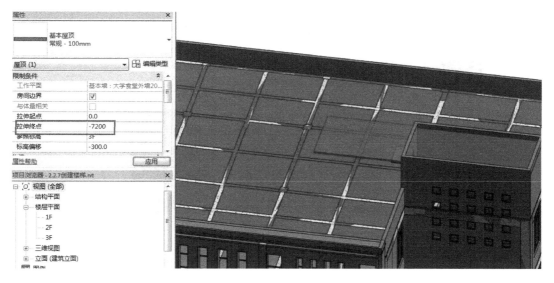

图 2.2.6-11　拉伸屋顶

按照以上方式创建大学食堂模型中其他位置的屋顶。若屋顶（迹线屋顶）需要开洞，则可以使用与楼板开洞相同的方式进行操作。迹线屋顶开洞只能用"洞口"的方式来创建。针对屋顶开洞口，还有一个是通过【建筑】→【洞口】→【老虎窗】命令对倾斜的屋顶进行剪切，老虎窗在雨水较多区域建筑的坡屋顶设计里比较常见（图 2.2.6-12）。

创建屋顶之后请按照建筑图纸，使用【墙】和【楼板】的命令创建女儿墙部分，在屋顶边缘处有 900mm 和 1200mm 的建筑外墙，在①轴和Ⓐ～Ⓑ轴、Ⓐ轴和①～④轴线两个方向，

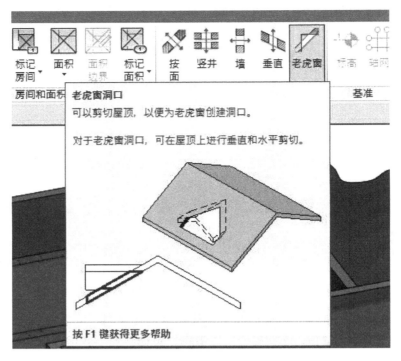

图 2.2.6-12　老虎窗

在建筑外墙外绘制 1200mm 宽，距离 3F 楼层平面 900mm 高度的楼板，如图 2.2.6-13 所示。

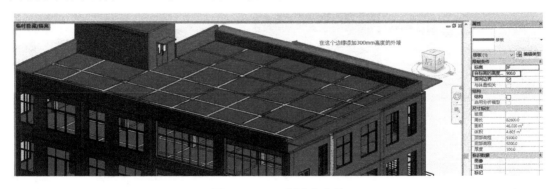

图 2.2.6-13　创建女儿墙

再到楼板外边缘绘制 300mm 高度、100mm 厚度的外墙，这样就创建好了女儿墙的造型。

2.2.7　楼梯、扶手

提要：
■ 创建楼梯
■ 创建栏杆扶手
■ 绘制坡道

在 Revit 中楼梯与扶手均为系统族，楼梯主要包括梯段和平台部分，楼梯的绘制也分为"按构件"和"按草图"两种方式。建议创建楼梯时使用"按构件"方式,该方式可以直接放置梯段和平台,并且其在编辑的时候也可以使用"编辑草图"命令。

栏杆扶手可以直接在绘制楼梯或者坡道等主体时一起创建,也可以直接在平面中绘制路径来创建。

本节将以在大学食堂项目中创建楼梯、扶手等构件为例,详细介绍这些构件的创建和编辑方式。

1. 创建楼梯

单击功能区的【建筑】→【楼梯(按构件)】命令,功能区会显示为【修改 | 创建楼梯】,如图 2.2.7-1 所示。

图 2.2.7-1　修改 | 创建楼梯

其中,梯段部分包括"直梯"、"螺旋"、"L 形转角"和"U 形转角"等梯段样式。平台连接两个梯段,支座是梯边梁或者是斜梁。其中,梯段部分的"构件草图" ✎ 与草图绘制楼梯基本相似。单击该按钮,就出现与草图楼梯相同的修改界面,如图 2.2.7-2 所示。

绘制楼梯草图包含"梯段"、"边界"和"踢面"。(Revit2018 版本已经移除了直接按草图绘制楼梯的方式)

"梯段"按照楼梯类型单击起点和终点绘制一段梯段踢面,然后自动生成边界、踢面以及平台。

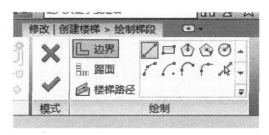

图 2.2.7-2　楼梯草图界面

"边界"用于定义楼梯位置的边界,如果是直梯,即两个线段楼梯边界,如果是 L 转角梯的话,就是两个 L 形边界,边界线形状取决于楼梯设计造型,也可以是弧形。

"踢面"用于定义楼梯的踢面,绘制一段踢面线,即在此位置分一个梯段。如果通过绘制边界线和踢面线的方式创建的楼梯包含平台,请在边界线与平台的交汇处拆分边界线,以便栏杆扶手将准确地沿着平台和楼梯坡度。

关于项目中楼梯的三种基本类型现场浇筑楼梯、预制楼梯、装配楼梯的区别,可以参考 Revit "F1 键"帮助里的详细说明。Revit 中创建楼梯之前需要在属性栏中设置好踢面数和踏板深度。

在食堂项目中创建楼梯的步骤如下:

(1)打开"2.2.7 创建楼梯"模型,双击"项目浏览器"1F 平面图,单击按构件创建楼梯。

(2)在【修改 | 创建楼梯】中,单击【梯段】→【直梯】 ▥ 。

（3）单击【工具】→【栏杆扶手】，在弹出的对话框中将扶手样式选择"900mm 圆管"。

（4）在"属性"栏中选择"整体浇筑楼梯"，底部标高设置为"1F"，顶部标高设置为"2F"。

（5）在尺寸标注中将踢面数设置为"24"，实际踏板深度设置为"280"。

（6）在"选项栏"中将定位线设置为"梯边梁外侧：左"，实际梯段宽度设置为"1500"。如图 2.2.7-3 所示。

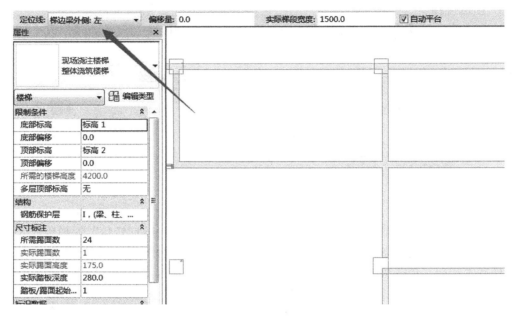

图 2.2.7-3　定位线设置

（7）单击④～⑤轴线与Ⓑ～Ⓒ轴之间水平方向的内墙边缘，从左往右水平拖动鼠标，在显示还剩 12 踢面的时候，单击墙边缘，如图 2.2.7-4 所示。

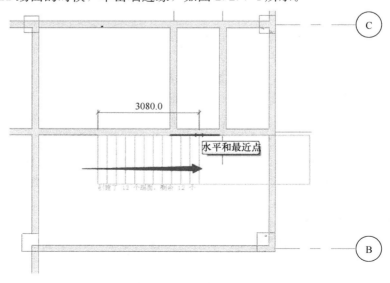

图 2.2.7-4　从左往右水平拖动鼠标

（8）在创建一个直梯段之后，光标单击沿着Ⓑ轴的墙边缘与平台相交的位置，如图2.2.7-5所示。

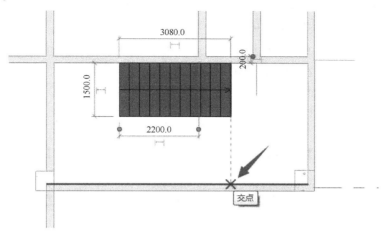

图 2.2.7-5　Ⓑ轴的墙边缘与平台交点

（9）单击该交点之后，水平向左单击创建剩余 12 踢面的墙边缘，这样就创建了一个完整的楼梯。

（10）单击楼梯生成的平台，将其宽度修改为"2100"。再使用对齐命令，使平台右边缘与外墙对齐。

这样一个楼梯就创建完毕了，如果想知道在三维视图中楼梯显示的情况，可以使用橄榄山中的"构件 3D"命令，如图 2.2.7-6 所示。选中楼梯，单击"构件 3D"按钮，这样就能直接查看楼梯的三维显示。

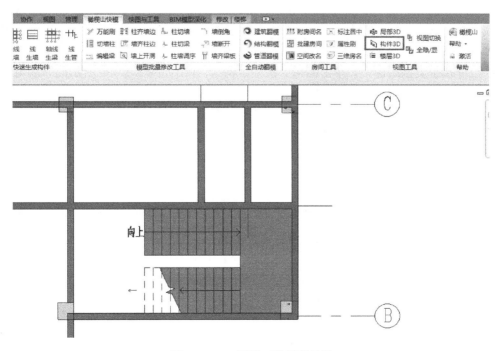

图 2.2.7-6　楼梯三维模型显示

　　学习提示：在楼梯的"属性"栏中，在"限制条件"下，单击"多层顶部标高"参数，将该参数设置为 3F，这样楼梯在由 F1 到 F2 的梯段基础上自动生成 2F 到 3F 中的相同梯段，该功能适用于建筑中相同标高的标准层。

　　继续绘制①轴与Ⓑ～Ⓘ轴的外楼梯，其中，需要注意的是将定位线设置为"梯边梁外侧：右"绘制比较方便，在创建楼梯的时候，按照从低到高的方向，先单击楼梯起始位置，再单击放置 17 个踢面的位置，接下来移动鼠标到 2420mm 处单击绘制剩下的踢面，这样就会自动生成一段楼梯平台。

2. 创建栏杆扶手

　　单击功能区的【建筑】→【栏杆扶手】命令，功能区会显示为【修改｜创建 路径栏杆】，如图 2.2.7-7 所示。

图 2.2.7-7　修改｜创建 路径栏杆

　　栏杆扶手的绘制主要分两种情况，一种是基于参照平面来绘制路径，这样扶手是独立构件。另一种是基于主体绘制，主体是楼梯或者坡道，这样扶手就随着踢面高度而放置，如果删除掉楼梯那么扶手也随着删除。在编辑扶手的时候，"属性"栏中底部标高如果可以修改表明是基于平面，如果灰显的话是基于主体。

　　栏杆扶手的连接方式在类型属性对话框中进行修改，如图 2.2.7-8 所示，主要有斜接和切线连接。斜接是指两段扶手在非垂直相交情况下的连接，而切线连接是共线或相切，是大多数楼梯扶手连接的情况。

　　在栏杆扶手类型属性中，单击编辑"扶栏结构"，弹出如图 2.2.7-9 所示的"编辑扶手"对话框，在其中可以添加横向扶栏的个数、高度和材质。扶手栏杆是系统族，但是扶手是由可载入轮廓族来设置的，比方说圆形轮廓扶栏显示为圆形，矩形轮廓扶栏显示为矩形。

　　栏杆扶手横向扶手是在"扶栏结构"设置，竖向栏杆是在"栏杆位置"中设置，单击"编辑栏杆位置"，弹出如图 2.2.7-10 所示的"编辑栏杆位置"对话框，设置主要栏杆样式，具体的参数说明请参考 Revit 帮助。

　　在"大学食堂"项目中创建主体栏杆扶手的步骤如下：

　　（1）打开"2.2.7 创建栏杆扶手"模型，在"项目浏览器"中双击打开 2F 平面图，单击【建筑】→【栏杆扶手】→【放置在主体上】。

　　（2）在【修改｜创建主体上的栏杆扶手位置】中单击【踏板】。

　　（3）在"属性"栏中选择栏杆扶手为"900mm 圆管"类型。

　　（4）在绘图区域中，单击①轴线与Ⓑ～Ⓒ轴线处的楼梯，就能直接生成楼梯两侧扶手。

　　接下来继续按路径绘制扶手，步骤如下：

图 2.2.7-8　栏杆扶手类型属性

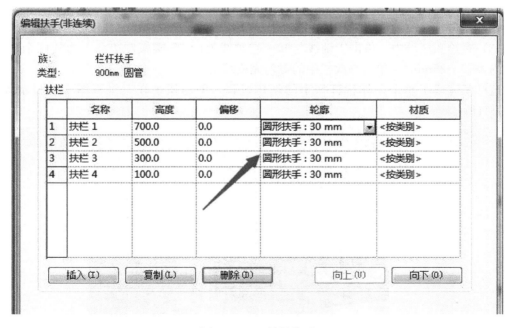

图 2.2.7-9　编辑扶手

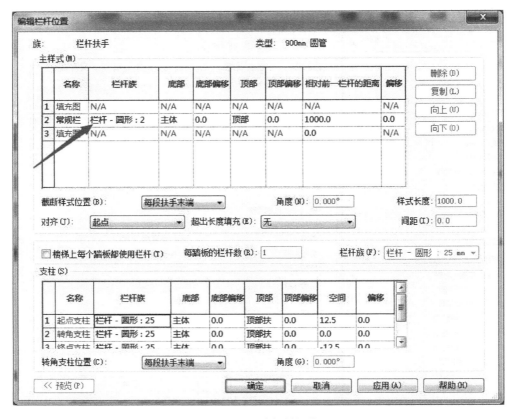

图 2.2.7-10　编辑栏杆位置

（1）继续在 2F 平面图中，单击【建筑】→【栏杆扶手】→【绘制路径】。

（2）单击【修改｜创建栏杆扶手路径】→【拾取线】。

（3）在绘图区域中，单击①轴线与⑧～⑥轴线处的 2F 楼板左边和上边的两个边界，并向内偏移"25mm"。单击修改栏中的对勾完成编辑。

这样就完成了整个主体栏杆扶手的创建过程，创建扶手在三维视图中的显示如图 2.2.7-11所示。

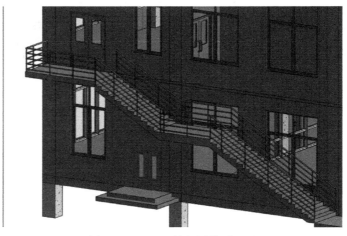

图 2.2.7-11　三维视图扶手显示

学习提示：如果是手动绘制楼梯上的扶手的话，请注意使用拆分（SL）命令在平台和梯段连接位置断开扶手的路径。

3. 绘制坡道

单击功能区的【建筑】→【坡度】按钮，功能区会显示为【修改 | 创建坡道草图】，如图 2.2.7-12 所示。

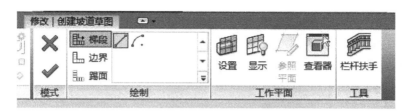

图 2.2.7-12　修改 | 创建坡道草图

坡道的绘制与楼梯绘制的步骤基本一致，不过一个创建出来的是梯段，一个创建出来的是坡度板。需要注意的是坡道的类型属性中有一个"坡道最大坡度（$1/X$）"参数，其中最大坡度限制数值为坡面垂直高度比水平宽度，X 为边坡系数。

在食堂模型中创建坡道的步骤：

（1）打开"2.2.7 创建坡道"模型，打开 1F 平面图，单击【建筑】→【坡道】，在【修改】→【工具】→【栏杆扶手】中，选择"900mm 圆管"类型。

（2）在"属性"栏中选择"坡道"类型。

（3）在"属性"栏参数中，将底部标高设置为"1F"，顶部标高同样设置为"1F"，不过需要在顶部偏移输入"150"。

（4）在"尺寸标注"属性栏中宽度输入"1500"，单击属性栏中的 | 应用 |。

（5）在绘图区域中的①～②轴与Ⓐ轴之间，沿①轴水平方向绘制 4600 长度的坡道，如图 2.2.7-13 所示。

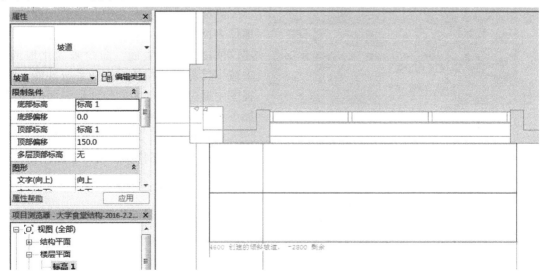

图 2.2.7-13　坡道草图

（6）使用修改中的移动或对齐功能来使草图边界与外墙对齐，单击完成编辑，坡道就创建完毕了。

创建完食堂外墙的坡道，请按照建筑图纸，在 1F 平面图食堂外墙使用【楼板】命令创建不同厚度的台阶，以及在 2F 平面图中使用【构件】→【放置构件】，放置正门与侧面的雨棚，这样基本的食堂建筑模型就创建完毕了。

2.2.8　场地与 RPC

提要：
- 地形表面
- 建筑地坪
- RPC 树木

使用 Revit 提供的场地构件，可以为项目创建场地红线、场地三维模型、建筑地坪等场地构件，完成现场场地设计。还可以在场地中添加人物、植物以及停车场、篮球场等场地构件，丰富整个场地的表现。在 Revit 中场地创建使用的是地形表面功能，地形表面在三维视图中显示仅是地形，需要勾选上剖面框之后进行剖切才显示地形厚度。地形的创建有三种方式：

第一种是直接放置高程点，按照高程连接各个点形成表面。

第二种是导入等高线数据来创建地形，支持的格式有 DWG、DXF 以及 DGN 文件，其中文件需要包含三维数据并且等高线 Z 方向值正确。

第三种是导入土木工程应用程序中的点文件，包含 X、Y、Z 坐标值的 CSV 或者 TXT 文件。

1. 地形表面

单击功能区的【体量和场地】→【地形表面】，功能区显示【修改｜编辑表面】，如图 2.2.8-1 所示。

图 2.2.8-1　修改｜编辑表面

界面中显示了上文中介绍的三种创建地形表面的方式。在导入等高数据之后，建议使用"简化表面"命令来简化地形，来减少计算机负担从而提高系统性能。在视图中通过放置点来创建地形表面的步骤如下：

（1）打开"2.2.8 创建地形表面"模型，双击"项目浏览器"1F 平面图打开，单击【体量和场地】→【地形表面】命令。

（2）在选项栏中选择"绝对高程"和定义高程，默认为 0。

（3）在绘图区域中右键单击"缩放匹配"，显示所有构件。

（4）单击【修改｜编辑表面】→【放置点】，在平面图中建筑物外绘制四个点形成矩形，如图 2.2.8-2 所示，单击修改栏对勾完成表面。

（5）单击项目浏览器中的三维视图切换到三维视图，在三维视图的"属性"栏中勾选

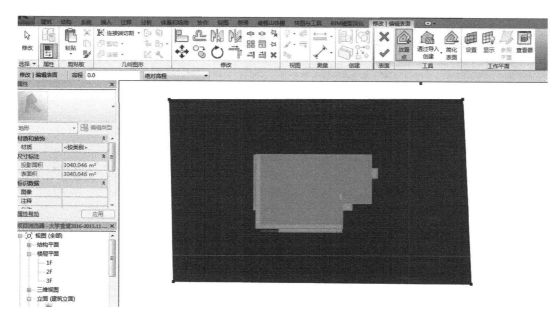

图 2.2.8-2 放置点

上"剖面框",如图 2.2.8-3 所示,在三维视图中单击显示的剖面框,单击蓝色控制点

▲▽ 剖切到地形表面,这样就能显示场地剖面。

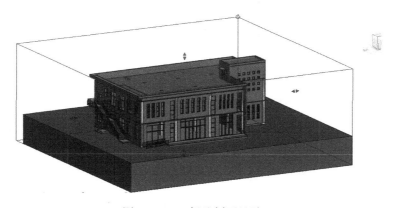

图 2.2.8-3 场地剖面显示

2. 建筑地坪

在创建好的地形表面中可以按照项目需要添加建筑地坪。在食堂项目中可以创建低于 1F 位置楼板的地坪,步骤如下:

(1)打开"2.2.8 创建建筑地坪"模型,双击"项目浏览器"中的楼层平面 1F,切换到 1F 平面图。

(2)单击【体量和场地】→【建筑地坪】,【修改|建筑地坪边界】界面与楼板基本一致。

(3)单击修改栏中的【拾取线】 ,鼠标光标移动到楼板边缘,按"Tab 键"切换到选中所有的楼板边界。

（4）在地坪属性栏中将"自标高的高度偏移"设置为"－300"，如图 2.2.8-4 所示。

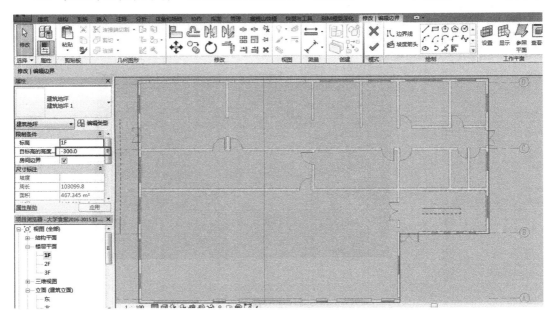

图 2.2.8-4　建筑地坪边缘

（5）单击修改栏中的对勾 ✔ 完成编辑模式，单击功能区的【视图】→【剖面】，在平面视图中创建一个剖面，在剖面中可以看到一个低于楼板的建筑地坪，如图 2.2.8-5 所示。

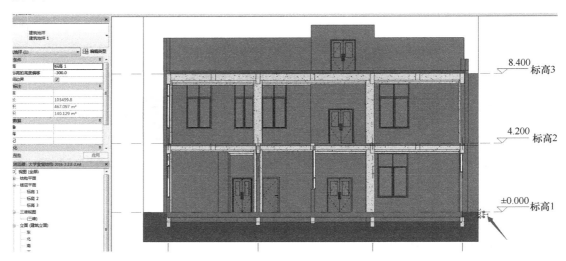

图 2.2.8-5　创建建筑地坪

（6）在剖面图中选择建筑地坪，单击"属性"栏中的"编辑类型"，在弹出的"类型属性"对话框中单击编辑结构。

（7）在弹出的"编辑部件"对话框中，基本设置与墙和楼板的材质厚度设置一样。

针对地形表面的话，除了可以在上面添加建筑地坪之外，还可以直接对地形进行拆分和合并，其中拆分表面的话需要绘制一个与地形边界连接的闭合环或者是一个两个端点都在地形边界上的开放环。

如果想设置不同的材质地形表面，可以使用【子面域】功能。这些功能都在修改地形表面中，如图2.2.8-6所示。

图 2.2.8-6　修改场地

3. RPC 树木

创建地形表面和建筑地坪之后，可以在场地中添加树木、电线杆、停车场等构件。直接使用功能区的【场地建模】→【场地构件】和【停车场构件】命令即可。放置场地构件时可以使用图元编辑里的基本操作。

在大学食堂模型中放置场地构件的步骤：

（1）打开"2.2.8创建RPC"模型，双击项目浏览器切换到1F平面图。

（2）单击【体量和场地】→【场地构件】命令，之后在修改栏中仅显示【载入族】和【内建模型】，这个表明场地构件均为载入族。

（3）在"属性"栏中设置构件标高为"1F"，选择RPC树下的"苹果树－6.0m"。

（4）单击"编辑类型"，在弹出的"类型属性"对话框中，可以修改高度和渲染外观。

（5）单击渲染外观参数中的"Common Apple"，弹出如图2.2.8-7所示的对话框。

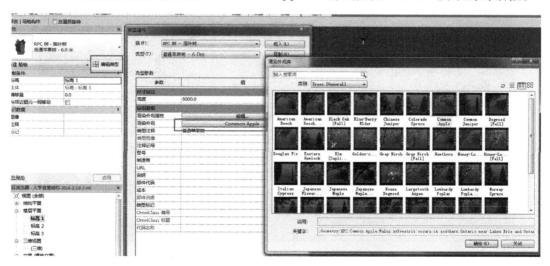

图 2.2.8-7　渲染外观库

（6）在"渲染外观库"对话框中包含各种类别，针对项目的具体情况，可以选择不同的RPC植物、人物、交通工具等。

（7）查看苹果树的渲染外观之后，可以直接在1F平面图绘图区域中，在建筑物周围单击放置RPC构件，如图2.2.8-8所示。

（8）使用阵列的命令，在食堂周围创建如图2.2.8-9所示的RPC树木。

（9）使用相同的步骤可以在1F平面图中添加停车场构件和车辆，创建之后在三维视图中的显示如图2.2.8-10所示。

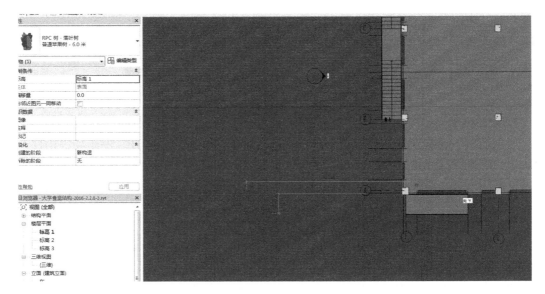

图 2.2.8-8　放置 RPC 树木

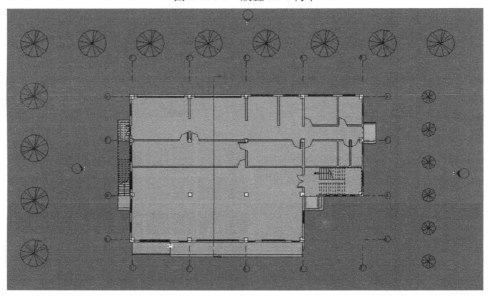

图 2.2.8-9　场地 RPC 树木

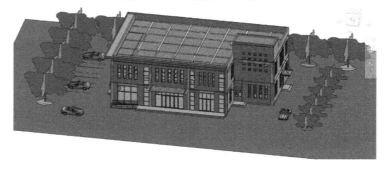

图 2.2.8-10　场地构件

2.3 工程模型表现

在 Revit 中不仅能输出相关的平面文档和数据表格，完成模型后，还可以利用 Revit 的表现功能，对 Revit 模型进行展示与表现。在 Revit 中可以在三维视图下输出基于真实模型的渲染图片。在做这些工作之前，需要在 Revit 中作一些前期的相关设置。本节主要介绍如何在 Revit 中创建任意的相机及漫游视图。

在 Revit 中可以对构件表现形式进行设置，相同构件在不同的视图中的显示可以不同。在 Revit 中，三维视图可以分为正交和透视，透视三维视图中显示构件的情况是距离越近构件越大，正交三维视图中构件大小并不会随距离远近而变化。三维视图命令如图 2.3-1 所示，其中默认三维视图是正交图，而相机和漫游都能设置为透视。

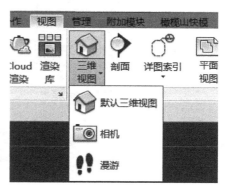

图 2.3-1　三维视图命令

2.3.1 创建相机视图

提要：

■ 创建正交视图
■ 创建透视图
■ 相机视图修改

在 Revit 中使用相机命令创建的视图有两种即正交视图和透视图，创建视图之后可以进行渲染设置，这样就能创建所需要的建筑渲染图像。

1. 创建正交视图

Revit 中直接单击快捷访问栏中的【默认三维视图】🏠 命令出现的视图就是正交视图，正交视图中的构件大小都是一致的，使用相机的话可以从建筑物内部创建正交视图。新建正交视图步骤如下：

（1）打开 "2.3.1 创建正视图" 模型，在项目浏览器中双击 1F 平面图。

（2）单击【视图】→【三维视图】→【相机】命令。

（3）取消勾选选项栏下的 "透视图"，如图 2.3.1-1 所示。其中，选项栏中可以设置相机视图比例和标高，偏移量默认的 "1750" 代表的是人的身高。

图 2.3.1-1　取消勾选透视图

（4）在绘图区域中从左下往右上单击两次光标放置视点位置，如图 2.3.1-2 所示。

（5）单击两个位置之后项目浏览器中会出现 "三维视图 1" 视图，右键 "三维视图 1" 将其重命名，在重命名对话框中输入 "正视图"，如图 2.3.1-3 所示。

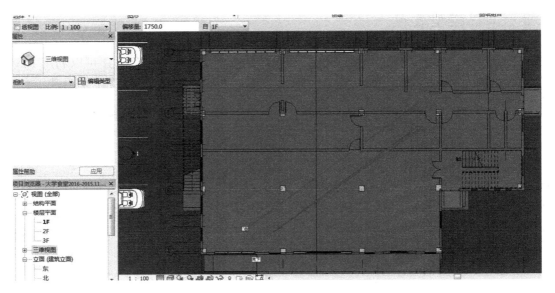

图 2.3.1-2　放置视点位置

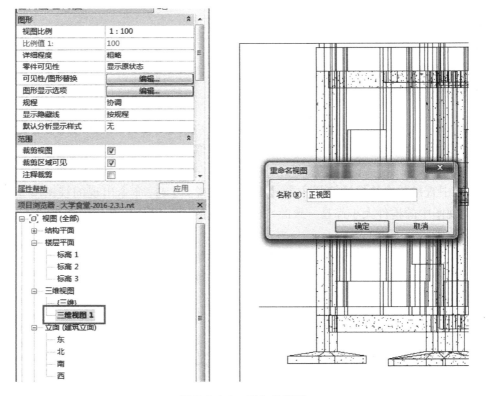

图 2.3.1-3　重命名视图

（6）单击修改栏中的【尺寸裁剪】 命令，可以通过在弹出的"裁剪区域尺寸"对话框中设置宽度和高度数值控制视图显示大小，也可以直接在绘图区域中单击相机的边界，拖拽控制点来控制，如图2.3.1-4所示。

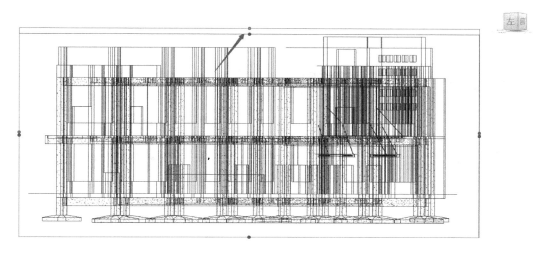

图2.3.1-4　相机边界

通过上述步骤创建的三维视图是从相机左下角位置显示到右上角位置的正视图。

2. 创建透视图

打开"2.3.1 创建透视图"模型，创建透视图的步骤与正视图的步骤基本相同，但是需要注意的是单击【相机】命令之后，需要在显示选项栏中勾选上"透视图"选项，并且单击相机方向的时候会显示三个范围，如图2.3.1-5所示。

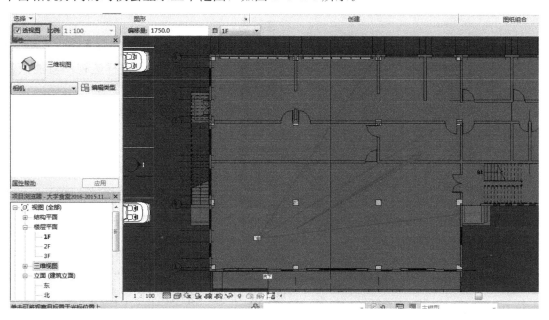

图2.3.1-5　相机方向范围

在绘图区域中分别单击相机位置和范围点之后，修改新创建的三维视图名称为透视图。单击视图选项栏【窗口】中的【平铺】命令，对比正视图和透视图，在正视图里构件显示与默认三维视图中显示一样，但是从透视图中可以看到视图远处的构件显示比近处的小一些，如图 2.3.1-6 所示。

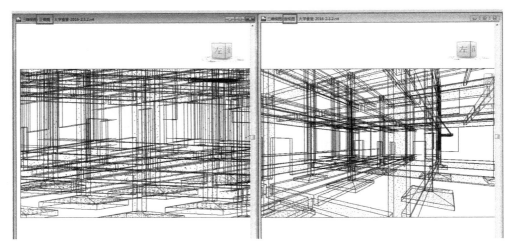

图 2.3.1-6　正交图和透视图对比

3. 相机视图修改

创建相机视图的时候，点选位置或范围都没有捕捉的功能，所以我们需要在创建完相机视图之后，对相机视图进行修改。下面主要讲解一下可以对透视图进行修改的步骤。

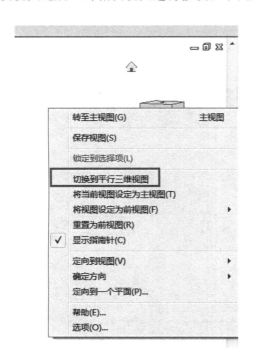

图 2.3.1-7　切换到平行三维视图

（1）打开"2.3.1 修改相机视图"模型，双击项目浏览器切换到透视图。

（2）按住 Shift 键和鼠标右键旋转透视图查看建筑物。

（3）选中透视图边框，单击【修改｜相机】→【重置目标】按钮，这样透视图就能恢复到旋转视图之前的状态。

（4）在 Revit2016 中新增加了透视图和正视图之间的直接切换功能，在透视图中，右键点击绘图区域右上角的 ViewCube 图标，单击下拉菜单里的"切换到平行三维视图"，如图 2.3.1-7 所示。如果想要切回到透视图请再右键点击"切换到透视三维视图"。

（5）在平面视图中显示相机。双击切换到 1F 平面图，在项目浏览器中右键点击"透视图"，在弹出对话框中单击"显示相机"，如图 2.3.1-8 所示，这样在 1F 平面图中就显示了相机的位置和范围。

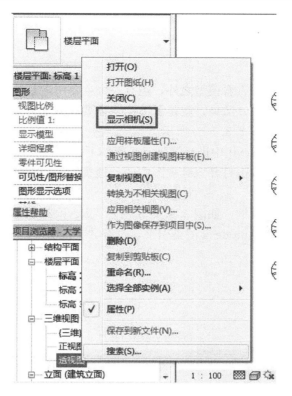

图 2.3.1-8　显示相机

（6）在相机三维视图中可以通过【视图】选项栏进行背景设置，单击【图形】下的小三角，在弹出的"图形显示选项"中单击"背景"，可以将背景设置为渐变、天空、图片等几种状态，如图 2.3.1-9 所示。

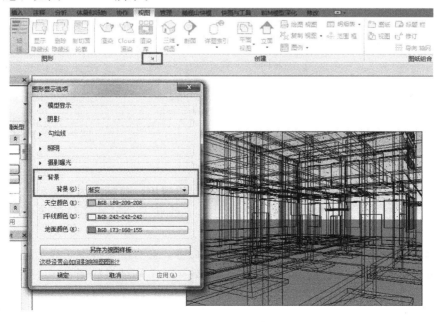

图 2.3.1-9　背景修改

> *学习提示：相机中的【重置目标】只能是使用在透视图里，如果是正视图的话该按钮就会显示为灰色，无法使用。*

4. 视图渲染

创建相机视图除了用于查看模型之外，还有一个主要用途是渲染视图。在 Revit 中渲染有两个方式，一种是 Cloud 渲染，就是云渲染，需要登录账号到 Autodesk 云端服务器进行渲染，云渲染设置如图 2.3.1-10 所示。

另一种方式是直接在 Revit 中进行渲染，步骤如下：

（1）在项目浏览器中双击打开三维视图中的"透视图"。单击【视图】→【图形】→【渲染】命令。

（2）弹出"渲染"对话框，如图 2.3.1-11 所示。Revit 2016 版本中有渲染引擎设置，不过在之后的版本中只有 Autodesk 渲染引擎，没有"NVIDIA mental ray"类型。

图 2.3.1-10　在 Cloud 中渲染

图 2.3.1-11　渲染设置

（3）设置图片质量和输出分辨率。在"照明"设置中，包括室内和室外，日光和人造光（人造光将在第 5 章介绍照明系统中创建）等光线状态，另外还包括背景和图像曝光设置。

（4）单击对话框最上角的"渲染"运行渲染命令，会有渲染进度条显示进度。

（5）按照对话框中渲染设置的最低"绘图"效果，渲染结果如图 2.3.1-12 所示。

图 2.3.1-12 渲染效果图

2.3.2 创建漫游动画

提要：
- 创建漫游路径
- 编辑漫游
- 导出漫游动画

在 Revit 中，漫游是基于路径创建的多个移动的相机三维视图而形成的动画，其中每一个关键帧对应一个相机视图，所以漫游也同相机一样可以设置为正交或者是透视图。由相机和路径创建的建筑物漫游，可以直接导出为 AVI 格式或者是图片格式。

1. 创建漫游路径

创建漫游与创建相机类似，可以在平面图中创建，也可以在其他视图比如三维视图、立面图和剖面图中创建，创建漫游路径的步骤如下：

（1）打开"2.3.2 创建漫游"模型，双击项目浏览器切换到 1F 平面视图。

（2）单击【视图】→【三维视图】下拉菜单，单击【漫游】👣 漫游 。漫游选项栏与相机选项栏设置相同。

（3）在 1F 平面图绘图区域中单击放置关键帧的位置，即相机位置，首先单击食堂正门外的位置再单击食堂内部，如图 2.3.2-1 所示。

（4）在绘图区域中出现的连接相机的蓝色线条即漫游路径中，创建一个沿着正门围绕大厅进入楼梯间然后从侧面出来的路径，如图 2.3.2-2 所示。

（5）单击【修改】→【完成漫游】，这样就创建好了一个漫游视图。

2. 编辑漫游

由于在创建漫游的过程中无法修改已经创建的相机，所以在单击【完成漫游】 ✓ 完成 漫游 之后继续单击修改选项卡中的【编辑漫游】 👣 编辑 漫游 。这样在 1F 平面图中会沿着漫游路径出现红色圆点相机位置，这些位置即关键帧位置，如图 2.3.2-3 所示。可单击【编辑漫游】选项卡中的【上一关键帧】 ◁◁ 上一 关键帧 或【下一关键帧】 ▷▷ 下一 关键帧 来显示相机符号。

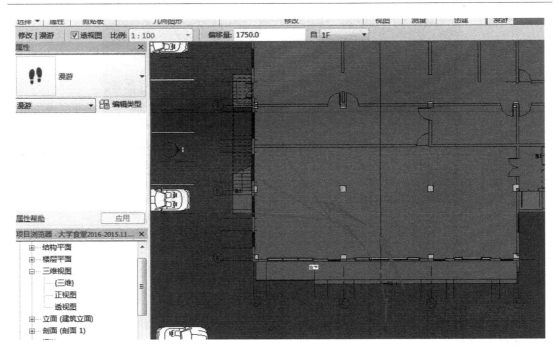

图 2.3.2-1 单击放置漫游关键帧

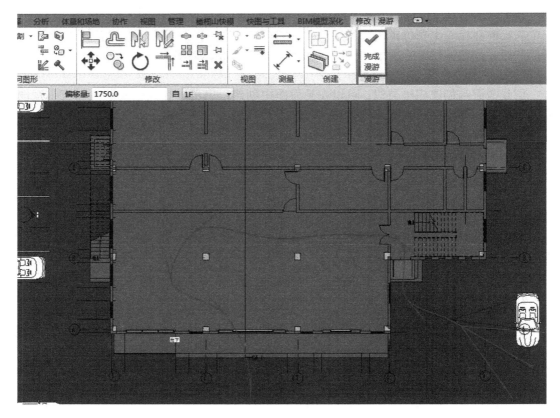

图 2.3.2-2 漫游路径

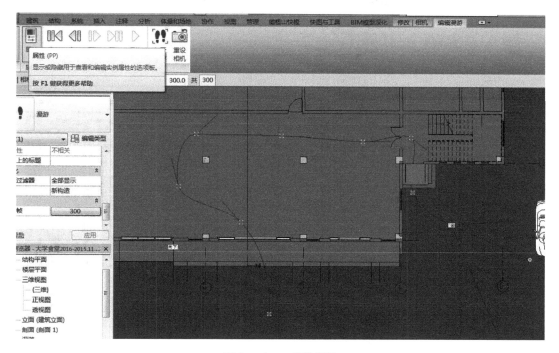

图 2.3.2-3　编辑漫游

点开选项栏中的控制方式，如图 2.3.2-4 所示。

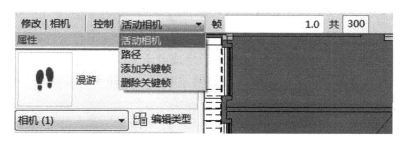

图 2.3.2-4　修改漫游控制方式

其中，"活动相机"显示如图 2.3.2-3 所示，该情况可以对每一个关键帧位置处的相机进行修改，修改方式如同相机。

控制选择【路径】选项，漫游显示关键帧位置，而是同在开始创建漫游相机位置的点，这个时候可以直接单击关键帧点然后拖动到想要的位置。

【添加关键帧】和【删除关键帧】选项，可以补充遗漏的位置或者删除多余的位置，沿着路径在相应位置单击添加或者删除关键帧即可。

路径和关键帧都创建完毕之后，单击【编辑漫游】→【打开漫游】，会弹出漫游视图，该视图显示的是相机放置的关键帧位置，比方说相机的第一个关键帧位置在食堂门口，显示如图 2.3.2-5 绘图区域所示。创建的漫游在"项目浏览器"中会生成一个"漫游1"视图，对该视图的边界修改与相机视图类似。

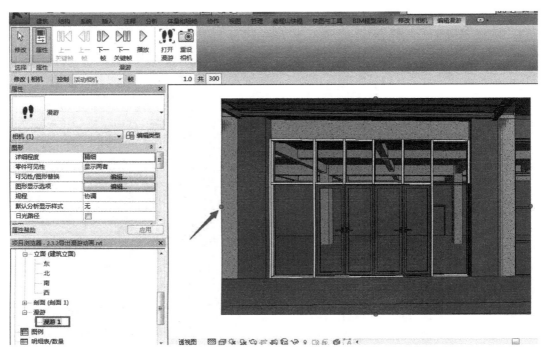

图 2.3.2-5　漫游视图

鼠标单击【编辑漫游】栏下的【播放】按钮 ，在绘图区域中的相机范围内会出现漫游动画，在漫游视图中也可以像相机视图中一样通过在"图形显示选项"对话框中添加"背景"，使得动画中出现不同背景，比方说天空或者渐变。

在漫游视图中单击"属性"栏中的漫游帧"300"，会弹出"漫游帧"对话框，如图 2.3.2-6 所示。

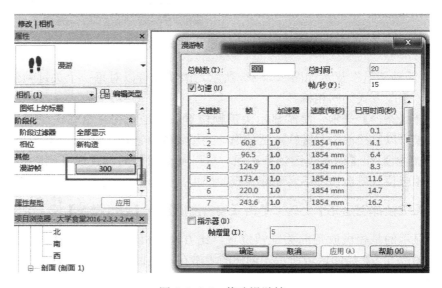

图 2.3.2-6　修改漫游帧

在"漫游帧"对话框中,"总帧数"除以"帧/s"即为总时间。如果勾选上"匀速",那么每个关键帧的速度都相同,如果取消勾选,可以设置每一个关键帧的"加速器",加速器的范围是 0.1~10,比方说把关键帧 1 的加速器设置为 10 那么关键帧的速度就变为其他关键帧的 10 倍。

勾选上"指示器"的话,就可以按照设置的"帧增量"数值 5,在视图中按每 5 帧的帧数显示相机位置,而不是关键帧,如图 2.3.2-7 所示。

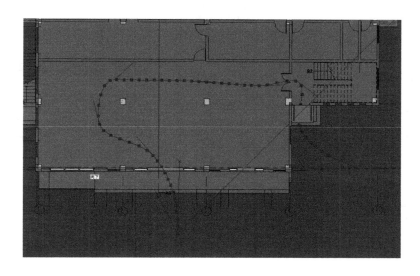

图 2.3.2-7　帧增量显示

3. 导出漫游动画

在 Revit 中可以通过在漫游视图中单击播放来查看漫游动画,也可以将该漫游导出 AVI 格式或者图片格式,这样可以直接使用播放器或图片来查看 Revit 建筑模型。具体导出漫游动画的步骤如下:

(1) 打开"2.3.2 导出漫游动画"模型。双击"项目浏览器"中的"漫游 1",打开视图,单击 Revit 左上角的应用程序菜单按钮 。

(2) 单击下拉列表中的"导出",进一步单击"图像和动画"中的"漫游",如图 2.3.2-8 所示。

(3) 在弹出的"长度/格式"对话框中可以设置输出长度和格式,如图 2.3.2-9 所示。其中,输入长度可以选择是全部帧还是部分帧,在大学食堂模型中一共是 300 帧,可以选择设置从 150~300 帧导出,这样就在"起点"和"终点"中分别设置为"150"和"300",再根据"帧/s"为 15 (即每秒 15 帧),这样总时间会自动更新为 (300-150)/15 等于 10s。

在格式中可以设置视觉样式和尺寸,单击视觉样式选择所需要的样式,设置导出的长宽,并且可以选择是否显示时间和日期。

(4) 单击 确定 按钮之后会弹出"导出漫游"对话框,在该对话框中可以选择保存漫游动画的路径,并且可以选择导出的文件类型,如图 2.3.2-10 所示。

131

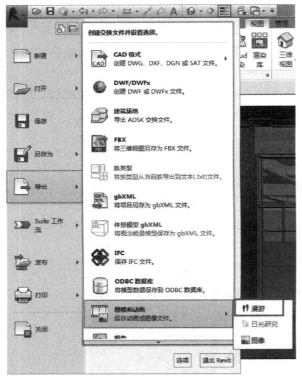

图 2.3.2-8　导出漫游动画　　　　　　　　　　　图 2.3.2-9　导出漫游长度设置

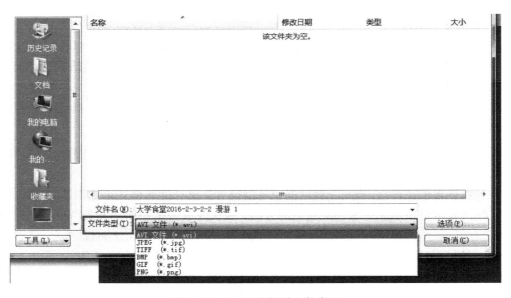

图 2.3.2-10　导出漫游文件类型

（5）文件类型中除 AVI 格式外都是图像文件格式，需要注意的是导出图像文件格式的时候，每一帧都是一个单独的图像文件，比如按 JPEG 格式导出全部 300 帧，那么文件夹下就会有 300 个 jpg 图像文件。

（6）如果是导出视频格式 AVI，单击保存按钮之后会弹出"视频压缩"对话框，如图 2.3.2-11 所示，可以选择电脑中已经安装的压缩程序进行视频压缩。

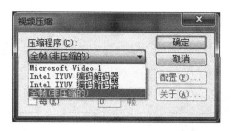

图 2.3.2-11　漫游视频压缩

> 学习提示：帧频一般为 24 帧每秒，如果低于 24 的话导出的动画可能会出现卡顿现象，电脑一般显示刷新频率是 60Hz，所以建议设置 60 的倍数，比方说 30 或 60 帧/s。

2.3.3　视觉样式设置

提要：
■ 图形显示选项
■ 视图样板

在 1.2.2 小节中有简单介绍控制视图中模型的显示方式的六种视图样式，如图 2.3.3-1 所示，接下来将详细阐述一下图形显示选项。

其中，光线追踪是显示的实时渲染样式，如图 2.3.3-2 所示为食堂实时渲染，非常消耗电脑资源。该样式的修改并不包含在图形显示选项中，而是在渲染设置里修改。

图 2.3.3-1　六种视图样式

1. 图形显示选项

打开视图的"图形显示选项"有三种方式：

第一种是单击视图控制栏中的【视觉样式】→【图形显示选项】，如图 2.3.3-1 中所示。

第二种是相机视图中讲到的更换背景的时候单击【视图】选项卡中的图形栏的小三角。

第三种是直接单击视图"属性"栏中的【图形显示选项】。

之后打开的图形显示选项对话框，如图 2.3.3-3 所示。

在图形显示选项中需要有如下设置："模型显示"、"阴影"、"勾绘线"、"照明"、"摄影曝光"、"背景"。

"背景"选项在 2.3.1 节中提到的修改相机的视图中设置，另外背景选项不仅可以用于三维视图，同样适用于立面图和剖面图中。但在平面视图的"图形显示选项"对话框中并没有"背景"这个选项。

"摄影曝光"选项仅在选择"真实"视觉样式的时候使用，其中曝光控制可以设置为

图 2.3.3-2　实时渲染样式

图 2.3.3-3　图形显示选项设置

自动或者手动，在手动设置的时候可以输入 0～21 的曝光值。

"照明"选项可以调整在 Revit 中的日光设置，在"真实"视觉样式时可以选择不同的照明方案，包括室内室外的日光和人造光的不同组合。

"阴影"选项可在除了"线框"视觉样式外的其他样式中选择是否"投射阴影"，来增强模型显示的效果。

接下来介绍一下"勾绘线"选项，该选项是 Revit2015 的新功能。使用"勾绘线"的步骤如下：

（1）打开"2.3.3 创建勾绘线"模型，在"项目浏览器"中双击切换到三维视图。

（2）单击属性栏中的"图形显示选项"，在其对话框中，模型显示样式选择"隐藏线"，并且勾选上"使用反失真平滑线条"。

（3）在"勾绘线"单击小三角打开下拉菜单，勾选上"启用勾绘线"，如图 2.3.3-4 所示。

（4）将"抖动"和"延伸"分别设置为"10"的时候，单击应用，三维视图显示如图 2.3.3-5 所示。

图 2.3.3-4 启用勾绘线

在勾绘线中，对于"抖动"，移动滑块可以输入 0 和 10 之间的数字，以指示绘制线中的可变性程度。数值越高抖动程度越大，在 10 的时候模型线都具有包含高波度的多个绘制线。对于"延伸"，移动滑块可以输入 0 和 10 之间的数字，以指示模型线端点延伸超越交点的距离。数值越大导致线延伸到交点的范围之外越长。

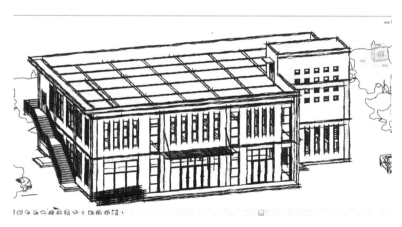

图 2.3.3-5 三维视图勾绘线显示

> 学习提示：圆弧和其他弯曲的对象（如植物和环境）在 Revit 中都是一系列短直线。因此，曲线的抖动效果为最小。例如，模型中 RPC 树的占位符似乎未使用勾绘线，但可以放大视图查看。将"勾绘线"应用到视图时，注释（例如尺寸标注和文字）不会显示为手绘。比方说立面视图中的轴线和标高都不显示手绘。

最后介绍一下"视图显示选项"中的"模型显示"部分，5 种显示样式已经在 1.2.2 小节中有利用墙体进行 5 种不同样式的对比。在模型中"显示边"只能在"着色"和"真实"两个样式中设置是否显示。

"使用反失真平滑线条"是通过提高视图中线条的质量，使轮廓显示更平滑。需要注意的是在"选项"对话框中开启硬件加速选项，能更好地显示模型。

"透明度"是用来设置整个视图中模型的透明度，其中在"线框"模式下不需要设置透明度。如果需要设置部分图元类型的透明度的话，建议在"可见性"中按照不同图元类型来设置，如果是按位置来设置透明度的话，可以窗选多个图元再右键点击，在弹出的对话框中单击【替换视图中的图形】→【按图元】，如图 2.3.3-6 所示。

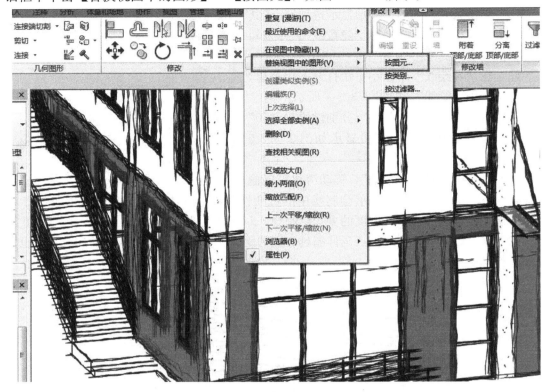

图 2.3.3-6　按图元替换视图中的图形

在弹出的"视图专有图元图形"中设置"曲面透明度"大小即可，如图 2.3.3-7 所示。这是设置图元透明度的方式的三种情况。

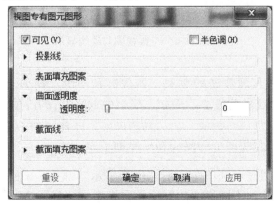

图 2.3.3-7　视图专有图元设置

在视图样式设置中"轮廓"与"透明度"的设置对象相同也是针对全部视图中的图元，其中轮廓的样式通过点击【管理】→【其他设置】→【线样式】设置，如图 2.3.3-8 所示。

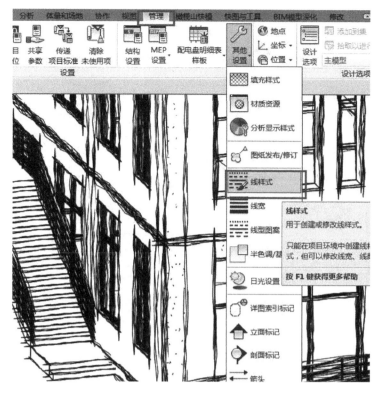

图 2.3.3-8　线样式设置

2. 视图样板

在 Revit 中可以使用已经调整好的视图样式来创建样板并应用到其他视图中，比方说在项目中会有多个平面视图，在设置好其中一个平面图显示之后，将该平面图的显示设置作为一个样板复制到其他平面视图中可以进行统一显示。上一小节中具体介绍了如何在默认三维视图中设置勾绘线步骤，接下来我们将勾绘线样式应用到透视图中。

首先是创建视图样板的步骤：

（1）打开"2.3.3 创建视图样板"模型，在"项目浏览器"中双击切换到三维视图，在三维视图中模型显示如图 2.3.3-5 所示。

（2）单击【视图】→【视图样板】→【从当前视图中创建样板】，如图 2.3.3-9 所示。

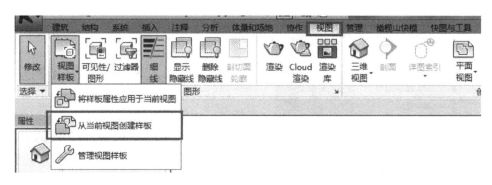

图 2.3.3-9　从当前视图中创建样板

（3）在弹出的新"视图样板"中输入新样板名称，比如"勾绘线样板"，单击

确定 按钮。

（4）在弹出的"视图样板"对话框中出现"勾绘线样板"，如图 2.3.3-10 所示。

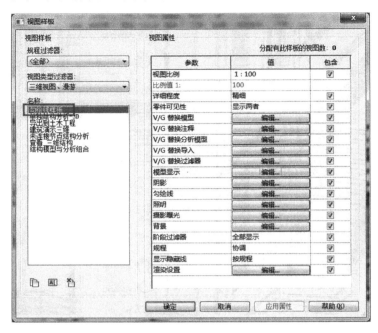

图 2.3.3-10　视图样板

这样就创建了一个新的勾绘线样板，在"视图样板"对话框中可以在右边上部分的"过滤器"中快速查找视图样板，包含"规程过滤器"和"视图类型过滤器"，比如需要查

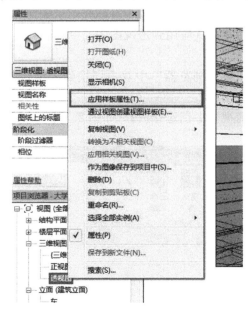

图 2.3.3-11　勾绘线样板

找结构平面图样板有哪些的话，可以将规程过滤器设置为"结构"，在视图类型过滤器中设置为"楼层、结构、面积平面"，这样在左边的名称栏就会显示过滤之后的视图样板。

在"视图样板"对话框左边是选中样板的视图属性，可以编辑各个参数数值，以及勾选各个参数是否都要应用到其他视图中。

接下来是将三维视图"勾绘线样板"应用到透视图的步骤：

（1）在项目浏览器中双击透视图打开。

（2）右键点击透视图，在弹出的对话框中选择"应用样板属性"，如图 2.3.3-11 所示。

（3）在弹出的"视图样板"对话框中，将视图类型过滤器设置为"三维视图、漫游"，在名称栏单击选择"勾绘线样板"。

（4）在"视图样板"对话框右边的视图属

性中，仅勾选上"模型显示"和"勾绘线"两个参数。

（5）单击"应用属性"就可以设置透视图中的显示变化，单击确定关闭对话框，透视图图元显示与三维视图相同，都出现勾绘线。并且在透视图的"属性"栏中会出现"勾绘线样板"，如图 2.3.3-12 所示。

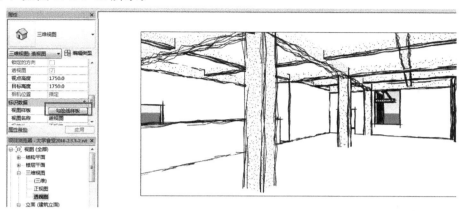

图 2.3.3-12 当前视图样板

> 学习提示：如果当前视图应用了视图样板的话，勾选的所有属性在当前视图中会变成灰显，无法在当前视图属性中进行修改，只能通过修改视图样板来修改或者是在视图样板中选择"无"再进行修改。

视图样板不仅在同一个项目的视图中互相使用，也可以通过项目传递的方式，将其他项目中的视图样板复制到当前项目中。Revit 已经打开了大学食堂模型，单击新建项目创建一个新"项目 1"，在"项目 1"中单击【管理】→【传递项目标准】，在弹出的"选择要复制的项目"对话框中设置需要复制的大学食堂项目，并勾选上"视图样板"，如图2.3.3-13所示。

图 2.3.3-13 传递项目标准

　　单击确定之后，在"项目 1"的视图样板管理中就有"勾绘线样板"这个选项。这样就可以在不同项目中传递项目标准，该命令不仅可以传递视图样板，项目中的其他类型和设置都可以通过此功能进行传递。

第 3 章 风管系统绘制

本章导读

    从本章开始，将通过在 Revit 中进行操作，以大学食堂项目为蓝本，从零开始进行通风系统模型的创建。通过实际案例的模型建立过程让读者了解通风系统的建模基础。熟练掌握风管、附件、连接件、机械设备的创建、编辑、修改操作。

本章二维码

13. 暖通风管
创建方式

3.1 项目准备

提要：
■ 项目基本情况

在进行模型创建之前，读者需要熟悉大学食堂项目的基本情况。

工程名称：大学食堂

建筑面积：961.3m²

建筑层数：地上 2 层

建筑高度：8.7m

建筑的耐火等级为二级，设计使用年限为 50 年。

建筑结构为钢筋混凝土框架结构，抗震设防烈度为 7 度，结构安全等级为一级。

本建筑室内±0.000 标高相对于绝对标高为 1745.970。

由于大学食堂样例中没有通风系统设计，所以本章节通风系统多以教学示意为主，可能会与实际设计有偏差。

3.2 MEP 样板文件简介

在前面的建筑结构章节里有使用建筑结构样板，本小节将介绍一下 MEP 样板的基本内容，在 Revit 安装时会带有不同的项目样板，后缀为 rte，默认路径在 C：\ Program-Data \ Autodesk \ RVT 2016 \ Templates \ ...，在不同的样板文件中会有不同专业的系统族以及规程设置以便在设计建模中使用。

样板分类

提要：
■ 机械样板
■ 给水排水样板
■ 电气样板

本小节介绍 MEP 部分的自带样板类型以及相互区别，中文版里分别有机械样板：Mechanical-DefaultCHSCHS. rte，管道（给水排水）样板：Plumbing-DefaultCH-SCHS. rte，电气样板：Electrical-DefaultCHSCHS. rte 和系统样板：Systems-DefaultCH-SCHS. rte，其中系统样板包含前三个样板中的风管、管道和桥架类型，类似于综合样板。这些样板根据实际项目都可以进行自定义修改，通常在新项目启动时会以这些默认样板为基础，再修改为特定的样板文件来新建项目文件，在本书中是以大学食堂为蓝本，以默认样板为基础直接修改来创建项目。

1. 机械样板

在机械样板中，从项目浏览器里可以看到包含了两大规程类别，一个是机械，另一个是卫浴。

其次，自带的系统族中，风管系统族包含三种：矩形风管、圆形风管、椭圆形风管，并且各个类别下都包含接头和 T 形三通连接类型等，管道系统族里只有标准类型。

在风管系统中默认包含：回风、排风、送风等管道类型。管道系统中包含比较多，有冷/热水、供/回水，消防等。

2. 管道样板

给水排水样板与机械样板类似，但是在项目浏览器中只有卫浴类别，并没有机械类别。

其次，在自带系统族中风管类别就只有三种上文提到的大类别，并没有进一步的连接类型，而在管道系统族中则新添加了 PVC-U -排水。不过管道系统和风管系统与机械样板里都是一致的，所以也有给水排水建模的时候直接使用机械样板的情况。

3. 电气样板

电气样板与上文两个样板对比区别比较明显，首先是项目浏览器中有两个分类，一个是电力系统，一个是其他系统（数据、电话、火警、通信、护理呼叫系统、安全和控制系统），不包含机械或者卫浴类型。

其次，自带系统族中，风管和管道类型都是简单默认类型，而在电缆桥架和线管中有比较多的类型，比方说带配件的电缆桥架中有槽式、梯式和实体底部，线管中有刚性非金属导管 RNC Sch 40 等。

在电气样板中也有风管和管道系统类型，并且有各种电气装置和电气设备，之后第 6 章里会使用电气样板进行建模。

3.3 创建项目文件

接下来在本小节中，使用上文介绍的机械样板创建新项目，以链接土建模型作为参考，为风管系统建模做基础。

3.3.1 链接土建模型

提要：
■ 创建项目文件
■ 链接土建模型

在 Revit 中做各个专业的协同，会使用不同的方法来协调模型。现常用的有两种方式，第一种是各个单专业建模再链接到一个模型中，第二种是多用户直接使用同一个中心文件。而中心文件可以直接放在共享文件夹访问，或者是通过 Revit Server 进行访问，从 Revit 2016 版本开始，还可以通过 Collaboration for Revit 云端访问中心文件。

在这里给大家介绍的是第一种方法，以链接模型的方式来进行专业协同。

1. 创建项目文件

在参考土建模型之前，先介绍如何创建机械项目文件。

双击桌面上的 Revit 2016 图标，打开 Revit 客户端，使用机械样板文件创建新项目文件步骤如下：

（1）单击"项目"选项下的"新建…"。

图 3.3.1-1　机械样板文件

（2）在弹出的"新建项目"对话框中，选择"样板文件"中的下拉菜单里的"机械样板"。或者是单击"浏览"按钮，在上文提到的路径中选择 Mechanical-DefaultCHSCHS.rte 样 板 文 件，如 图 3.3.1-1 所示。

（3）确认新建类别选择为"项目"，单击确定。这样就新创建了一个以机械为样板的项目文件。

（4）单击 Revit 左上角的 R 图标 ，单击【保存】→【项目】命令，保存该项目文件。

2. 链接土建模型

在我们于上节中创建好的机械项目文件中，就可以开始链接土建模型了，单击功能区的【插入】→【链接 Revit】命令，在弹出的"导入/链接 RVT"对话框中，找到第 2 章最后小节的土建模型，名称为"2.3.3 创建项目样板"，将"定位"选项选择为"自动-原点到原点"，单击"打开"按钮，如图 3.3.1-2 所示。

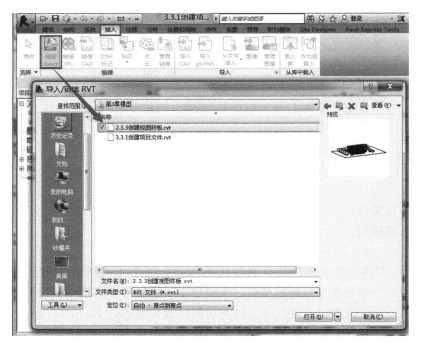

图 3.3.1-2　导入链接 RVT

关于"定位"选项分两大类，一类是自动放置，一类是手动放置，而其中又会按照中心、原点、共享坐标和项目基点来分类。中心是指几何图形的中心，原点是 Revit 项目内部原点，共享坐标是两个文件之间的共享坐标（如果当前没有共享坐标会提示使用中心），项目基点即模型场地中的项目基点 。

打开之后，土建模型就链接进当前项目里了，在楼层平面"1－机械"中显示如图3.3.1-3所示。保存文件。

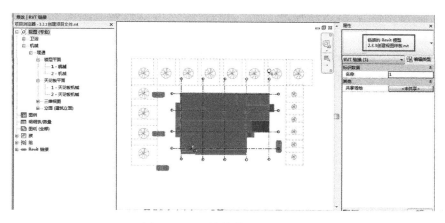

图 3.3.1-3　链接模型平面显示

接下来是管理链接设置，单击功能区的【插入】→【管理链接】命令，在弹出的"管理链接"对话框中可以看到多个链接文件格式的文件管理，从这里可以看到 Revit 支持的五个种类文件，并且可以对所有链接到当前项目的文件进行重新载入或者是卸载，如图3.3.1-4 所示。

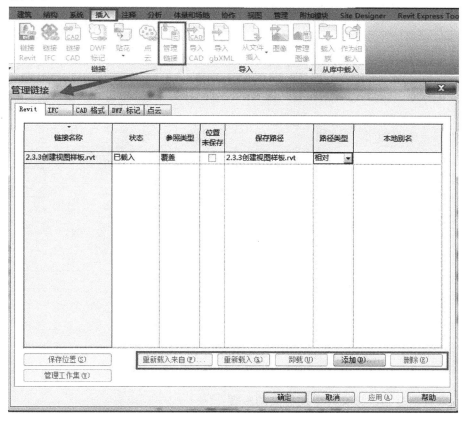

图 3.3.1-4　管理链接

在该列表中，可以单击列页眉按照该列值进行排序，比方说按照"链接名称"或者是"状态"进行排序。

关于"路径类型"，默认路径方式是"相对"，也可以根据实际需要修改为"绝对"路径。

> *学习提示：针对链接模型，请使用【修改】→【锁定】命令（或者是快捷键 PN）进行位置锁定，避免误操作移动链接模型位置。*

3.3.2　创建标高和轴网

提要：
- 创建标高
- 创建轴网

在第 2 章有详细介绍创建标高和轴网，在本小节将介绍如何直接复制链接文件中的标高和轴网，而不需要手动一个一个创建。

1. 创建标高

Revit 创建标高需要到立面视图中，由于土建模型是按照原点到原点的方式链接进来的，这个时候并不一定处于平面视图的东西南北四个立面标记中间的位置。需要先在楼层平面中，手动移动四个立面标记到土建模型范围之外，如图 3.3.2-1 所示。

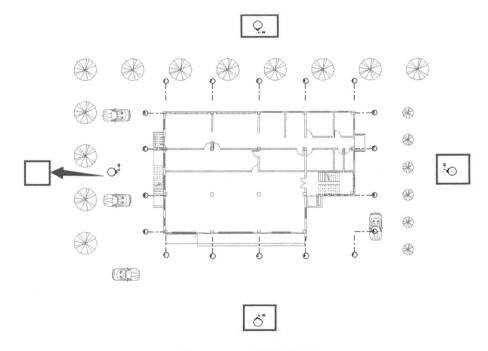

图 3.3.2-1　立面标记位置

接下来就是复制链接文件中的标高的步骤：

（1）双击 Revit 图标打开 "3.3.1 链接土建模型"，双击 "项目浏览器" → "机械" →

"暖通"→"立面（建筑立面）"→"东-机械"，打开东立面图。

（2）在东立面图中，可以看到有原项目样板中自带的"标高 1"和"标高 2"，还有链接文件中的标高"1F"、"2F"、"3F"，如图 3.3.2-2 所示。

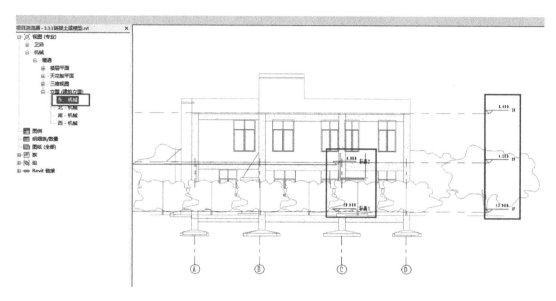

图 3.3.2-2　东立面标高显示

（3）按住 Ctrl 键，单击立面图中的"标高 1"和"标高 2"，单击功能区的【修改｜标高】→【删除】命令，忽略弹出删除平面图的警告，删除样板中的标高。

（4）单击功能区的【协作】→【复制/监视】→【选择链接】命令，拾取立面图中的链接文件。

（5）在功能区的【协作】→【复制/监视】中，单击【复制】，如图 3.3.2-3 所示。

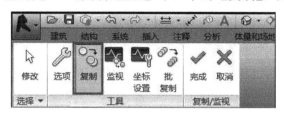

图 3.3.2-3　复制监视选项

（6）在绘图区中，单击标高"1F"、"2F"、"3F"，选中三个标高之后，单击功能区中的完成 。

（7）这样就复制三个标高到当前项目中，如果标高标头是默认的 8mm 标头，单击标高修改"属性"栏里的类型为"上标头"和"正负零标高"。

（8）单击功能区的【视图】→【平面视图】→【楼层平面】命令，在弹出的"新建楼层平面"对话框中，按 Shift 键选择三个标高，创建对应的三个楼层平面"1F"、"2F"、"3F"。

> 学习提示：单击复制出来的标高，会显示监视图标，表示该标高同链接模型中的标高联系，如果链接文件有新更新的话，系统会提示更新。

2. 创建轴网

创建轴网的方式与上文复制标高的方式相同，双击打开楼层平面 1F 视图，单击功能区的【协作】→【复制/监视】→【选择链接】命令，选择平面图中的链接文件，单击【复制】命令，选择轴线进行复制，创建出来的轴网与链接模型一致，如图 3.3.2-4 所示。

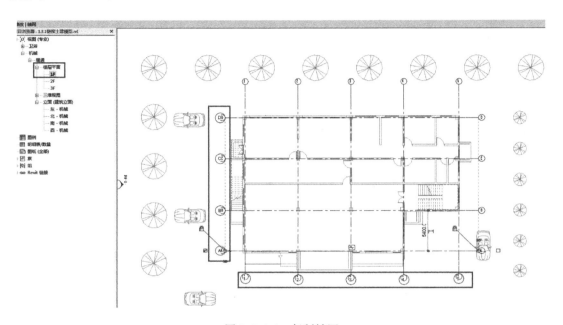

图 3.3.2-4　复制轴网

这样就完成了与土建模型轴网位置一致的文件，保存该文件。

> 学习提示：如果创建的轴网在其他高楼层平面中不显示，需要到立面图中修改轴网的高程，到高楼层标高之上。

3.4　风管系统及显示

提要：
- 系统浏览器
- 系统创建
- 风管设置
- 风管显示

在上节中创建了标高和轴网，接下来是在风管建模之前，设置风管系统和显示。本小节介绍关于风管系统的修改和创建，风管设置，风管在视图中的显示以及视图过滤器设置内容。

3.4.1 系统浏览器

在第 1 章中介绍了 Revit 的基本界面，其中有"项目浏览器"，那么针对 MEP 的各个系统，Revit 也有"系统浏览器"，里面包括机械、管道和电气系统，方便对 MEP 系统和构件进行管理。

双击 Revit 图标打开"3.3.2 创建标高和轴网"模型，单击功能区的【视图】→【用户界面】命令，在下拉菜单中勾选上【系统浏览器】（或者直接按 F9 键），这样就弹出来如图 3.4.1-1 所示的"系统浏览器"对话框。

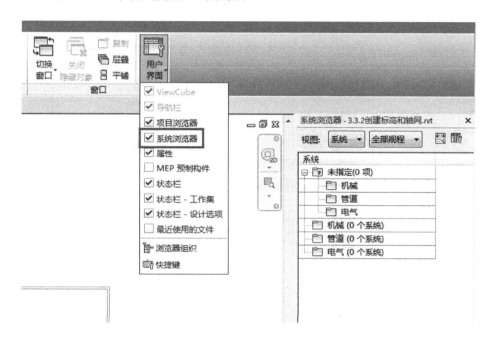

图 3.4.1-1　系统浏览器

Revit "系统浏览器"是按照系统或者分区来显示各个规程构件，并显示各个系统中的层级关系，除了已经指定的三个系统，还有未指定项分类便于查看项目中未定义系统的构件。

通过在"系统浏览器"中单击某一系统即可在绘图区中高亮显示构件，也可以单击浏览器对话框的右上角"列设置" ，在"列设置"对话框中显示系统信息，比方说流量或压降，空间或者房间名称。

学习提示：右键点击系统浏览器中的"机械"或"管道"可以直接生成"压力损失报告"。

3.4.2 创建风管系统

风管系统可以对风管的流量和大小进行计算，以便对项目中的风管进行调整和分析，在使用的机械样板中预定义了三种风管系统：回风、排风、送风。

Revit中无法直接新建系统类型，需要通过复制现有系统类型创建新类型，复制步骤如下：

（1）接上节模型继续操作，在"项目浏览器"中点开"族"分类。

（2）在"族"分类下找到"风管系统"，单击展开符号到最末层级，就可以看到三个默认系统分类。

（3）双击"送风"类别（或者是右键，选择"类型属性"），在弹出的"类型属性"对话框中，单击"复制"按钮。

（4）在弹出的"名称"对话框中输入新类型，比方说"新风"，单击"确定"，如图3.4.2-1所示。

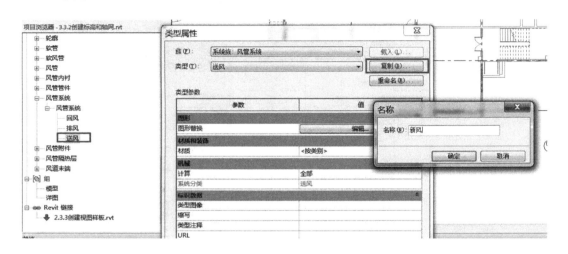

图 3.4.2-1 复制系统类型

（5）再单击"确定"，这样在"项目浏览器"中就多一个"新风"的风管系统。

（6）保存文件。

> 学习提示：可以直接右键点击"送风"单击"复制"，这样会复制出来一个"送风2"，再右键单击"重命名"为"新风"。

3.4.3 风管设置

提要：

■ 隐藏线

■ 角度和转换

■ 尺寸

在上小节中介绍了关于风管系统的设置，本小节将接着介绍风管尺寸和显示设置，在Revit中风管和管道是在同一个机械中设置，先介绍关于风管设置的一部分，管道部分会在第 4 章再详细解释。

双击 Revit 图标打开"3.4.2 创建风管系统"模型，单击功能区的【管理】→【MEP 设置】命令，在下拉菜单中单击【机械设置】命令（快捷键为 MS），这样就弹出来如图 3.4.3-1 所示的"机械设置"对话框（或者是单击【系统】→【HAVC】栏的小箭头 ⊿）。

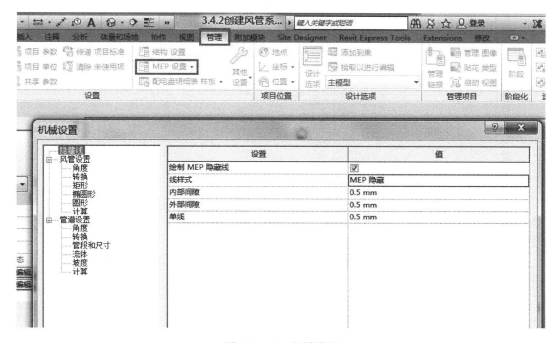

图 3.4.3-1 机械设置

1. 隐藏线

从上图"机械设置"对话框中，可以看到有三个大分类，在区分风管和管道设置之外，还有一个"隐藏线"的公用选项。该项同时适用于风管和管道，而且只有设置视觉样式为"隐藏线"的条件下，才适用。

"隐藏线"用于设置交叉图元，即风管和管道，在发生遮挡关系时的显示情况。勾选上"绘制 MEP 隐藏线"☑，这样会按照"线样式"的设置样式来显示交叉位置被隐藏段管道线样式。

2. 角度和转换

接下来单击"风管设置"中的"角度"，将用于管件角度设置，如图 3.4.3-2 所示。

在"角度"里可以进行三种角度设置，默认是"使用任意角度"，"设置角度增量"和"使用特定的角度"两个选项是对角度进行限制，如果针对项目只使用 90°和 45°接头，可以选择勾上仅使用 90°和 45°两个数值。

在"角度"的下一个设置是"转换"，是用来设置每个系统分类中干管和支管的风管类型和偏移，在支管中还有软风管的类型和最大长度设置。

3. 尺寸

在"转换"设置之后，有三个风管类型，"矩形"、"椭圆形"和"圆形"。其中，每个

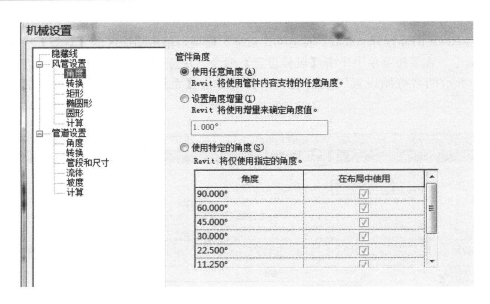

图 3.4.3-2　管件角度

类型都有尺寸数值列表，其中矩形和椭圆形中，尺寸数值可用于宽度和高度，在圆形中尺寸数值用于直径。

尺寸数值可以进行添加，点击"矩形"里的"新建尺寸"，在弹出的对话框中输入"360"，点击"确定"之后，列表中就生成新尺寸 360，如 3.4.3-3 所示。

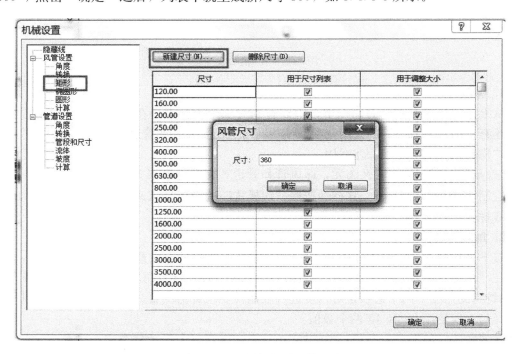

图 3.4.3-3　添加矩形风管尺寸

如果有一些默认的尺寸项目中不会使用，可以通过"删除尺寸"命令来清理不使用的尺寸。

3.4.4 风管显示

提要:

■ 详细程度

■ 过滤器

■ 图形替换

定义好风管的角度和尺寸之后,将介绍风管的显示设置。上小节中也介绍了在隐藏线情况下的显示情况,在第 1 章中也有详细程度和视觉样式的介绍,本小节将针对风管详细介绍一下显示设置。

(1) 接着上小节的模型,从"项目浏览器"中找到暖通平面视图"1F",双击打开 1F 平面图。

(2) 由于"1F"平面是在 3.3.2 小节中东立面新标高创建的,默认带有"机械平面"视图样板,所以在 1F 平面"属性"对话框中无法直接修改显示设置,需要单击"视图样板"中的"机械平面"。

(3) 在弹出的"应用视图样板"对话框中,找到"机械平面"类别,在对话框中的最右边栏中,包含了所有显示的视图属性,如图 3.4.4-1 所示,这样就将该类别的设置应用到所有以"机械平面"为样板的视图中。

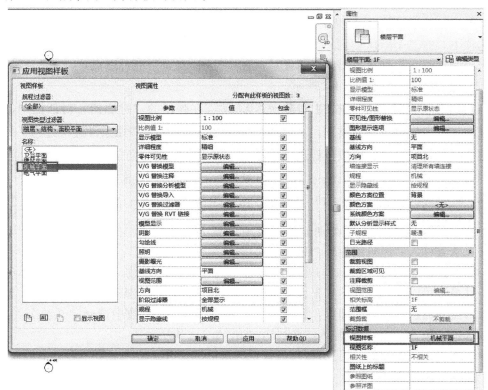

图 3.4.4-1 机械平面视图样板

1. 详细程度

单击视图样板中的"详细程度"值，在下拉菜单中有三种设置：粗略、中等和精细，选择"精细"。

风管默认详细程度的显示无法自定义修改，在粗略程度下，风管默认显示为单线，在中等和精细程度下，风管默认设置为双线，见表 3.4.4-1 所示。此外，建议风管管件和附件这些可载入族的详细程度设置与风管统一，这样避免在同一精细程度下，风管显示为双线而管件显示为单线的情况出现。

风管在不同详细程度下的显示　　　　　　　　　　　　表 3.4.4-1

详细程度		粗　　略	中　　等	精　　细
矩形风管	平面视图			
	三维视图			

2. 过滤器

在"应用视图样板"对话框中，单击机械平面中的"V/G 替换过滤器"编辑按钮 [编辑...]，弹出"机械平面的可见性/图形替换"对话框。在这个对话框中"过滤器"选项下，有三个默认类别："家用"、"卫生设备"、"通风孔"。可以通过勾选"可见性"来控制这三个类别在视图中是否显示，在"投影/表面"中可以设置"线"、"填充图案"和"透明度"，如图 3.4.4-2 所示。

（1）单击"编辑/新建"按钮 [编辑/新建(E)...]，在弹出的"过滤器"对话框中，可以自定义添加或者修改过滤器类别。过滤器类别分两种，一种是按照条件进行过滤，另一种是通过选择集，在这里使用按条件进行过滤。单击对话框左下角的"新建"按钮 [图]，在弹出的过滤器名称中输入"机械-新风"，如图 3.4.4-3 所示，点击确定。

（2）在对话框中间的"类别"设置里，单击"过滤器列表"的下拉三角箭头 [▼]，只勾选上"机械"，这样在详细类别分类列表中只显示机械类别，找到"风管"、"风管内衬"、"风管管件"、"风管附件"、"风管隔热层"，一一勾选上。

（3）对话框右侧的"过滤器规则"，包含了过滤条件的参数，运算符号和对应的值。过滤条件最多可以设置三种，如果设置了多个条件，需要都满足图元才能被过滤。风管系统过滤只需要通过系统分类即可，所以在"过滤条件（I）"参数中选择"系统分类"，运算符号选择"包含"，对应值输入"新风"，如图 3.4.4-4 所示。

（4）点击确定，回到"可见性/图元替换"对话框，分别将"卫生"等三个类别选中，点击"删除"按钮 [删除(R)]，再点击"添加"按钮 [添加(D)]，在弹出的对话框中选中"机械 - 排风"等四个风管系统添加到过滤器中。

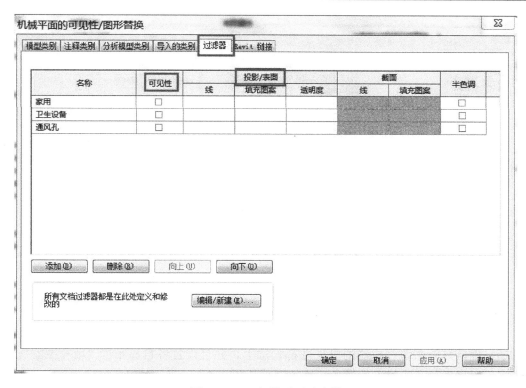

图 3.4.4-2　机械平面过滤器

图 3.4.4-3　新建过滤器

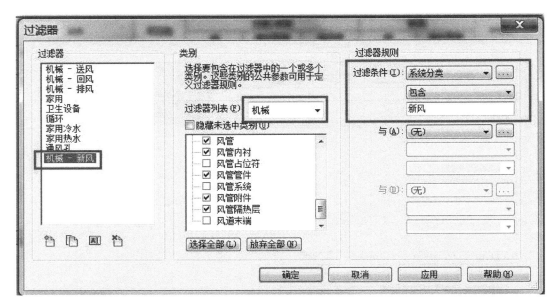

图 3.4.4-4　过滤器规则

（5）确认风管系统过滤器的可见性都勾选上，并且设置各自显示的"填充图案"。颜色方案可以参考第 7 章推荐的颜色，添加之后如图 3.4.4-5 所示。

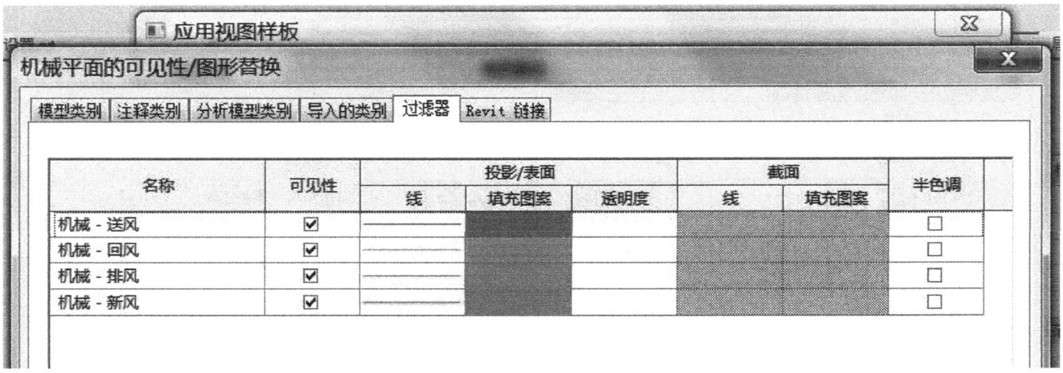

名称	可见性	投影/表面			截面		半色调
		线	填充图案	透明度	线	填充图案	
机械 - 送风	☑						☐
机械 - 回风	☑						☐
机械 - 排风	☑						☐
机械 - 新风	☑						☐

图 3.4.4-5　过滤器显示

（6）点击确定，回到"应用视图样板"对话框中点击确定，保存文件。

　　学习提示：在"过滤条件"中，不仅可以添加类别参数，也可以添加项目参数或者共享参数，点击"…"按钮，就可以打开"项目参数"对话框添加自定义参数。

3. 图形替换优先级

在上小节的可见性中，有"投影/表面"线设置，在风管系统的"类型属性"中也有关于线图形的"图形替换"的设置，在功能区的【管理】→【阶段化】命令中，也有阶段化过滤器的设置，那么关于这些图形替换的优先级别请参考表 3.4.4-2。

从纵方向可以看出，实例图元替换可见性优先级别最高，高于视图过滤器。而视图过滤器高于系统图形替换。

	对象样式	V/G 类别替换	系统	相位	视图过滤器	实例
实例	√	√	√	√	√	
视图过滤器	√	√	√	√		×
相位	√	√	√		×	×
系统	√	√		×	×	×
V/G 类别替换	√		×	×	×	×
对象样式		×	×	×	×	×

图形替换优先级别　　　　　　　　　　　　表 3.4.4-2

3.5 创建风管模型

在前述章节中，介绍了机械项目创建、风管系统和显示，本节将开始具体地介绍风管建模的步骤。如果是在做设计的过程中，会确定机械设备再布管，由于大学食堂中缺少风管系统，本教程先介绍风管再创建设备进行连接。本节以介绍风管基本操作为主，风管系统设计位置和尺寸仅供参考。将以送风和排风两个系统为例，介绍如何创建风管、添加风管管件和附件以及隔热层。

3.5.1 创建风管

提要：
■ 创建矩形风管
■ 创建圆形风管
■ 修改风管

之前的样板文件和 MEP 设置中，都有提到风管类型，由于风管是系统族，所以无法自定义添加风管的几何形状。在 Revit 中风管分为两大类，刚性风管和软风管。刚性风管形状包括：矩形、圆形和椭圆形，软风管形状包括：矩形和圆形。

软风管创建与刚性风管创建类似，所以本小节主要介绍刚性风管里的矩形和圆形风管的创建。

学习提示：在 Revit 中风管和管道是实心模型，与实际中空管道不一致，只有通过功能区的【系统】→【预制零件】命令创建的风管和管道是空心模型。

1. 创建矩形风管

在 Revit 中，风管有在同一标高的水平风管和垂直方向的立管。首先，创建水平方向矩形风管的步骤如下：

（1）双击 Revit 图标打开 "3.4.4 风管显示" 模型，打开暖通楼层平面 "1F"。单击功能区的【系统】→【HAVC】→【风管】命令（风管快捷键为 DT）。

（2）在【修改 | 放置 风管】中，有 "对正" 按钮 ，单击之后会弹出对话框定位风管在 "水平对正"、"水平偏移" 和 "垂直对正" 的位置。"自动连接" 按钮 用于风管起点或者终点时自动连接到管件上，在风管偏移的时候会自动生成连接件。"继承高程"

图 3.5.1-1　矩形风管属性

按钮 用于继承捕捉到的图元高程，"继承大小"按钮 用于继续捕捉图元的尺寸大小。

在"属性"对话框中，单击类别选择矩形风管下的"半径弯头/T 形三通"，在"系统类型"中选择"送风"，修改尺寸标注中，宽度和高度都设置为 400，如图 3.5.1-1 所示。

（3）在"属性"中，默认水平对正和垂直对正都是中心位置，其中水平方向分为"中心"、"左"、"右"，沿着中心线从左往右绘制显示左右。垂直对正分为"中"、"顶"、"底"，沿着中心线上或下对齐显示，以中心线为界，对正显示如图 3.5.1-2 所示。

（4）单击"编辑类型"按钮 编辑类型 ，在弹出的"类型属性"对话框中，有各个类型的"布管系统配置"，单击"编辑"按钮 编辑... 。

（5）显示"布管系统配置"对话框，在对话框上面有两个命令。一个是添加风管尺寸，点击"风管尺寸"按钮就到之前小节讲过的"MEP 设置"对话框，另一个是"载入族"，可以载入所需风管管件族。

（6）在"布管系统配置"对话框的构件列表中，可以设置当前类型风管的各个管件，包括弯头、三通、四通、各种过渡件、活接头和管帽。比方说当前风管类型是"半径弯头/T 形三通"矩形风管，那么"首选连接类型"是 T 形三通，所有管件都是矩形，而多形状过渡件就只有设置矩形与

其他两个形状之间过渡，如图 3.5.1-3 所示。单击"确定"回到放置风管步骤。

图 3.5.1-2　风管方向对正

（7）暖通楼层平面"1F"中，鼠标会变为小十字显示，状态栏提示"单击输入风管起点"，在①～②轴和Ⓐ～Ⓑ轴位置单击确定风管起点位置，如图 3.5.1-4 所示。

（8）沿着水平方向，在水平长度 6000mm 位置单击一下鼠标，就创建了一段 6000mm 长度的风管。

（9）此时鼠标还是显示继续绘制风管方向，将鼠标移动到选项栏位置，矩形风管选项栏中有"宽度"、"长度"和"偏移"设置，单击宽度"400"在下拉菜单中选择"630"，如图 3.5.1-5 所示。

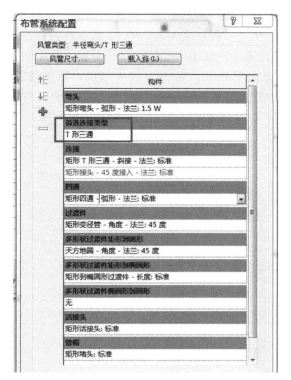

图 3.5.1-3　布管系统配置

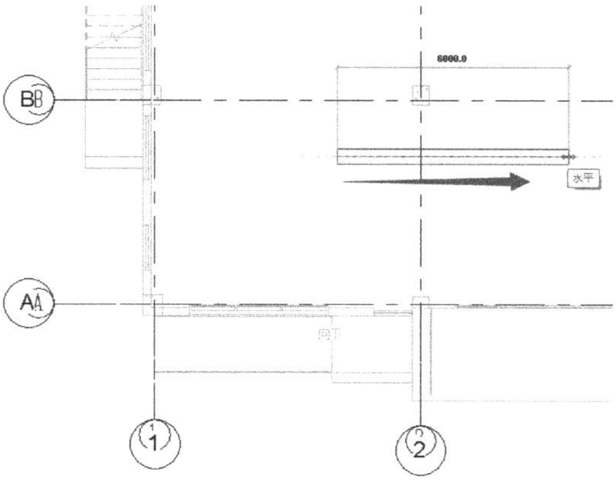

图 3.5.1-4　风管起点位置

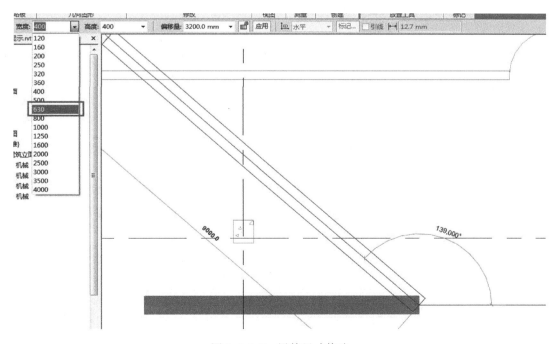

图 3.5.1-5　风管尺寸修改

（10）回到绘图区，沿着水平方向，接着刚刚的风管端点输入"6000"数值。这样就绘制了一段变径矩形风管，中间位置会自动生成在"布管系统配置"的45°法兰连接件。

（11）由于食堂设计中没有管道井，所以将管道绘制到④～⑤轴和Ⓒ～Ⓓ轴的食库中，再通过立管连接到屋顶设备，继续风管绘制，接着630mm×400mm尺寸端点，沿着Ⓓ轴垂直方向，创建一段9500mm的风管，再沿着⑤轴水平方向创建一段6000mm的风管，完成。如图3.5.1-6所示。

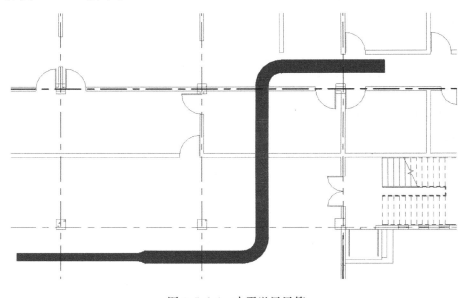

图 3.5.1-6　水平送风风管

学习提示：在 Revit 中创建水平或者竖直风管时，按 Shift 键保持正交方向，在绘制时直接输入长度数值而不用鼠标单击定位，输入数值更准确。

创建风管立管的步骤如下：

（1）单击④～⑤轴和Ⓒ～Ⓓ轴水平风管，移动鼠标至右边的风管端点 处，端点高亮显示后右键点击，在对话框中选择"绘制风管"。

（2）回到创建风管模式，鼠标移动到选项栏位置，将"偏移量"3200mm修改为8400mm，单击右边的"应用"按钮，这样在楼层平面中会显示风管矩形截面，而在立面和三维视图中显示为立管，如图3.5.1-7所示。

这样就创建好了在大学食堂模型中创建的送风系统的干管。由于在食堂中有不同的房间，所以送风系统还需要创建支管，此时就需要使用"布管系统配置"中的三通和四通进行管道连接。创建支管的步骤如下：

（1）回到楼层平面"1F"，按照创建水平风管步骤里的6～9步，在Ⓑ～Ⓒ轴位置中创建两根类似平行风管（或者选中原风管进行复制），如图3.5.1-8所示。

（2）单击功能区的【修改】→【"修剪"和"延伸"】命令，单击选中垂直方向的630mm×400mm风管干管。

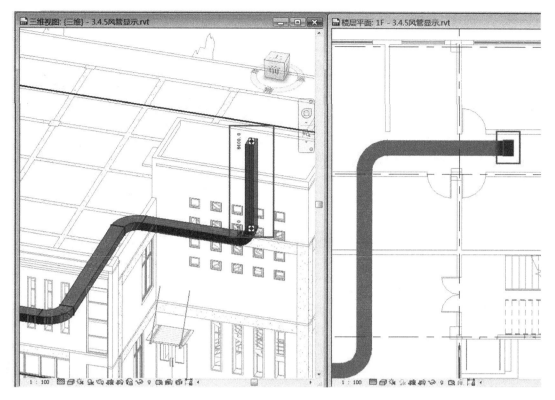

图 3.5.1-7 送风风管立管

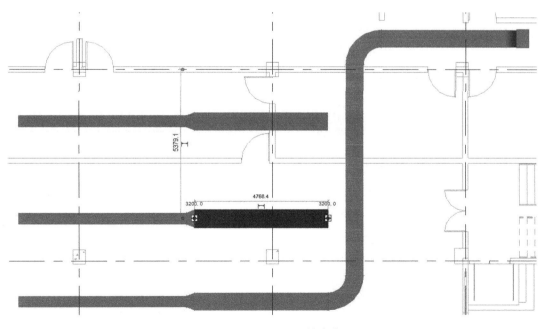

图 3.5.1-8 送风风管支管

（3）单击三根平行风管的中间的 630mm×400mm 风管，这样支管就自动连接到干管上，并且生成 T 形三通，如图 3.5.1-9 所示。

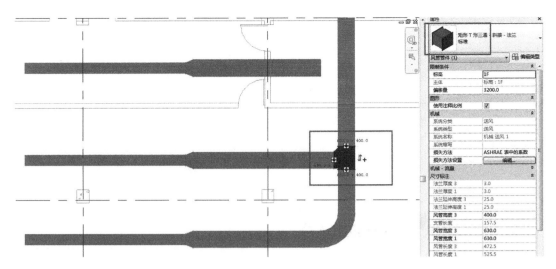

图 3.5.1-9　矩形 T 形三通

　　（4）还剩一根没有连接到干管的支管，选中支管上的 630mm×400mm 风管，鼠标移动到右端点，出现"拖拽"标志时，按住鼠标左键，沿着水平方向拖拽过干管位置，到风管尺寸到 12000mm 时，松开鼠标左键。由于风管高度都是 3200mm，默认风管会自动连接生成四通，如图 3.5.1-10 所示（如果在创建风管的时候在功能区的【修改｜放置风管】里取消选中"自动连接"，那么交叉风管同一高度也不会相互连接）。

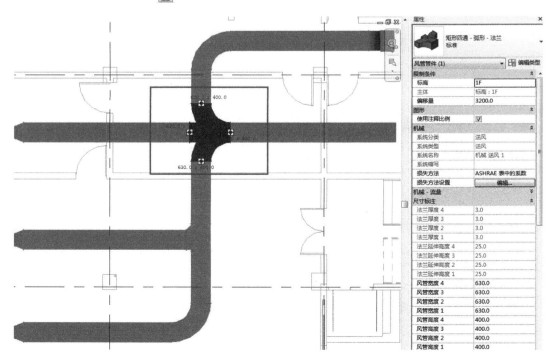

图 3.5.1-10　矩形四通

（5）保存文件。

2. 创建圆形风管

Revit 中创建圆形和椭圆形风管的步骤基本与矩形风管一致，其中圆形风管多一个"偏移连接"设置。

单击功能区的【系统】→【风管】命令，在"属性"对话框中选择圆形风管"T形三通"类型。这样在功能区的【修改|放置风管】中会多一个"偏移连接"选项，如图3.5.1-11所示。

如果按照之前创建矩形管道拖拽连接的方式，拖拽 2800 偏移的圆形风管到 3200 偏移风管进行连接的话，两个连接方式如图 3.5.1-12 所示。

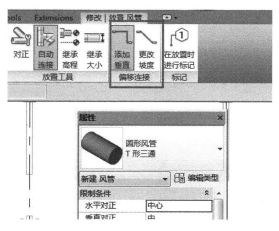

图 3.5.1-11　偏移连接

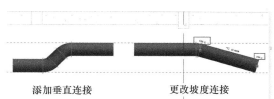

图 3.5.1-12　偏移连接对比

接下来是不同形状风管之间连接，在"布管系统配置"对话框中有设置"多形状过渡件矩形到圆形"，以下是进行圆形风管连接到矩形风管的步骤：

（1）接上小节回到楼层平面"1F"，单击功能区的【系统】→【风管】命令，在①~①轴和Ⓐ~Ⓑ轴中间创建一根同矩形支管水平的圆形送风风管，直径设置为320mm，偏移设置为3200mm。

（2）选中圆形风管，拖拽圆形风管到矩形支管端点，如图 3.5.1-13 所示。

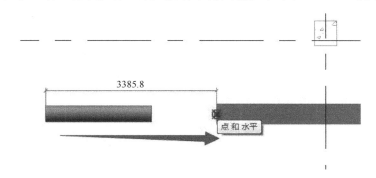

图 3.5.1-13　圆形和矩形风管连接

（3）这样圆形风管就连接到矩形风管，并且自动生成"天方地圆-角度-法兰-45°"连接件。

3. 修改风管

前一小节已经创建了干管和支管完整的风管模型，接下来本小节将介绍如何对已经创建的风管模型进行修改，在实际项目过程中会有设计的变更，比方说修改风管尺寸、标高或者连接方式等，这些在 Revit 中都可以进行修改。

修改风管尺寸的步骤如下：

（1）回到楼层平面"1F"，由于之前创建的风管干管和支管尺寸都是 630mm×400mm，这个时候需要修改风管干管尺寸为 800mm×400mm，所以需要在平面图中选择所有的干管和干管上的管件，包括其中的立管。

（2）选中之后在"属性"对话框中，会显示选中了"通用（10）"个图元，包括风管和管件。

（3）在"选项栏"中，显示选中 10 个图元的宽度和高度，修改"宽度"尺寸 630mm为 800mm，如图 3.5.1-14 所示。

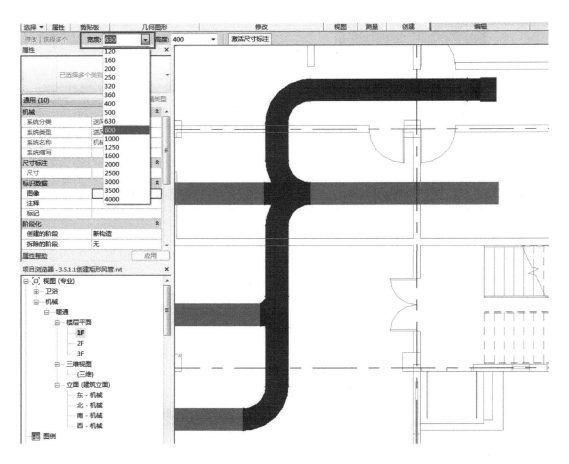

图 3.5.1-14　风管尺寸修改

（4）修改之后，选中的图元宽度都会变为 800mm，而四通和三通连接件会由全部的 630mm×400mm 尺寸，改为干管上是 800mm×400mm，支管上仍是 630mm×400mm，在弯头连接处也会新增变径管连接件，修改之后显示如图 3.5.1-15 所示。

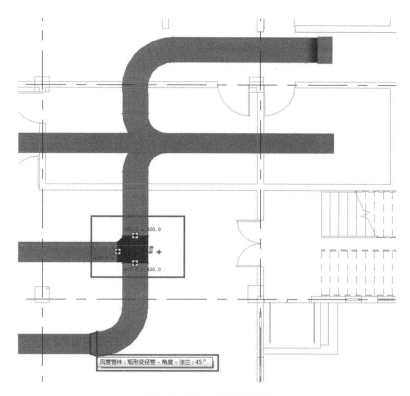

图 3.5.1-15 矩形变径管

修改风管高度的步骤如下：

（1）由于大学食堂模型中的送风风管都是连接到一个系统中的，所以如果是要修改全部水平风管 3200mm 高度的话，只用选择其中任意一根风管，在"选项栏"中将"偏移量" 3200mm 修改为所需高度即可。

（2）如果是要修改其中某一段支管的高度，需要先断开该支管和系统的连接。比方说删除掉风管管件，这样就变成一段独立风管，选中该支管，可以在"偏移量"中修改高度，也可以分别修改支管两个端点处的高度，这个高度对应"属性"栏的开始和端点偏移，如果修改其中一个偏移，会生成带角度的风管，如图 3.5.1-16 所示。

（3）将该支管的"偏移量" 3200mm 修改为 2800mm，再拖拽端点到原连接风管上，这样就会自动生成管件进行连接。

（4）关于模型干管上的立管，切换到立面视图中，可以看到底高度是 3200mm，顶高度是 8400mm，可以直接将鼠标移到显示 8400 数值位置，点击 8400 输入新高度值即可。也可以直接拖拽端点到新位置，或者也可以使用功能区【修改】里的【对齐】命令来修改风管高度。

修改风管弯头半径乘数的步骤如下：

（1）在楼层平面视图中，干管上的两个直角位置弯头比较大，看起来不协调，单击选中干管和支管连接的弯头。

（2）在"属性"栏中，单击"编辑类型"按钮 编辑类型，弹出"类型属性"对

165

话框。

（3）在"类型属性"中，有一个"半径乘数"参数，数值为 1.5，这个时候弯头中心弧半径就为 1.5×宽度 800mm，将数值修改为 1.0，这样弯头中心半径就与宽度一样为 800mm，如图 3.5.1-17 所示。

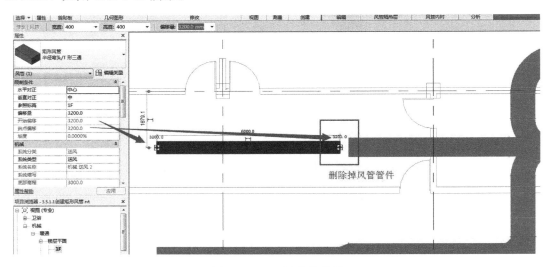

图 3.5.1-16　风管偏移量

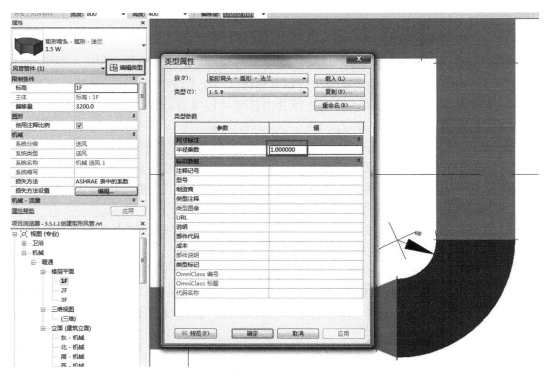

图 3.5.1-17　弯曲半径

（4）保存文件。

学习提示：在修改风管或者其他图元时，尽量使用输入数值或者功能区【修改】里的各个命令，这样能保证模型的准确性，而在拖拽的时候可能由于其他图元过多而捕捉不正确。

3.5.2 创建管件和附件

提要：
■ 创建风管管件
■ 创建风管附件

风管管件和附件都是载入族，可以自定义创建族再载入到项目中。风管管件类型包含：弯头、三通、四通、过渡件和管帽，"布管系统配置"中构件都属于管件。风管附件包含：风阀、风口、过滤器、静压箱和消声器等。本节将介绍如何在风管系统中添加管件和附件。

1. 创建风管管件

在上节的创建风管模型中，所有的风管管件都是根据布管系统配置直接生成的，本小节将介绍先放置风管管件的再连接风管的方法。

创建风管弯头的步骤如下：

（1）双击 Revit 图标打开"3.5.1-3 修改风管"模型，打开暖通楼层平面"1F"。单击功能区的【系统】→【风管】命令，在①～②轴与⑧～⑩轴之间创建一根 500mm×500mm，偏移量为 3200mm 的垂直方向的矩形风管，矩形风管类型选择"半径弯头/接头"，系统类型为排风。

（2）单击功能区的【系统】→【风管管件】命令，在"属性"栏中选择类型"矩形弯头-法兰"标准，在绘图区域中将鼠标移动到排风风管端点处，捕捉到端点后单击放置，如图 3.5.2-1 所示。

（3）放置之后，选中弯头，确认宽度和高度都为 500mm，并且弯头另一个端点方向是水平方向，如果不是的话，单击旋转按钮。

（4）鼠标移动到弯头的另一个端点，右键选择"创建风管"，绘制水平方向风管，这样先创建弯头再创建连接风管。在②～③轴中间位置，修改排风风管尺寸为 1000mm×1000mm，继续创建到主视图位置。

创建风管三通的步骤如下：

（1）单击功能区的【系统】→【风管管件】命令，在"属性"栏中选择类型"矩形 T 形三通—斜接—法兰"标准，在"属性"中设置连接支管尺寸，即修改"风管高度 3"和"风管宽度 3"数值为 320。

（2）鼠标移动到水平方向的排风管道上，单击选中位置放置三通，如图 3.5.2-2 所示。

（3）使用旋转按钮，调整三通支管位置，将鼠标移动到支管端点位置高亮显示端点，右键"绘制风管"，创建 320mm×320mm 的支管，单击可以左右翻转

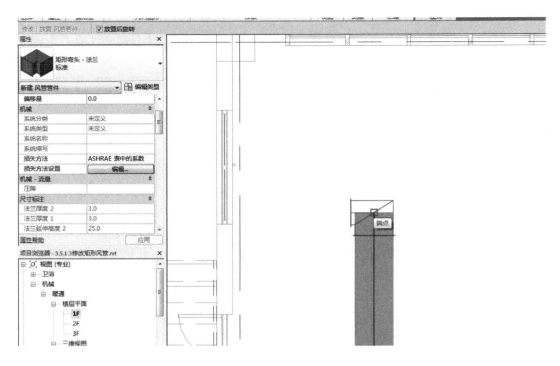

图 3.5.2-1　放置弯头

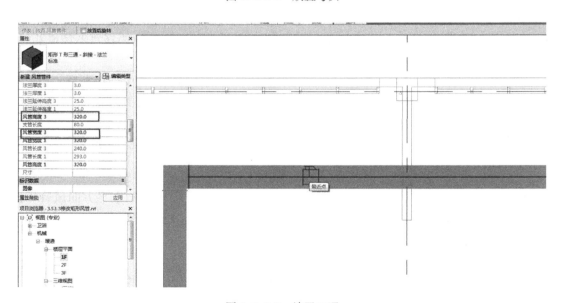

图 3.5.2-2　放置三通

斜接方向。

（4）使用相同步骤，再创建两个平行的支管，如图 3.5.2-3 所示，这样当前排水系统中就有三个三通。

（5）单击中间的第二个三通，在三通周围会出现一个小加号**➕**，单击小加号，三通

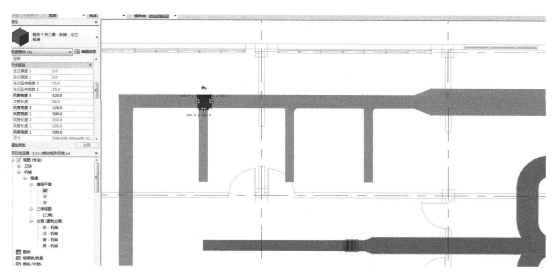

图 3.5.2-3 三通修改

就会变成四通，而成为四通之后，在没有风管连接的方向会出现一个小减号━，单击小减号，四通会变回三通。注意，排风矩形风管类型选择的是"半径弯头/接头"，这个时候四通变回三通，但是不是刚刚创建的 T 形三通，而是变成风管类型"布管系统配置"中的"首选连接类型"。所以，只是管件族相互替换，并不是族本身有修改。

（6）选中右边第三个三通连接的支管进行删除，这个时候已经删除支管位置的三通端点也会出现小减号━，点击小减号之后，三通就会消失，干管会自动恢复为一段。注意：如果是删除三通干管上的一段风管的话，那么点击小减号，那三通会变为弯头族。

创建四通、过渡件、管堵的步骤与弯头、三通的步骤类似，都可以选择风管放置或者是先放置再通过端点"绘制风管"。

> 学习提示：通常在风管建模的时候还是用自动布管连接的方式，所以手动创建管件比较少，不过学会手动放置可以更自由地修改管道连接。

2. 创建风管附件

在机械样板中风管附件族只有一个排烟阀，所以需要载入更多附件族，可以载入过滤器和止回阀的族，在风管上放置风管附件的步骤如下：

（1）回到暖通楼层平面"1F"，单击的功能区【系统】→【HVAC】→【风管附件】命令，单击【载入族】，在弹出的"载入族"对话框中，找到"止回阀—方形"和"过滤器—高效"（Revit 族库自带族，或者是使用教材中的族）载入到项目中。

（2）在"属性"栏中，选择"止回阀"500×500 类别，在绘图区中单击需要放置阀门位置的排风风管。

（3）风管附件可以识别风管偏移量，但是无法像管件一样按风管修改尺寸，比方说创建 600×600 的过滤器到 500×500 的风管上，会生成变径管连接，但是过滤器不会自动改为 500×500，风管附件完成如图 3.5.2-4 所示。

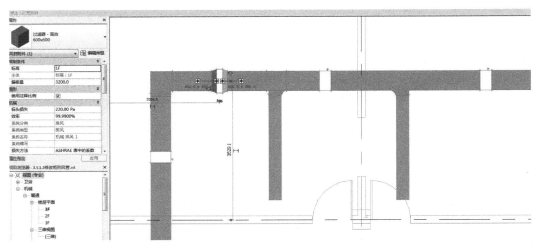

图 3.5.2-4　放置风管附件

（4）保存文件。

3.5.3　添加隔热层和内衬

提要：

■ 添加隔热层

■ 添加内衬

1. 添加隔热层

Revit 功能区【系统】中并没有隔热层或者内衬命令，因为隔热层或者内衬是基于风管或管道创建的，创建隔热层的步骤如下：

（1）双击 Revit 图标打开"3.5.2 创建管件和附件"模型，打开暖通楼层平面"1F"。

（2）按 Tab 键，选中所有的送风系统风管和管件，高亮显示，这个时候在功能区【修改｜选择多个】会出现【风管隔热层】。

（3）单击【添加隔热层】命令，在弹出的"添加风管隔热层"对话框中，包含隔热层类别和厚度，如图 3.5.3-1 所示。

（4）单击"确定"按钮之后，送风系统的风管、管件和附件上都会有 25mm 的纤维玻璃隔热层。

（5）创建好的隔热层也无法直接选中进行修改，需要单击风管之后，在功能区的【修改｜风管】里点击【编辑隔热层】或者是【删除隔热层】命令。

（6）隔热层是系统族，如果需要自定义类型的话，使用【编辑隔热层】命令，在隔热层"类型属性"中复制新建类型，隔热层的参数也只有材质一项，可以直接点击"材质"值进行修改，如图 3.5.3-2 所示。

2. 添加内衬

在 Revit 中创建和修改风管内衬，与隔热层的步骤是一致的，风管内衬比隔热层多一个构造上的"粗糙度"属性。

通过与上小节相同的步骤，给送风系统图元添加上 30mm 厚度的"纺织品"内衬。创建之后从三维视图中显示，如图 3.5.3-3 所示。其中，风管隔热层在"可见性/图形替

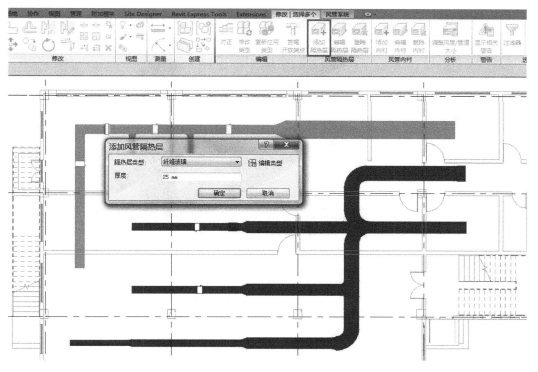

图 3.5.3-1　添加风管隔热层

图 3.5.3-2　修改风管隔热层

换"中默认有 30％透明度，保存文件。

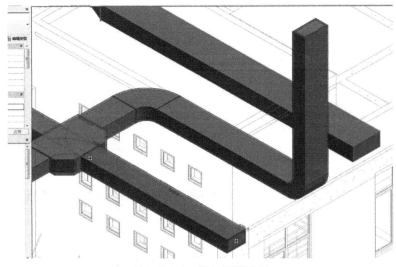

图 3.5.3-3　添加风管内衬

3.6　创建机械设备和风管末端

提要：
■ 创建机械设备
■ 添加风管末端

3.6.1　创建机械设备

风管系统中重要的构件还有设备，本小节将介绍如何创建机械设备和与风管连接。

1. 创建机械设备

机械设备是载入族，需要先载入到当前项目中再使用，创建机械设备的步骤如下：

（1）双击 Revit 图标打开"3.5.3 添加隔热层和内衬"模型，打开暖通楼层平面"3F"，在 3F 中，可以看到送风风管立管在屋顶显示。

（2）单击功能区的【系统】→【HVAC】→【机械设备】命令，单击【修改 | 放置机械设备】→【载入族】，载入"屋顶风机—轴流式—送风"和"屋顶风机—轴流式—排风"设备族。

（3）在"属性"对话框中，选择"屋顶风机—轴流式—送风"族的"10000-19000CMH"类型，在功能区【修改 | 放置机械设备】中。

显示设备放置有三种方式：【放置在垂直面上】是将设备放置到主体图元（比方说墙）的垂直方向上，该设备有立面偏移高程设置，默认是 1200。【放置在面上】是将设备放置到主体图元（比方说墙或屋顶）的选择面上。【放置在工作平面上】是将设备放置到选定的工作平面上，与其他图元位置无关。

（4）单击【放置在工作平面上】，鼠标移动到风管立管中心位置，单击放置设备，如图 3.6.1-1 所示。

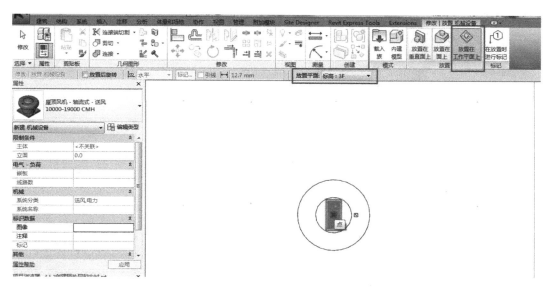

图 3.6.1-1　放置送风风机

（5）在"项目浏览器"中双击打开暖通三维视图，单击绘图区右上角的"ViewCube"的"上"，在屋顶送风机的上方，沿着排风风管创建"屋顶风机—轴流式—排风"族的"10000-19000CMH"类型。需要注意，之前放置设备的三种方式现在只有两种。这是由于之前在平面视图中无法拾取垂直面上的位置，但在三维视图中可以拾取垂直面位置。如果选择【放置在面上】，同样支持链接模型中的图元，不过如果链接被删除，设备也会被删除，如图 3.6.1-2 所示。

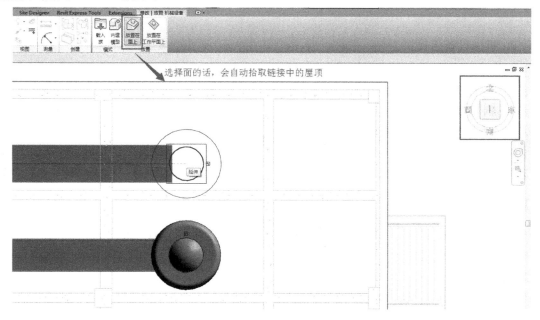

图 3.6.1-2　放置排风风机

（6）单击【放置在工作平面上】放置排风风机族，确认与排风风管中心一致，可以使用对齐命令进行修改。

（7）送风和排风风机在屋顶上显示如图 3.6.1-3 所示。

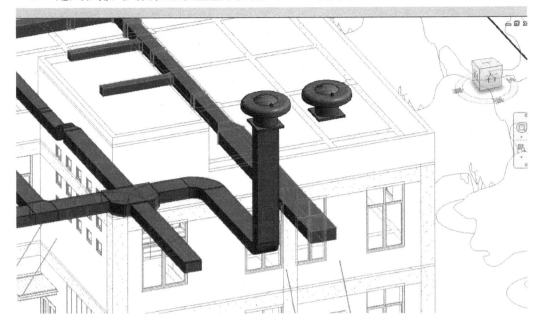

图 3.6.1-3 屋顶风机显示

> 学习提示：放置机械设备的方式取决于族，如果族在创建时选择的是基于面或是基于工作平面的族样板，在项目中创建构件就需要按照族设置进行创建。在放置过程中也可以按"空格"键进行 90°旋转。

2. 机械设备连接

（1）在机械设备中有连接件接头，可以在创建设备之后单击创建风管符号 ⊠ 创建风管。单击创建风管符号时，需要注意连接件的方向，如果是前后左右位置，需要绘制水平方向风管，如果是上下方向就要绘制立管连接。比方说上小节创建的风机中风管符号是底部，那么如果直接单击创建风管，就需要修改风管偏移量继续布管，如图 3.6.1-4 所示。

（2）回到暖通三维视图中，排风风机是放置在屋顶上，而排风风管是在 1F 平面上需要进行连接。选择排风风机，单击功能区的【修改 | 放置机械设备】→【布局】→【连接到】 命令，单击选择排风风管之后，会自动生成物理连接，由于风管连接件尺寸为 890mm×890mm，会与 1000mm×500mm 的排风风管生成变径管连接。按 Tab 键选择排风机，在功能区的【修改 | 放置机械设备】右边会出现【风管系统】，单击风管系统可以对当前的"机械 排风 1"系统进行修改，如图 3.6.1-5 所示。

（3）对于送风系统，由于之前已经创建了 800mm×400mm 的立管，可以直接手动连接到送风风机。在"项目浏览器"中打开"东-机械"立面图，在Ⓒ～Ⓓ轴位置，其中排风风管与风机有连接关系，而送风风管和送风风机没有连接。单击送风立管，鼠标移动到 8400mm 位置端点，沿着垂直方向进行拖拽，到风机底部的时候出现到连接件符号 ,

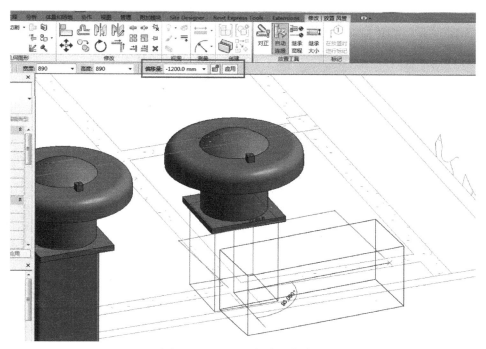

图 3.6.1-4 风机创建风管偏移

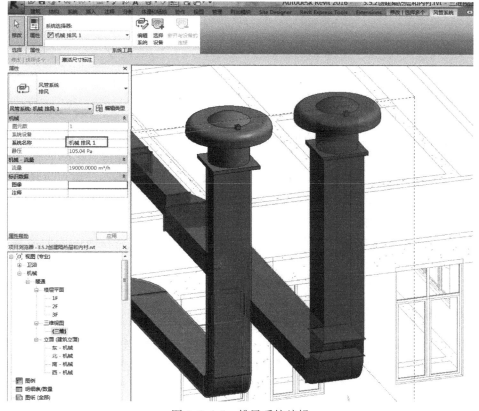

图 3.6.1-5 排风系统编辑

单击该位置即连接到了送风风机，同样可以对送风风管系统进行编辑。这样两个风管系统在东立面图显示，如图 3.6.1-6 所示。

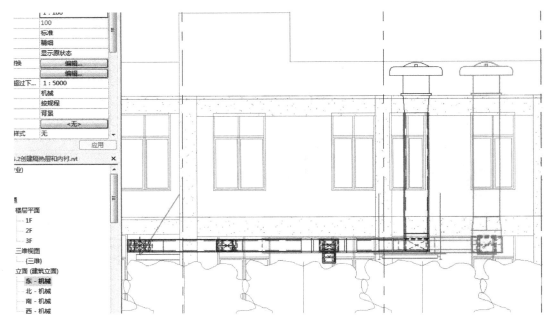

图 3.6.1-6　东立面风管系统显示

3.6.2　添加风管末端

风道末端在 Revit 中是载入族，按实际项目需要可以从族库或者是橄榄山族管家中载入对应的末端族，比方说格栅、散流器、送风口和回风口等。

1. 添加风管末端

在排风系统中添加排风格栅的步骤如下：

（1）双击 Revit 图标打开"3.6.1 创建机械设备"模型，打开暖通楼层平面"1F"。

（2）单击功能区的【系统】→【HVAC】→【风管末端】命令，可以直接使用机械样板中自带的排风格栅，如有需要请载入格栅族。

（3）在"属性"栏中，选择"排风格栅-矩形-排烟-板式-主体"里的 320×320 尺寸，修改"立面"高度数值为 2800，使用放置垂直面，单击排风支管位置的墙面放置，如图 3.6.2-1 所示。

（4）选中放置的格栅，单击功能区的【修改|风管末端】→【布局】→【连接到】命令，单击选择排风支管，格栅将自动连接到风管支管。

在送风系统中添加送风口与格栅基本一致，区别是项目中送风口族是非基于主体的风管末端族，所以在放置时于功能区的【修改|放置 风管末端装置】中单击【风道末端安装到风管上】，这样可以直接将风管末端放置在风管上，如图 3.6.2-2 所示。

2. 转换为软风管

在 Revit 中，创建风管末端之后，可以将连接的支管直接转化为软风管，步骤如下：

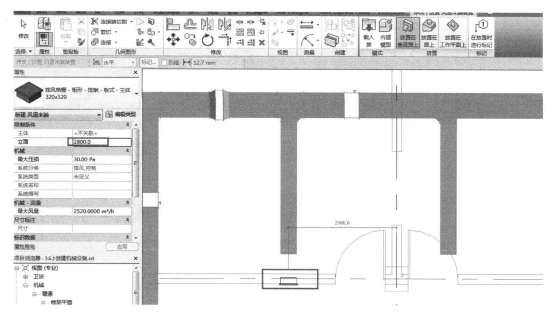

图 3.6.2-1 放置排风格栅

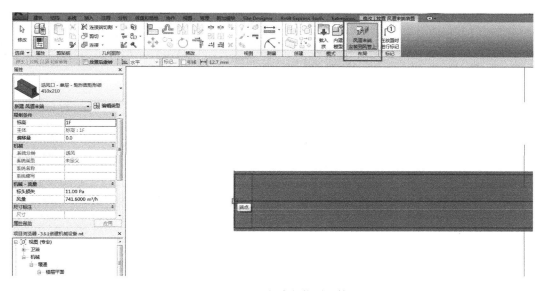

图 3.6.2-2 末端安装到风管

（1）回到 1F 平面图中，单击功能区的【系统】→【HVAC】→【转换为软风管】命令。

（2）选择"圆形软风管"，修改"选项栏"中的"最大长度"为 3000。

（3）单击上小节放置的排风栅栏，会直接将支管转化为软风管，在平面和三维视图中显示如图 3.6.2-3 所示。

（4）选中软风管，在"属性"栏中的"软管样式"中，可以修改软风管使之显示为单线、软管或者圆形等。

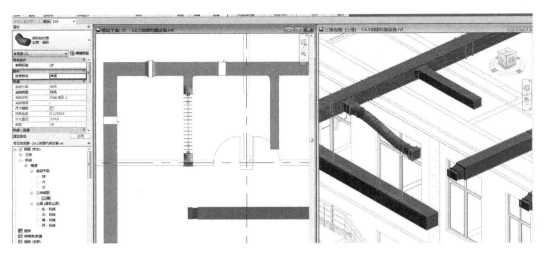

图 3.6.2-3　圆形软风管显示

（5）保存该项目文件。

第 4 章　管道系统绘制

本章导读

从本章开始，将通过在 Revit 中进行操作，以大学食堂项目为蓝本，从零开始进行给水排水模型的创建。通过实际案例的模型建立过程让读者了解给水排水专业建模基础。熟练掌握管道、管路附件、连接件、用水器具的创建、编辑、修改。

本章二维码

14. 管道专业模　　15. 管道系统修
　型创建方式　　　改与编辑方式

4.1 项目准备

提要：
■ 项目基本情况
■ 项目模型创建要求
■ 项目图纸

项目概况

在进行模型创建之前，读者需要熟悉大学食堂项目的基本情况。

1. 项目说明

工程名称：大学食堂

建筑面积：961.3m²

建筑层数：地上 2 层

建筑高度：8.7m

建筑的耐火等级为二级，设计使用年限为 50 年。

建筑结构为钢筋混凝土框架结构，抗震设防烈度为 7 度，结构安全等级为一级。

本建筑室内±0.000 标高相对于绝对标高为 1745.970。

给水排水专业系统：生活给水、排水系统、消防系统。

2. 模型创建要求

生活给水系统：给水管材采用 PP-R 管，承插热熔连接，同时可根据现场需要采用丝扣或法兰连接。

排水系统：排水管材采用硬聚氯乙烯塑料管及管件（GB/TS836 1-92 2-92）粘结。

室内消防给水管道：内外热镀锌钢管及管件，管径小于等于 80mm 时采用螺纹连接，大于 80mm 时采用卡套连接。

3. 主要图纸

大学食堂项目包括给水排水与原理图两个部分。各层平面主要尺寸如图 4.1-1～图 4.1-4 所示。创建模型时，应严格按照图纸的尺寸进行。

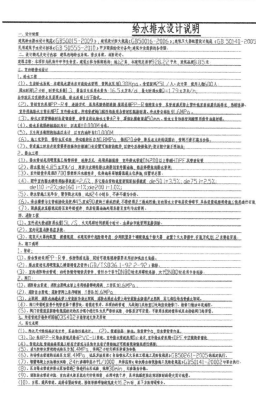

图 4.1-1 给水排水设计说明

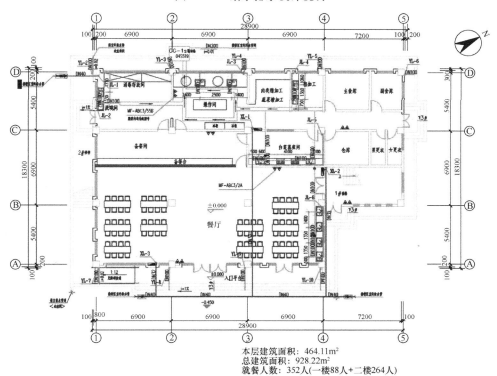

本层建筑面积：464.11m²
总建筑面积：928.22m²
就餐人数：352人(一楼88人+二楼264人)

图 4.1-2 一层给水排水平面图 1∶100

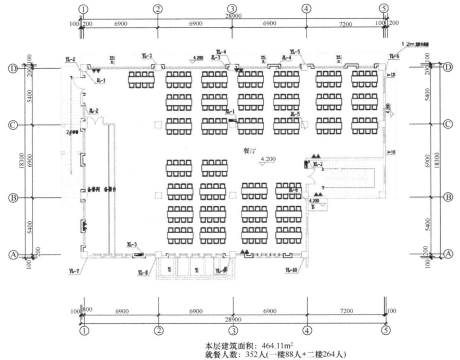

本层建筑面积: 464.11m²
就餐人数: 352人(一楼88人+二楼264人)

图 4.1-3　二层给水排水平面图 1∶100

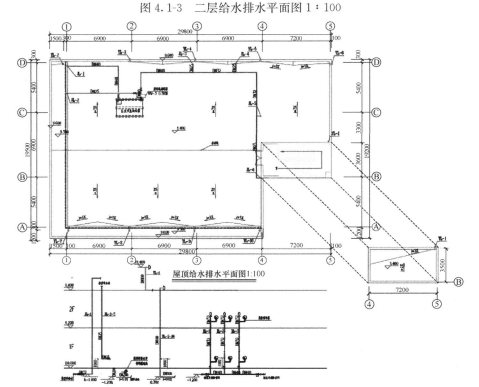

屋顶给水排水平面图1:100

给水排水系统原理图1:100　　消防卷盘系统原理图1:100

图 4.1-4　屋面给水排水平面图及原理图

4.2 创建项目文件

在第 3 章介绍了不同的项目样板,在本节中将使用给水排水样板创建管道模型,由于大学食堂中有详细的给水排水专业图纸,可以将 CAD 图纸也链接到 Revit 作为参考,这样能更准确、简单地建模。

提要:

■ 新建项目

■ 链接 CAD 图纸

4.2.1 新建项目

新建给水排水项目的步骤与机械项目一样,不过在"新建项目"对话框中选择"Plumbing-DefaultCHSCHS. rte"样板文件,接下来的步骤就是链接土建模型和创建轴网:

(1) 新建项目打开之后,将"2.3.3 创建视图样板"土建模型按照"自动-原点对原点"的方式链接到当前项目中,在楼层平面中移动东南西北四个立面位置到链接模型四周。

(2) 在"项目浏览器"中双击打开"东-卫浴"立面,按照第 3 章的相同的步骤,使用【协作】→【复制/监视】命令创建与链接模型一致的标高,再使用【视图】→【平面视图】→【楼层平面】命令创建对应的"1F"、"2F"、"3F"平面。

(3) 在"项目浏览器"中双击打开"1F"平面,使用【协作】→【复制/监视】命令,创建与链接文件相同的①~②轴和Ⓐ~Ⓘ轴的轴网,使用【修改】→【锁定】命令将轴线都锁定。

(4) 保存该项目文件。

4.2.2 链接 CAD 图纸

在上一小节中已经将新项目文件创建好了,本小节将针对给水排水的 DWG 图纸进行链接到新建的项目文件中作为参考。

Revit 中有两种方式载入 DWG 图纸,一种是链接,另一种是导入。导入和链接的步骤是一样的,不过导入 CAD 是可以将 DWG 中的外部参照进行分解,但是无法像管理链接文件一样进行图纸更新。而链接 CAD 可以进行图纸更新,但是无法将外部参照进行分解。由于本设计图纸没有外部参照,所以可以直接链接 CAD 图纸,在链接图纸之前,建议清理一下 CAD 图纸,按照楼层进行拆分,以便进行链接。处理好 CAD 图纸之后,将图纸链接到 Revit 项目中的步骤如下:

(1) 双击 Revit 图标打开"4.2.1 新建项目"模型,在"项目浏览器"中找到卫浴平面视图"1F",双击打开 1F 平面图。

(2) 单击功能区的【插入】→【链接 CAD】命令,在弹出的"链接 CAD 格式"对话框中,选择文件类型为 DWG 文件。

(3) 在链接 CAD 图纸中,建议勾选上"仅当前视图"选项,这样 DWG 中的图形就可以当做注释图元，不会在其他视图中都显示。

（4）将"颜色"设置为"保留"，为了在建模的时候方便查看可以使用另外两个设置——"反转"或"黑白"，不过当前项目中给水排水管道颜色有区分，所以"保留"更直观一些。

（5）在"图层"设置中，有三个选项——"全部"、"可见"、"指定"。即导入全部的图层、导入链接中可见的图层或者仅载入选择的指定图层而删除掉未选中的图层。

（6）在"导入单位"中，Revit 可以自动检测各个英制和公制单位，不过为了准确性，建议还是直接选择 DWG 对应的尺寸单位。

（7）"定位"这个设置与链接 rvt 模型一样，所以默认选择原点到原点，等链接之后再进行对正。本项目链接的详细设置请参考图 4.2.2-1 所示。

图 4.2.2-1　链接 CAD 格式

（8）选择 1F 图纸之后，单击"打开"按钮，这样 DWG 图纸就插入到当前楼层平面，选中 DWG 图纸，单击图纸上显示的锁定符号 进行解锁。

（9）单击功能区的【修改】→【对齐】或者是【移动】命令，把①轴和Ⓐ轴的交点作为基准点，将 DWG 图纸对齐到项目中的轴网上，锁定图纸，如图 4.2.2-2 所示。

（10）按照相同的步骤，将 2F 和 3F 的 DWG 图纸也插入到对应的楼层平面上，保存该项目文件。

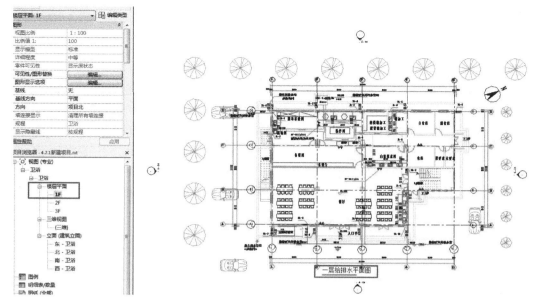

图 4.2.2-2 链接 CAD 图纸显示

4.3 管道系统及显示

提要：

■ 创建管道系统

■ 管道设置

■ 管道显示

4.3.1 创建管道系统

在 Revit 风管样板中有三个默认系统，在管道系统中的种类就比较多了，如图 4.3.1-1 所示。

大学食堂设计中只有三个系统，给水、排水和消防，所以直接在管道系统中添加这三项，本样例中仅以这三个为例，在项目设计中请以设计规范要求为准，步骤如下：

（1）打开"4.2.2 链接 CAD 图纸"模型或接上节继续操作，在"项目浏览器"中点开"族"分类。

（2）在"族"分类下找到"管道系统"，单击展开符号到最末层级，就可以看到 11 个默认系统分类。

（3）双击"循环供水"类别（或者是右键点击，选择"重命名"），在弹出的"类型属性"对话框中，单击"重命名"按钮，在弹出的"名称"对话框中输入"给水"，单击"确定"。

（4）重复上述步骤把"循环回水"改为"排水"，"干式消防系

图 4.3.1-1 项目默认
管道系统

185

统"改为"消防"。

（5）保存该文件。

4.3.2　管道设置

在第 3 章介绍过"MEP 设置"中的风管设置，本小节将介绍管道设置。在管道设置中有部分设置是与风管类似的，比方说"角度"、"转换"和"计算"等，详细内容也可以参考 Revit 帮助文件了解每一个参数。与风管有区别的有部分是"管段和尺寸"、"坡度"、"流体"。

双击 Revit 图标打开"4.3.1 创建管道系统"模型，单击功能区的【管理】→【MEP 设置】命令，在下拉菜单中单击【机械设置】，在"机械设置"对话框单击"管道设置"，显示如图 4.3.2-1 所示。

图 4.3.2-1　管道设置

1. 管段和尺寸

在"管道设置"中，单击"管段和尺寸"，在该对话框中可以设置项目中使用的管道尺寸，管道尺寸比风管的尺寸多了内径（ID）和外径（OD）。管道与风管的尺寸还有一个区别是可以添加"材质"和"规格/类型"，由于新建项目使用的是管道样板，所以会自带排水管 PVC 的管段类型。新建给水管 PP-R 管段类型的步骤如下：

（1）单击"管段"右上角的添加按钮　，弹出"新建管段"对话框（图 4.3.2-2）。

（2）以 PE 100 类型尺寸复制出来新的 PP-R 类型，在"材质"中单击加载　，打开"材质浏览器"，如图 4.3.2-3 所示。

（3）选中"PE 100"，可以看到对应的是塑料类型，右键点击"PE 100"选择"复制"。

（4）在新增的类型"PE 100（1）"中右键点击修改名称为"PP-R"，选中"PP-R"材质，单击确定，回到"新建管段"对话框。

（5）在单击确定之后，管段类型中就新增加了"PP-R － GB/T 13663 － 1.6 MPa"类型，同样的步骤创建内外热镀锌钢管（材质选择钢，镀锌）。

（6）针对 PVC 和 PP-R 管，请参考给水排水设计说明修改对应尺寸参数，如图 4.3.2-4 所示。

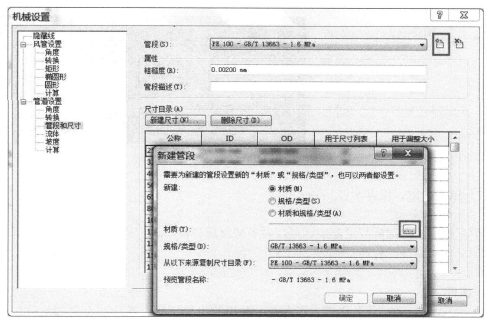

图 4.3.2-2 新建管道

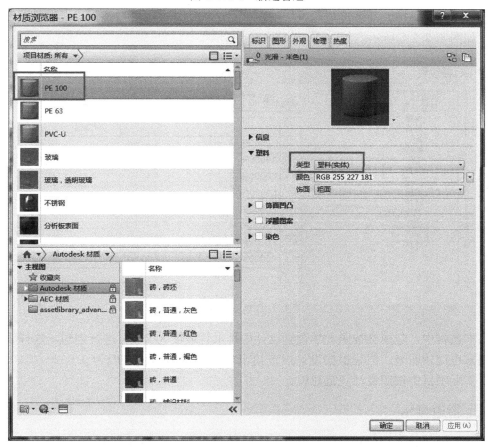

图 4.3.2-3 材质浏览器

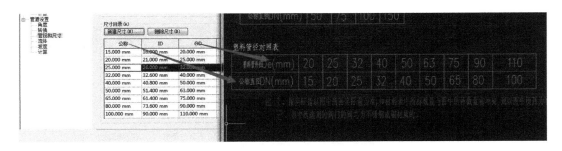

图 4.3.2-4 尺寸目录

（7）单击确定，保存项目。

> 学习提示：在材质浏览器中，可以对不同材质进行修改，也可以通过左下角的材质库添加项目中缺少的材质。

2. 坡度

在设置"管段和尺寸"之后，还有两个与风管设置不同，其中一个是"流体"，可以设置各个流体在不同温度下的"动态黏度"和"密度"。而另一个是"坡度"，在管道设计中排水管会用到坡度，而坡度值的设置就在该对话框中，可以进行添加或者删除坡度两种设置，如图 4.3.2-5 所示。

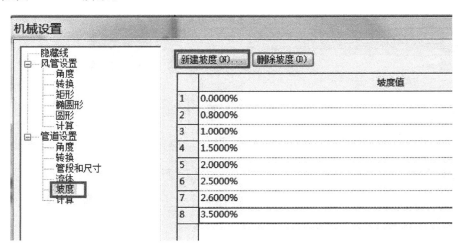

图 4.3.2-5 坡道设置

在本教材中，建模会按照大学食堂设计中排水管坡度为 2.6% 进行创建，这样管道坡度看起来也比较明显，但是根据设计规范给水排水的管道坡度一般为 0.002～0.003，请大家在实际项目中按照设计规范建模。

4.3.3 管道显示

定义管道的管段和尺寸之后，将介绍管道的显示设置。第3章中介绍了风管的显示，管道的显示设置与风管的大多数是相同的。打开"4.3.2 管道设置"模型，其中楼层平面也是同样适用了"卫浴平面"视图样板，在修改管道设置的时候，需要打开该视图样板进行修改。

1. 详细程度

单击视图样板中的"详细程度"值，在下拉菜单中有三种设置：粗略、中等和精细，选择"精细"，并将"模型显示"中的样式修改为"着色"。

与风管的区别是，风管在中等情况下显示的是双线，而管道在粗略和中等情况下显示的是单线，在精细设置下才显示为双线，见表4.3.3-1所示。此外，建议风管管件和附件这些可载入族的详细程度设置与风管统一。这样可以避免在同一精细程度下，风管显示为双线而管件显示为单线的情况出现。

管道在不同详细程度下的显示   表 4.3.3-1

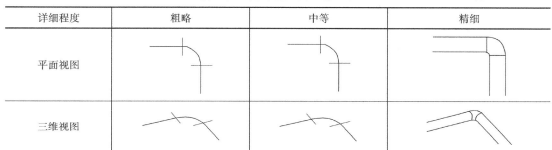

详细程度	粗略	中等	精细
平面视图			
三维视图			

2. 过滤器

管道平面视图中的过滤器设置与风管基本一致，按照"系统类型"设置过滤条件，新建三个系统"给水"、"排水"、"消防"的过滤器，按照第7章设置系统颜色区分，创建结果如图4.3.3-1所示，保存项目文件。

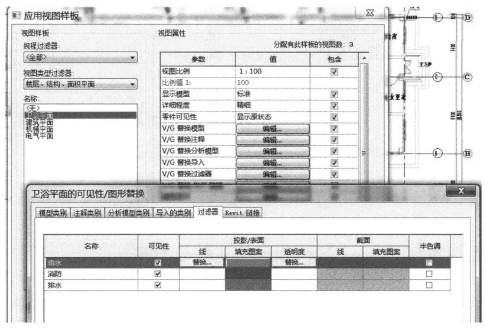

图 4.3.3-1 管道系统过滤器设置

4.4　创建给水系统模型

在前述章节中，介绍了给水排水项目创建、管道系统设置和显示，本节将开始具体地介绍管道建模的步骤。管道建模中基本步骤与风管类似，包括添加管路附件和添加保温层。大学食堂样例中有三个系统，给水、排水和消防，将分别按这三个系统介绍创建管道、管件以及设备装置的步骤，先从不带坡度的给水管道开始建模，在底图中给水管道是绿色显示。

提要：
- 创建管道类型
- 创建洗脸盆和生活水箱
- 创建给水管道
- 创建管件和管路附件

4.4.1　创建管道类型

在 Revit 中管道是系统族，所以只能在项目中进行修改。在建模之前，需要按照三个系统分别创建对应的管道。在给水排水样板中，已经有了排水 PVC 管的类型，所以需要新建给水 PP-R 管和消防镀锌钢管。

（1）打开"4.3.3 管道显示"模型，在项目浏览器中双击卫浴楼层平面 3F。

（2）单击功能区的【系统】→【卫浴和管道】→【管道】命令（管道快捷键为 PI），选择管道类型为"标准"，在"属性"栏中单击"编辑类型" 。

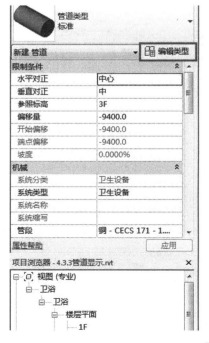
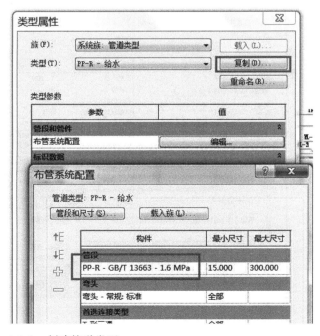

图 4.4.1-1　创建管道类型

（3）在"类型属性"对话框中，单击"复制" 复制(D)... ，在"名称"对话框中输入"PP-R - 给水"。

（4）单击"布管系统配置"的编辑 编辑... ，管道的"布管系统配置"对话框与风管的类似，同样也可以添加"管段和尺寸"，将 PP-R 类型的"管段"修改为上节新建的 PP-R 管段，如图 4.4.1-1 所示。

（5）按照上文步骤再新建类型"镀锌钢管 - 消防"。

（6）单击确定，保存项目文件。

4.4.2 创建洗脸盆和生活水箱

接下来在创建管道之前，先布置好设备和卫浴装置。设备和卫浴装置都属于载入族，需要手动载入到当前项目中，可以从族库或者是教材模型中载入生活水箱和洗脸池族到项目中，也可以通过橄榄山族管家载入族，将教材中的"储水箱 - 水平"、"洗脸盆 - 椭圆形"两个族载入到项目中。

1. 创建洗脸盆

（1）在 Revit 中打开"4.4.1 创建管道类型"模型，在项目浏览器中双击楼层平面 1F。

（2）由于之前已经导入过 DWG 底图，所以请按照设计图纸位置放置洗脸盆。

（3）单击功能区的【系统】→【卫浴和管道】→【卫浴装置】命令，选择洗脸盆中的"760mm×610mm"类型，选择"放置在垂直面上"的放置方式，将"属性"栏中的"立面"高度设置为 1000。

（4）在绘图区域中，在图纸洗脸盆位置，单击墙的位置进行放置，如图 4.4.2-1 所示。

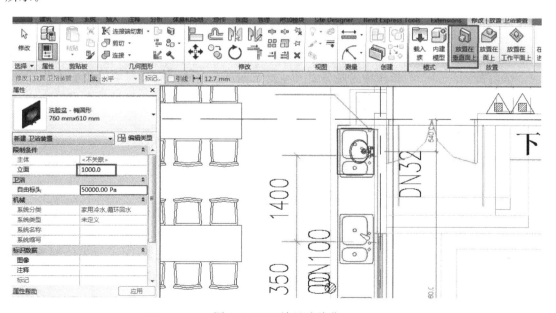

图 4.4.2-1　放置洗脸盆

（5）放置洗脸盆的时候，使用空格键进行方向调整。

（6）按照相同步骤，将图纸上所有洗脸盆位置都创建上洗脸盆族。

学习提示：针对链接的 DWG 图纸，可以在平面图中选中图纸，在选项栏中修改绘制图层为"背景"或"前景"，按照可以实际绘制进行切换，避免出现被图元或者图纸遮盖的情况。

2. 创建生活水箱

（1）接着在项目浏览器中双击楼层平面 3F 打开，在楼层平面 3F 中②轴和ⓒ轴交点处有一个生活水箱。

（2）单击功能区的【系统】→【机械】→【机械设备】命令，选择"储水箱‑水平"族，在"属性"栏中单击尺寸"1900L"。

（3）在绘图区，②和ⓒ轴交点的位置，按 DWG 图示位置，放置水箱族。

（4）创建之后，洗脸盆和生活水箱在三维视图中显示如图 4.4.2-2 所示。

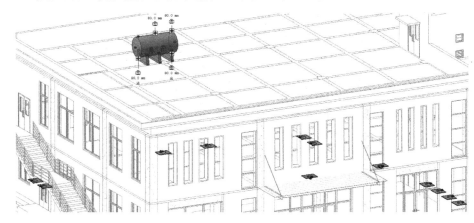

图 4.4.2-2　生活水箱

学习提示：关于本教程中的洗脸盆和生活水箱族，特意按照项目中的管道系统分类修改了族里的连接件，针对排水和给水两个系统分类为循环回水和循环给水来修改。

4.4.3　创建给水管道

从大学食堂设计系统图中，可以看到其中 JL-1 管道是接室外给水到屋顶水箱，然后从屋顶水箱中接出来的，JL-2～JL-6 管道是接室内给水到洗脸盆。

所以，在创建给水管道中，先创建 JL-1 室外给水管道，再创建 JL-2～JL-6 室内给水管道。管道绘制方式也同风管绘制方式基本类似，可以直接从设备连接绘制到主管到支管，也可以先绘制主管再连接设备。本案例中分两种方法，在创建 JL-1 时先绘制管道再连接水箱，创建 JL-2～JL-6 时从水箱绘制到管道。

1. 创建室外给水管道

创建 JL-1 管道的步骤如下：

（1）双击 Revit 图标打开"4.4.2 创建洗脸盆和生活水箱"模型，从"项目浏览器"

中找到卫浴平面视图"1F"，双击打开 1F 平面图。

（2）单击功能区的【系统】→【卫浴和管道】→【管道】命令，在"属性"栏中选择 PP-R 管，水平和垂直对正都选中，将偏移量修改为-1000，确认管段为新建的 PP-R 管段，修改系统分类为"给水"。

（3）在功能区的【修改 | 放置 管道】中，选择【偏移连接】添加垂直，由于给水管是压力管所以不需要坡度，将【带坡度管道】中设置为禁用坡度。

（4）在选项栏中，修改管道直径为"40"，确认偏移量为-1000。

（5）在绘图区域中，JL-1 管位置在①轴和①轴交点附近，单击"接校区室外给水管"位置的给水管起点，再水平移动单击管道终点到立管位置，如图 4.4.3-1 所示。

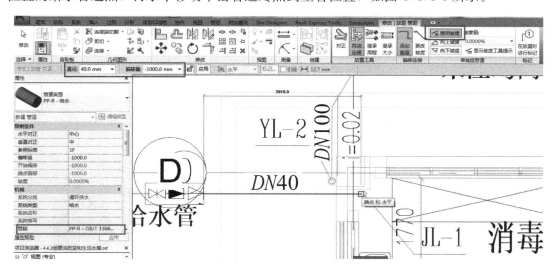

图 4.4.3-1 创建给水管

（6）管道立管创建步骤与风管一致，都是修改偏移量。在立管位置处，修改选项栏中的偏移量为 8500，单击应用。由于当前平面图"视图范围"底是 0.0 标高，所以绘制-1000 管道不显示，只显示了立管。可以修改"卫浴平面"视图样板，将视图范围底高度修改为-1500，修改之后平面中给水管显示如图 4.4.3-2 所示。

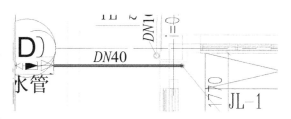

图 4.4.3-2 FJ-1 给水管显示

（7）从"项目浏览器"中双击打开 3F 平面，在 JL-1 位置处会显示立管。选中立管，右键选择"绘制管道"。沿着 JL-1 管道在 3F 的平面布局，绘制到水箱连接处。

（8）水箱和 JL-1 管道连接，可以采用两种方式进行，一种是管道连接到设备进水口，这个继续绘制管道端点连接到水箱连接件位置即可。另一种方式是水箱连接到管道。

（9）选中水箱族，在功能区的【修改 | 机械设备】中，单击【连接到】，在弹出的"选择连接件"对话框中，选择左边的连接件 1，如图 4.4.3-3 所示。在该水箱族中有

四个连接件，不过本样例中只用左右各一个进水口和一个出水口即可。

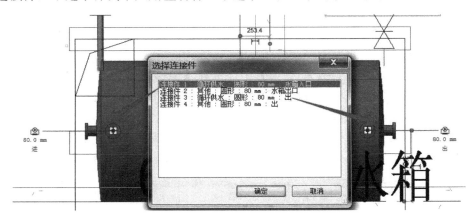

图 4.4.3-3 选择连接件

（10）单击"确定"，在绘图区中拾取 JL-1 管道，这样自动连接管道和水箱。由于水箱进水口连接件直径为 80mm，所以会自动生成转换件连接到 40mm 直径管，JL-1 管道就创建完毕，在三维显示连接如图 4.4.3-4 所示。

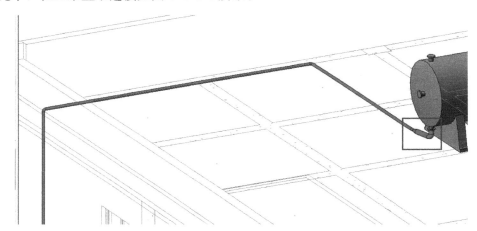

图 4.4.3-4 连接水箱进水口

学习提示：绘制管道过程中可能会与原设计图纸中的位置稍微有偏差，可以使用对齐的命令，对齐到原设计位置。

2. 创建室内给水管道

接下来是创建 JL-2～JL-6 管道，步骤如下：

（1）回到 3F 平面图，选中水箱族，在右侧的出水口连接件 3 处，右键绘制管道。

（2）修改选项栏中的偏移量为 100mm，单击"应用" 应用 ，再绘制一段 80mm 直径，偏移量为 100mm 的管道连接到设计图纸 DN40 端点位置，如图 4.4.3-5 所示。

（3）接着沿图 4.4.3-5 中的长箭头绘制右边的 JL-3～JL-6 干管管道，在水平绘制过③轴线的位置时单击管线上的一点，修改直径为 32mm 继续沿 DWG 底图方向绘制。

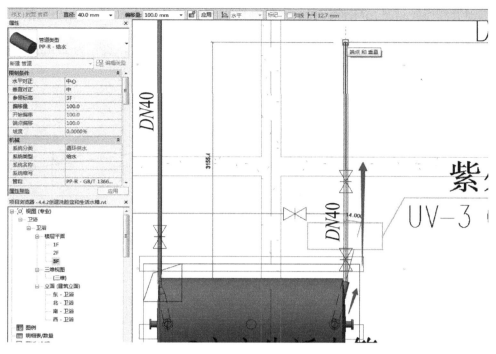

图 4.4.3-5 连接水箱出水口

（4）在①~⑧轴方向绘制管道时，在过©轴 JL-5 立管位置之后，单击管线上的一点，修改直径为 25mm，一直到 JL-6 立管位置，修改偏移量为-7500mm 绘制立管。

（5）回到水箱出水管位置，绘制 JL-2 管道，修改管道直径为 25mm，偏移量为 50mm（由于 JL-2 与 JL-1 管道有相交的地方，所以错开 50mm 偏移高度，如图 4.4.3-6 所示），

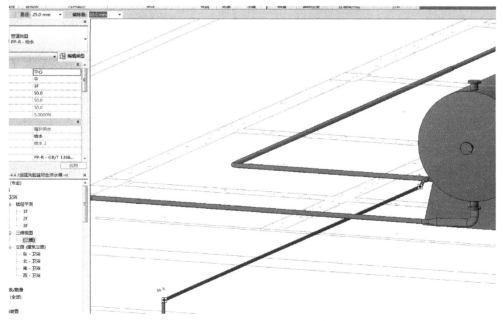

图 4.4.3-6 JL-2 与 JL-1 相交

单击与出水管交点位置，再沿着②～①轴方向绘制，到 JL-2 立管位置，绘制偏移量为-7500mm 的立管。

（6）按照类似步骤创建 JL-3～JL-5 在 3F 的水平管道和立管，直径为 25mm，创建完毕之后三维视图中给水管道显示如图 4.4.3-7 所示。

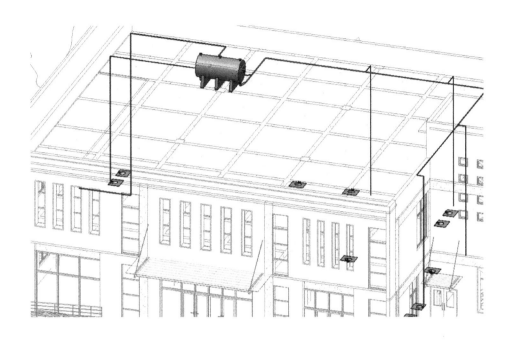

图 4.4.3-7　给水管道显示

接下来是室内给水管接洗脸盆，步骤如下：

（1）回到 1F 平面图，选中④轴和⑧轴的 JL-6 立管，右键底图绘制沿⑧～④轴的支管，直径为 25mm，偏移量为 900mm。

（2）单击选择④轴线上的洗脸盆族，在功能区的【修改 | 机械设备】中，单击【连接到】 ![连接到], 在弹出的"选择连接件"对话框中，选择连接件 1 进水。

（3）单击 JL-6 的⑧④轴方向支管，即自动连接洗脸盆和支管，连接 4 个洗脸盆之后，显示如图 4.4.3-8 所示。

（4）按照相同步骤，将 JL-2～JL-5 管道与对应的洗脸盆进行连接。由于连接洗手盆和支管时，需要进行弯头和三通的连接，所以如果出现"管段之间形成的角度太大或者太小"提示时，需要手动调整支管的位置，稍微偏移一点距离再进行连接。

（5）创建完毕之后，在三维视图中选择支管，单击【修改 | 管道】右边的【管道系统】，虚线方块表示的，就是完整的一个室内给水系统，如图 4.4.3-9 所示。

（6）由于分室外给水和室内给水系统，所以当前选中的系统名称为"给水 2"，在设计中直接修改为实际系统名称即可，保存项目文件。

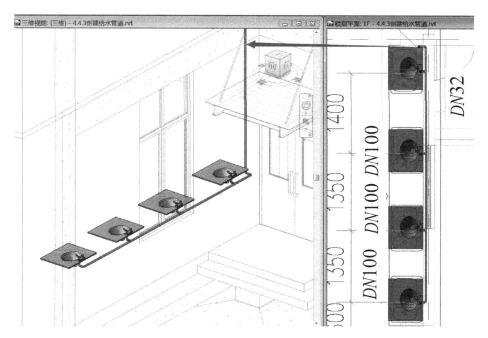

图 4.4.3-8 连接洗脸盆

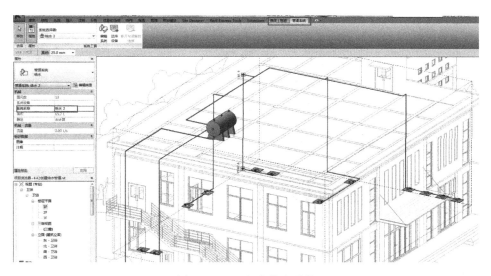

图 4.4.3-9 室内给水系统

学习提示：在进行管道和设备连接的时候，建议同时开启楼层平面和三维视图，这样能明显看出连接情况，如果连接不正确可以及时调整。

4.4.4 创建管件和管路附件

在 Revit 中管件和管路附件是载入族，管件包含各个连接件和活接头，管路附件以阀门为主，接下来本小节将介绍如何创建管件和管路附件。管件及管路附件可以在任意视图

197

中放置，不过一般推荐在平面图水平管道上创建或在立面图中的立管上创建。

1. 创建管件

管道的管件与风管的管件类似，放置方法也相同，请参考第 3 章的详细步骤。

在管道"布管系统配置"中有自动连接 的管件类型，如果是直接创建管件到管道上，也可以使用加减小符号变换管件。在创建三通的时候，如果相交的两个管道偏移量不一致，会自动生成立管。

2. 创建管路附件

（1）打开"4.4.3 创建给水管道"模型，在项目浏览器中双击 3F 平面图。

（2）单击功能区的【系统】→【卫浴和管道】→【管路附件】命令，根据给水排水说明使用闸阀，选择"闸阀 Z40 型"，如果项目中没有的话，请从族库或者教材文件中载入到项目中。

（3）选择 25mm 类型的闸阀，在生活水箱的位置处，JL-2 管道图纸示意阀门的位置，拾取管道（拾取上管道会高亮显示），管路附件在拾取管道的时候会默认管道系统为附件系统，不需要进行手动定义。

（4）选择 40mm 类型的闸阀，接着在其他三个 40mm 的干管上拾取并进行阀门放置，四个阀门位置如图 4.4.4-1 所示。

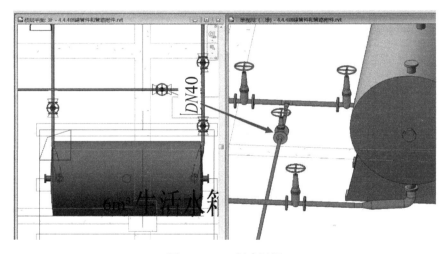

图 4.4.4-1　创建闸阀

（5）创建其他阀门，保存项目文件。

> *学习提示：在创建阀门的时候注意进出水管方向。*

4.5　创建排水系统模型

上节创建了给水系统，本节将介绍 PVC 排水系统。排水系统中有两个分类，一个是食堂 1F 中的洗脸盆废水管，还有一个是屋顶上的雨水管。在实际项目中请按照详细分类建模，本样例中都使用排水系统，其中废水管是带 2.6% 坡度的管道。

提要:

■ 创建废水管

■ 创建雨水管

4.5.1 创建废水管

在 1F 废水管道会直接到厨房地下排水沟,并且会带地漏。

1. 创建废水管

(1) 打开"4.4.4 创建管件和管路附件"模型,在项目浏览器中双击 1F 平面图。

(2) 以ⓒ~ⓓ轴和③~④轴中的厨房排水沟为起点,创建沿④轴线,接ⓑ~ⓐ轴线位置洗脸盆的废水管。

(3) 单击功能区的【系统】→【卫浴和管道】→【管道】命令,在属性栏中选择"PVC-U-排水"管,直径为 100mm,偏移量为-1200mm,系统类型选择"排水"。

(4) 垂直对正选择底,在【修改|放置管道】→【带坡度管道】中,选择"向上坡度"并且选择 2.6%的坡度值,单击"显示坡度工具提示",这样可以在绘制管道的时候提供管道坡度信息。

(5) 沿着底图,单击排水沟上的管道起点,沿④轴线绘制到ⓐ轴线,如图 4.5.1-1 所示。

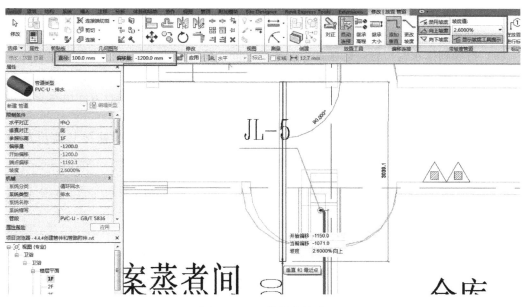

图 4.5.1-1 带坡度管道

(6) 选中创建好的废水管,在功能区的【修改|管道】中,单击【坡度】,会显示【坡度编辑器】,在该编辑器中可以修改管道的坡度值和切换管道"坡度控制点",也可以直接在管道显示的端点偏移量和坡度符号 ⟋ 2.6000% 上直接修改坡度。

（7）选中⑧～④位置的洗脸盆，在功能区的【修改｜卫浴装置】中，单击【连接到】，选择刚刚创建的废水管进行自动连接。连接之后，删除支管位置的弯头，改为存水弯连接，再到立面图（或者创建剖面，一般在带坡度管道连接的时候容易提示无法自动生成连接，这个时候建议创建剖面进行手动连接）中连接存水弯和干管。连接之后显示如图4.5.1-2 所示。

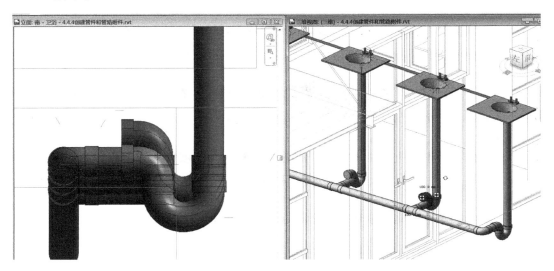

图 4.5.1-2　修改弯头为存水弯

（8）再回到排水沟位置，创建接"白案蒸煮间"位置的废水管。该位置需要创建一个三通连接，首先以排水沟为起点，沿①～⑥轴线垂直方向绘制，再沿③～④轴线位置绘制管道，删除掉弯头，将水平方向管拖拽到左边洗脸池位置处，再将垂直方向废水管连接到水平方向管道上，如图 4.5.1-3 所示。

（9）将洗脸盆与废水管连接，修改为存水弯。按照同样的步骤连接其他位置的废

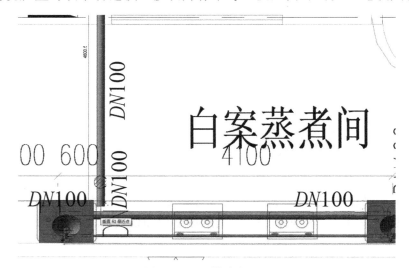

图 4.5.1-3　带坡度三通

水管。

> *学习提示：在坡度管道中参照控制点指向坡度的参照端点，该端点是绘制原始管道时使用的起点。坡度值发生变化时，参照端点仍然保持其当前高程不变。*

2. 创建地漏

接下来，按照设计底图添加地漏，步骤如下：

（1）单击回到 1F 平面图。

（2）单击功能区的【系统】→【卫浴和管道】→【管路附件】命令，选择样板中自带的地漏族，选择"放置在工作平面上"。

（3）单击底图中地漏的位置，单击快速访问栏中的"剖面"命令，在地漏和废水管位置创建一个剖面。

（4）选中剖面图标，右键再单击"转到剖面"，在剖面中将地漏连接到废水管上，如图 4.5.1-4 所示。

（5）按照同样的步骤创建其他地漏，保存项目文件。废水模型在三维显示中如图 4.5.1-5 所示。

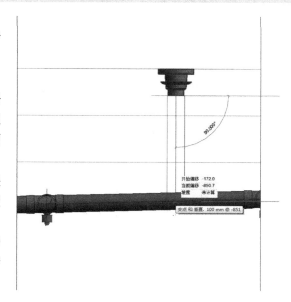

图 4.5.1-4　连接地漏

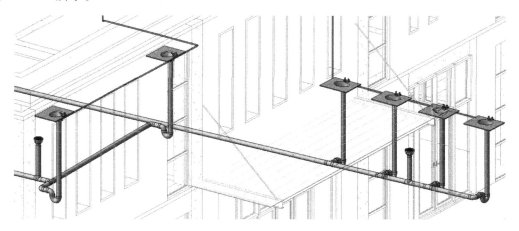

图 4.5.1-5　废水模型三维显示

4.5.2　创建雨水管

在排水系统中，还有另一部分雨水管的创建，步骤如下：

（1）打开"4.5.1 创建废水管"模型，在项目浏览器中双击 3F 平面图打开。

（2）在雨水管的系统图中，可以看到在楼梯间的位置是有单独一段立管排水，而其他都是在食堂外墙周围，按设计图纸先创建 YL-1，再创建 YL-2～YL-10。

（3）单击功能区的【系统】→【卫浴和管道】→【管道】命令，在属性栏中选择"PVC-U-排水"管，直径为 100mm，偏移量为 3000mm，水平对正为中心，垂直对正为底。

（4）修改系统类型为"排水"，坡度设置为向下 0.2％（缺少坡道请到管道设置中添加坡度）。

（5）单击 YL-1 位置创建管道起点，修改选项栏中的偏移为 0，单击应用 应用 ，创建立管。

（6）再到 YL-2～YL-10 位置，按照相同直径和属性，创建偏移量 0～9100mm 的立管，在三维视图中显示如图 4.5.2-1 所示。

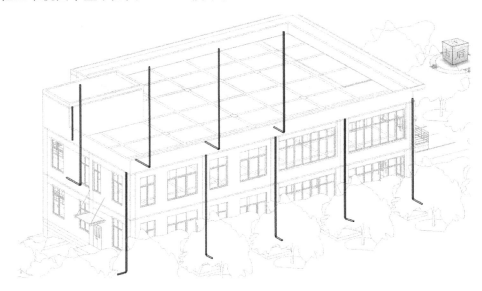

图 4.5.2-1　雨水管三维显示

（7）单击"项目浏览器"的楼层平面 1F 打开，在 YL-2 立管位置处，在立管底标高为-700mm 位置，绘制向下 0.2％坡度的管道，接到室外散水沟，以同样的步骤创建 YL-3～YL-10。

（8）保存项目文件。

4.6　创建消防系统模型

本节将介绍大学食堂中最后一个消防系统的创建，包括创建管道、消火栓以及其间的连接。基本管道创建和放置设备方法类似，创建消防系统之后管道系统模型就完成了，不过由于大学食堂给水排水系统比较简单，会再介绍一些管道修改的方式。

提要：

■ 创建消火栓

■ 创建消防管道

■ 修改管道

4.6.1 创建消火栓

在 Revit 中创建消火栓的步骤如下:

(1) 打开"4.5.2 创建雨水管"模型,在项目浏览器中双击 1F 平面图。

(2) 单击功能区的【系统】→【机械】→【机械设备】命令(快捷键为 ME),选择消火栓族(可以从族库或者是教材文件中载入),在属性栏中偏移量设置为 1100mm。

(3) 从Ⓒ轴和③轴交点处找到 XL-1 消火栓位置,单击创建消火栓,需要注意消火栓族方向,可以按空格键调整方向,如图 4.6.1-1 所示。

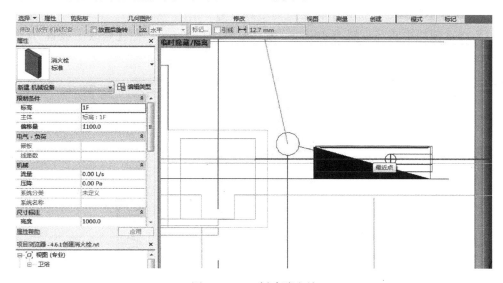

图 4.6.1-1 创建消火栓

(4) 按照相同的步骤创建 1F 其他两个消火栓。

(5) 单击功能区的【系统】→【模型】→【构件】命令,选择手提式灭火器,按照 DWG 底图的位置创建(创建灭火器如果不可见,到"卫浴平面"样板可见性设置中,勾选上"火警设备")。

(6) 按照以上步骤创建 2F 的消火栓和灭火器,在三维视图中显示如图 4.6.1-2 所示。

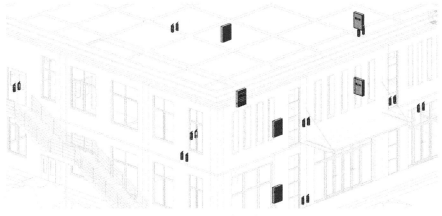

图 4.6.1-2 消火栓显示

保存项目文件。

4.6.2　创建消防管道

1. 创建消防管道

消防管道不带坡度，所以与给水系统创建步骤类似，食堂中消防管道直径较小，小于规范中的规定，在实际设计中请按照规范进行建模，具体步骤如下：

（1）打开"4.6.1 创建消火栓"模型，在项目浏览器中双击 1F 平面图。

（2）单击功能区的【系统】→【卫浴和管道】→【管道】命令，在属性栏中选择"镀锌钢管-消防"类型，对正都选中，系统类型修改为"消防"。

（3）在选项栏中直径设置为 40mm，偏移量为−1200mm，在【修改｜放置 管道】中禁用坡度。如图 4.6.2-1 所示。

图 4.6.2-1　创建消防管道

（4）在Ⓐ轴线外，接校区室外给水管位置，创建水平方向管道。

（5）修改管道直径为 32mm，分别创建连到三个消火栓位置的垂直管道，在立管的小圈位置上修改偏移量为 5300mm。在三维视图中显示如图 4.6.2-2 所示。

2. 管道连接消火栓

（1）回到 1F 平面图在 XL-1 消火栓位置，沿着Ⓒ轴方向创建剖面视图，切换到剖面图。

（2）在剖面图中，显示如图 4.6.2-3 所示。

（3）选中 1F 消火栓族，有两个进水连接件，食堂样例中连接消火栓下出口到管道上。

（4）可以使用【连接到】命令直接连接消防管道，也可以右键点击下出口手动

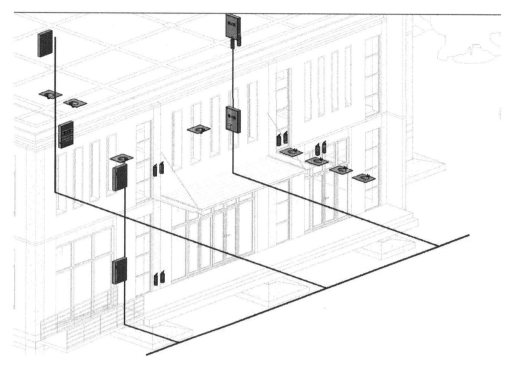

图 4.6.2-2　消防管道显示

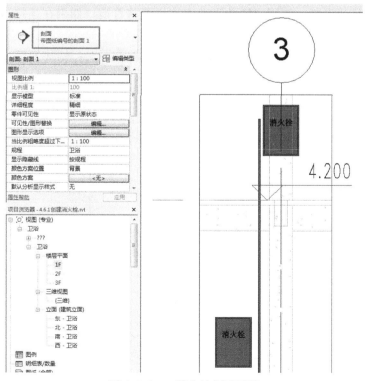

图 4.6.2-3　消火栓剖面显示

创建管道连接，如图 4.6.2-4 所示。

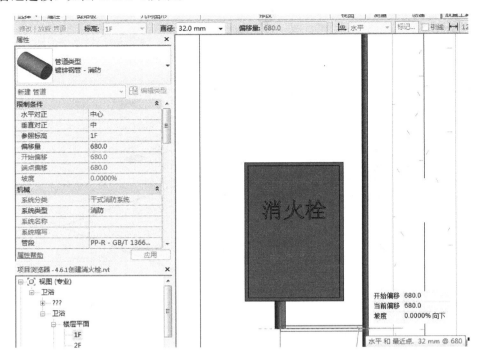

图 4.6.2-4　手动连接管道

（5）单击 2F 消火栓，使用同样的步骤连接到消防管道，如果在连接过程中需要调整管件连接方式，可以手动进行修改。

（6）继续连接 XL-2 和 XL-3 位置的消火栓到消防管道上，创建完毕之后消防系统显示如图 4.6.2-5 所示。

（7）保存项目文件。

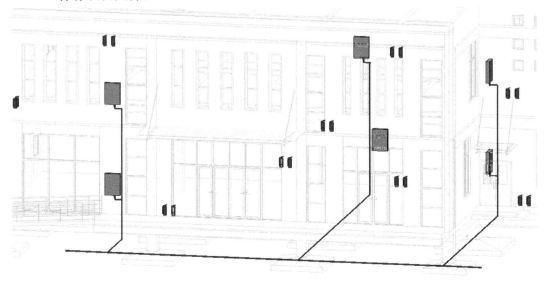

图 4.6.2-5　消防系统显示

4.6.3 修改管道

针对大学食堂模型中的管道系统已经完成，由于模型中管道较少所以不需要再进行修改。在实际设计中管道系统会比较复杂，在建模过程中可以使用平行管道，然后进行调整。

1. 创建平行管道

在给水排水设计中，会有一些管道在走廊位置平行布置，可以使用平行管道的命令进行批量创建，创建步骤如下：

（1）在三维视图中创建一根管道，单击功能区的【系统】→【卫浴和管道】→【平行管道】命令。

（2）在功能区的【修改 | 放置平行管道】中设置水平和垂直方向管道的个数和偏移，类似于阵列命令，如图 4.6.3-1 所示。

（3）绘图区域中靠近某一根管道就会虚线显示将要创建的管道的某一根，单击该管道即可生成平行管道。

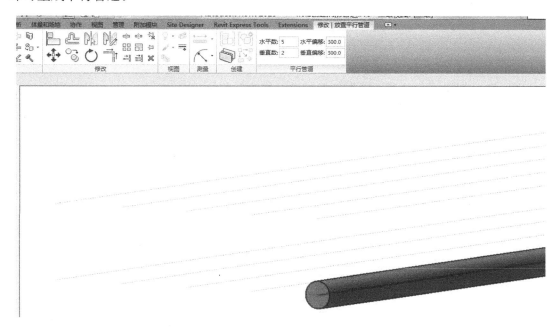

图 4.6.3-1　平行管道

2. 修改同一标高水管间的碰撞

如图 4.6.3-2 所示，当同一标高水管间发生碰撞时，修改步骤如下：

（1）单击功能区的【修改】→【拆分图元】命令（或者快捷键 SL），在管道碰撞位置处，单击 2 根平行管道的两侧。

（2）窗选删除掉中间的管道和四通。

（3）使用功能区的【修改】→【修建/延伸为角】命令（或者快捷键 TR），连接 3 根平行管道。

（4）使用功能区的【系统】→【管道】命令（或者是选中断开的管道右键点击"创建

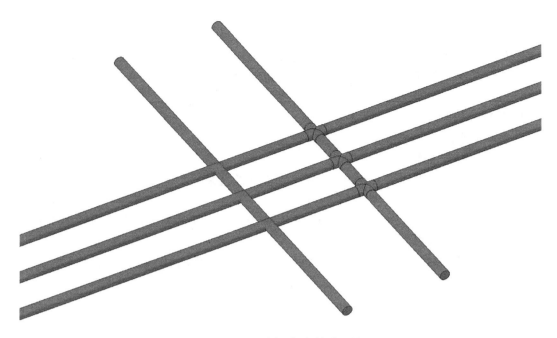

图 4.6.3-2 同一标高管道碰撞

类似图元"),创建同断开管道同类型的管道,修改偏移量。

(5)单击断开管道的交点,再连接到另外一个端点处,修改之后显示如图 4.6.3-3 所示。

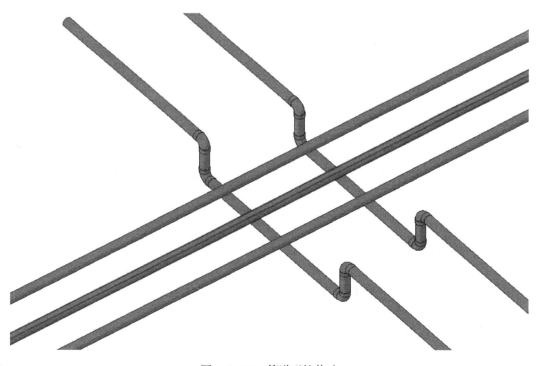

图 4.6.3-3 管道碰撞修改

3. 修改水管系统与其他专业间的碰撞

水管与其他专业的碰撞修改要依据一定的修改原则，主要有以下原则：

（1）电线桥架等管线在最上面，风管在中间，水管在最下方；

（2）满足所有管线、设备的净空高度的要求：管道高距离梁底部 200mm；

（3）在满足设计要求、美观要求的前提下尽可能节约空间；

（4）当重力管道与其他类型的管道发生碰撞时，应修改、调整其他类型的管道：将管道偏移 200mm；

（5）其他优化管线的原则参考各个专业的设计规范。

第 5 章 电气系统绘制

本章导读

从本章开始，将通过在 Revit 中进行操作，以大学食堂项目为蓝本，从零开始进行电气模型的创建。通过实际案例的模型建立过程让读者了解电气专业的建模基础。熟练掌握电缆桥架、线管、电气设备和线路的创建。

本章二维码

16. 电气桥架创
建方式

5.1 项目准备

提要：
■ 项目说明
■ 项目图纸

项目概况

在进行模型创建之前，读者需要熟悉大学食堂项目的基本情况。

1. 项目说明

工程名称：大学食堂

建筑面积：961.3m²

建筑层数：地上 2 层

建筑高度：8.7m

建筑的耐火等级为二级，设计使用年限为 50 年。

建筑结构为钢筋混凝土框架结构，抗震设防烈度为 7 度，结构安全等级为一级。

本建筑室内±0.000 标高相对于绝对标高为 1745.970。

2. 主要图纸

本大学食堂项目包括照明平面与插座平面两个部分。各层平面主要尺寸如图 5.1-1、

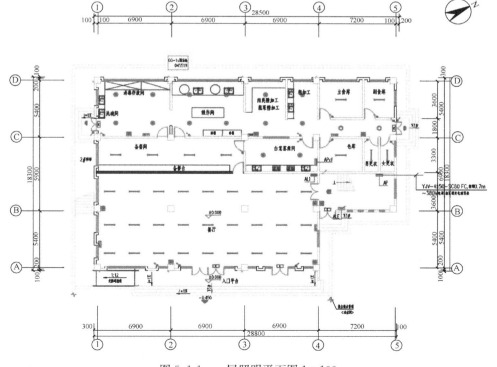

图 5.1-1 一层照明平面图 1：100

图 5.1-2 所示。创建模型时，应严格按照图纸的尺寸进行。

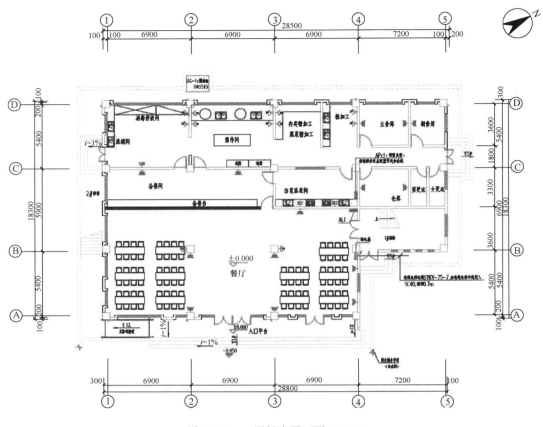

图 5.1-2　一层插座平面图 1：100

5.2　创建项目文件

电气系统创建项目和链接模型与管道系统基本一致，本节不作详细介绍，具体步骤请参考前两章。

提要：

■ 新建项目

■ 链接土建模型和 CAD 图纸

5.2.1　新建项目

新建电气项目的步骤与机械项目一样，不过在"新建项目"对话框中需要选择"Electrical-DefaultCHSCHS. rte"样板文件，如图 5.2.1-1 所示。

5.2.2　链接土建模型和 CAD 图纸

（1）在上节创建好的机械项目文件中，就可以链接土建模型。单击功能区的【插入】→【链接 Revit】命令，在弹出的"导入/链接 RVT"对话框中，找到第 2 章最后小节的

图 5.2.1-1 新建电气样板

土建模型,名称为"2.3.3 创建项目样板",将"定位"选项选择"自动-原点到原点",链接到当前项目中,将楼层平面东南西北四个立面位置移动到链接模型四周。

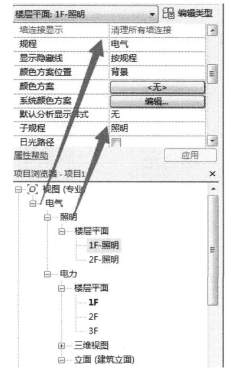

(2)在"项目浏览器"中双击打开"东-电气"立面,按照第 3 章的相同步骤,使用【协作】→【复制/监视】命令创建与链接模型一致的标高,再使用【视图】→【平面视图】→【楼层平面】命令创建对应的"1F"、"2F"、"3F"平面。在电气专业中分"电力"和"照明"两个子规程,可以右键复制楼层平面 1F 和 2F 为 1F-照明和 2F-照明。接着在复制的楼层平面里,将属性栏中设置楼层平面的"子规程"修改为照明(清除视图样板之后再修改属性),这样就会根据子规程分类,如图 5.2.1-2 所示。

(3)在"项目浏览器"中双击打开"1F"平面,使用【协作】→【复制/监视】命令,创建与链接文件相同的①~⑤轴和Ⓐ~Ⓓ轴的轴网,使用【修改】→【锁定】命令将轴线都锁定。

图 5.2.1-2 规程和子规程排序

(4)使用功能区的【插入】→【链接 CAD】命令,采用与给水排水链接底图相同的步骤,将对应的 1F 和 2F 照明插座 CAD 底图链接到当前项目中。

(5)保存项目文件。

5.3 电气设置及显示

在 Revit 中电气系统与风管和管道有一些不同。首先,电气没有系统分类,在"项目浏览器"中没有电气系统,而且与实际设计分强弱电也不同,在 Revit 中电气分类包括:电力、开关、数据、电话、火警、护理呼叫、通信、控制、安全。

其次，在风管和管道系统中，是由风管和管道连接设备。在电气系统中，管线有三种：电缆桥架、线管和导线，其中导线只能在二维平面视图中显示，但是可以连接到设备上生成电气系统，而桥架和线管可以在三维视图中显示，不过无法生成电气系统。

在本节中将介绍基本的关于电气设置和显示的相关内容。

提要：

■ 电气设置

■ 电气显示

5.3.1　电气设置

在之前章节中介绍了机械系统的设置，电气系统中的设置与机械设置有一些类似的地方。

双击 Revit 图标打开"5.2.2 链接土建模型和 CAD 图纸"模型，单击功能区的【管理】→【MEP 设置】命令，在下拉菜单中单击【电气设置】，这样就弹出来如图 5.3.1-1 所示的"机械设置"对话框。

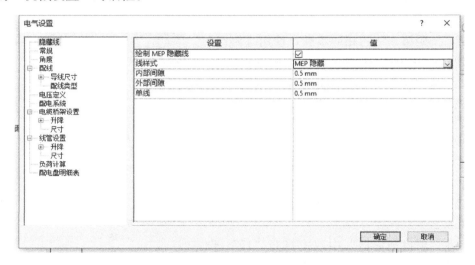

图 5.3.1-1　电气设置

电气系统中的"隐藏线"和"角度"与机械设置中的类似，在"常规"中包括连接件分隔符、数据样式、线路说明、配电盘的相位标签、负荷名称参数的格式以及线路序号。

其次，"电压定义"是用于定义项目中可用配电系统的电压范围，可以添加修改电压数值，包括实际电压和额定电压。"配电系统"定义项目中可用的配电系统，指定相位，针对三相系统还可以指定配置，包括 L-L 电压（任意两相之间测量）和 L-G 电压（相和地之间测量）的数值。

"负荷计算"中可以勾选是否"运行空间负荷计算"，并可以定义"负荷分类"和"需求系统"。"配电盘明细表"中可以指定备用标签和空间标签，以及勾选是否合并线路到一个单元格中。接下来是关于三种管线的设置。

1. 配线

在"配线"中，可以定义导线尺寸，如图 5.3.1-2 所示。"导线尺寸"类似于管道尺寸，可以使用添加符号 添加材质，还可以添加温度和绝缘层类型。右侧表格中是导线的载流量，单击"新建载流量" 新建载流量(N)... 按钮，可以在弹出的对话框中新建载流量、导线尺寸和直径。在"导线尺寸"下还包括"校正系数"和"地线"设置。

在"配线类型"中，能定义在项目中使用的导线类型列表，表中第一个类型为默认使用的导线类型。按实际设计可以设置导线名称、材质、额定温度、绝缘层、尺寸和负荷等。

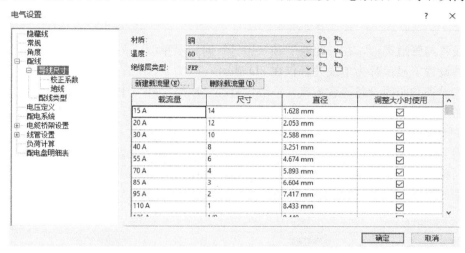

图 5.3.1-2　导线尺寸

2. 电缆桥架和线管设置

电缆桥架设置中可以设置是否使用注释比例以及注释格式，还包括"升降"单双线表示类型。"尺寸"与风管尺寸类似，尺寸大小是定义可使用的桥架高度和宽度。

线管设置与电缆桥架设置内容一致，主要也是注释、升降和尺寸设置。线管尺寸有不同的"标准"类型，在线管的类型属性中可以进行定义。其次，在尺寸中有"最小弯曲半径"设置，这个是用于定义线管弯头的弯曲半径。

5.3.2　电气显示

1. 详细程度

单击视图样板中的"详细程度"值，在下拉菜单中有三种设置：粗略、中等和精细，选择"精细"。

电缆桥架在"粗略"设置时显示为单线，"中等"设置时显示边缘的方形轮廓（2D 时为双线，3D 时为长方体），"精细"设置时显示为实际模型（表 5.3.2-1）。

电缆桥架在不同详细程度下的显示　　　　　　　　　　　　表 5.3.2-1

	2D	3D
精细		

215

续表

	2D	3D
中等		
粗略		

　　而线管与管道类似，在"粗略"和"中等"时显示单线，在"精细"时显示双线。导线在三种设置下显示都为单线并且仅在 2D 显示。

　　电气设备和照明设备等载入族，一般设置在"粗略"和"中等"时显示符号，在"精细"时显示模型。

2. 过滤器

　　电力平面视图中的过滤器设置与风管基本一致，按照"类型"设置过滤条件，新建两个类型名称为"消防桥架"和"照明桥架"的过滤器，按照第 7 章的设置系统颜色区分，创建结果如图 5.3.2-1 所示，保存项目文件。

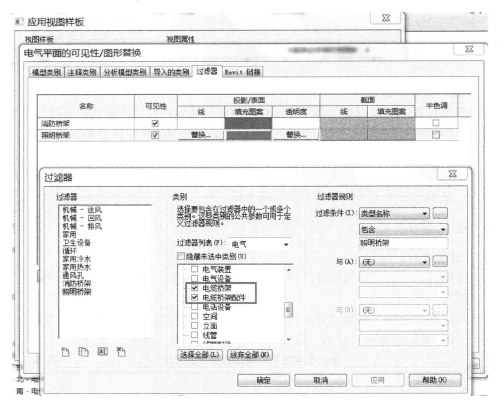

图 5.3.2-1　桥架过滤器

学习提示：新建过滤器中类型如果选择"电缆桥架"和"电缆桥架配件"，那么就需要修改"电缆桥架配件"的名称，如果没有配件类型名称的话就如下节所示不显示过滤器所示。

5.4　创建电缆桥架和线管

本节将介绍 Revit 中电缆桥架和线管的绘制，详细解释电缆桥架和线管的类型和创建步骤。由于大学食堂电气中没有电缆桥架和线管设计，所以本教材创建桥架和线管尺寸和位置以步骤说明为主，涉及实际设计的请以规范为主。

提要：

■ 创建电缆桥架

■ 创建线管

5.4.1　创建电缆桥架

1. 电缆桥架类型

Revit 中电缆桥架是系统族，有两种不同的电缆桥架形式："带配件的电缆桥架"和"无配件的电缆桥架"。"带配件的电缆桥架"直段和配件间有分隔线，分为各自的几段。"无配件的电缆桥架"中转弯处和直段之间并没有分隔，桥架交叉时，桥架自动被打断，桥架分支时也是直接相连而不插入任何配件，适用于设计中不明显区分配件的情况，如图 5.4.1-1 所示。

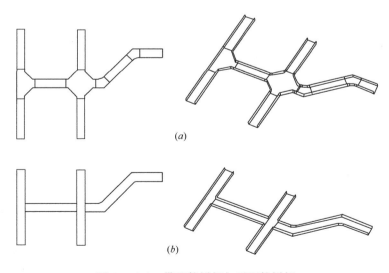

图 5.4.1-1　带配件桥架与无配件桥架
(a) 带配件的电缆桥架；(b) 无配件的电缆桥架

在两个类型里有更详细的类型分类，在使用默认电气样板的时候有以下类型分类：

"带配件的电缆桥架"的默认类型有：梯级式电缆桥架、槽式电缆桥架、实体底部电缆桥架。

"无配件的电缆桥架"的默认类型有：单轨电缆桥架、金属丝网电缆桥架。

新建电缆桥架类型的步骤如下：

（1）双击 Revit 图标打开"5.3.2 电气显示"模型，在项目浏览器中族分类下，找到电缆桥架分类。

（2）双击选中"槽式电缆桥架"，在弹出的"类型属性"对话框中，单击"复制"按钮 ▣ 复制(D)... ，在弹出的"名称"对话框中输入"照明桥架"，如图 5.4.1-2 所示。

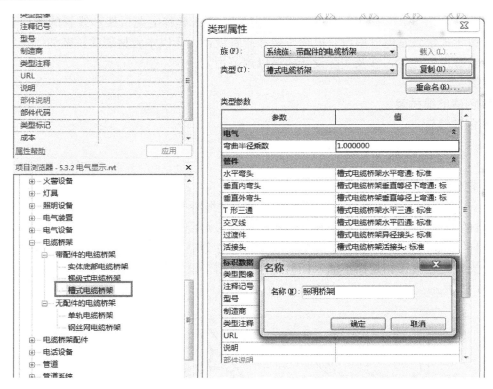

图 5.4.1-2　新建桥架类型

（3）在电缆桥架的"类型属性"对话框中，可以定义"弯曲半径乘数"这个与风管设置里一样，即弯头的弯曲直径。

（4）在电缆桥架中没有布管系统配置，直接在该对话框中指定电缆桥架配件，比方说图中的是带配件的桥架所以包含各个弯头、三通、四通、过渡件和活接头。而在无配件桥架类型中只有各个弯头、过渡件和活接头，没有三通、四通（没有修改管件，所以上小节过滤器无法识别管件）。

（5）使用相同步骤（或者直接右键点击复制类型再重命名）新建"消防桥架"类型。

　　学习提示：在默认电缆桥架中只有"梯级式电缆桥架"的形状为"梯形"，其他类型的截面形状为"槽形"。

2. 创建电缆桥架

Revit 中电缆桥架创建与风管创建类似，由于没有桥架设计，所以也与风管一样自定义布置，请注意在楼层平面中避开风管位置（可以将风管系统模型链接到电气项目中作为位置参考），由于配电箱位置集中在楼梯间位置，可以在Ⓑ～Ⓒ轴线中绘制桥架。创建桥架的步骤如下：

（1）接上文模型，在项目浏览器中双击电气 1F 平面图。

（2）单击功能区的【系统】→【电气】→【电缆桥架】命令（电缆桥架快捷键为CT），在【修改｜放置 电缆桥架】中选择"自动连接"。

（3）在"属性"栏中选择带配件的电缆桥架中的"照明桥架"，"水平对正"选择"中"，"垂直对正"选择"底"。一般电缆桥架选择底部对正较好，因为在变径时，底部对正对于电缆或电线施工较为容易。

（4）在选项栏中，宽度设置为 300mm，高度为 100mm，偏移量为 3500mm。

（5）沿着备餐台墙水平方向，单击②轴线附件位置为起点，输入 12000mm 距离，如图 5.4.1-3 所示。

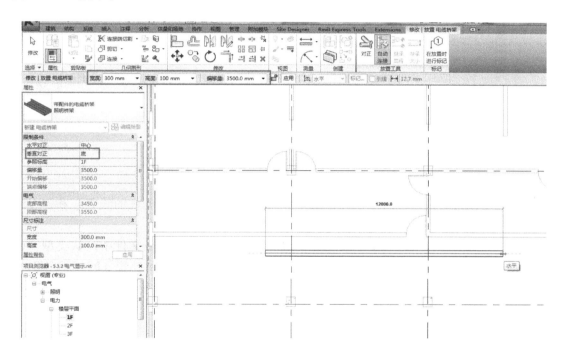

图 5.4.1-3 创建电缆桥架

（6）再 90°移动鼠标沿Ⓑ～Ⓐ轴方向绘制桥架，会自动生成桥架水平弯通。

（7）创建桥架三通和四通方式与风管一样，可以直接绘制另一个桥架与该桥架相交，这样会自动生成三通或四通。或者使用功能区的【系统】→【电气】→【电缆桥架配件】命令放置配件在该桥架上，再单击配件端点绘制桥架。也可以通过单击弯通或者三通的小加号➕，来变为三通或四通继续绘制桥架。

（8）关于创建垂直方式电缆桥架，也与风管立管一样，单击桥架起点位置后，修改选项栏中的偏移量数值，再单击应用按钮 应用 ，这样就能创建垂直方向的电缆桥架。

（9）创建之后在三维显示如图 5.4.1-4 所示，保存项目文件。

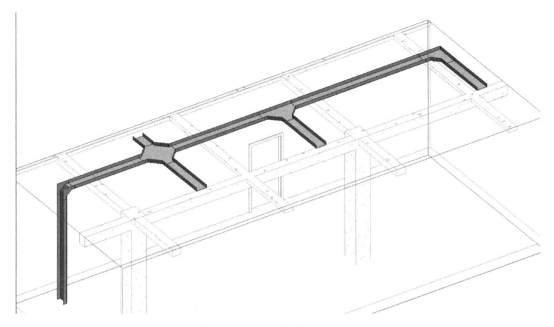

图 5.4.1-4　电缆桥架三维显示

5.4.2　创建线管

1. 线管类型

Revit 中线管也是系统族，也包含两种不同的线管形式："带配件的线管"和"无配件的线管"，这个是否带配件表示的是是否带有弯头。

其次，在提供的"Electrical-Default _ CHSCHS. rte"项目样板文件中默认类型"带配件的线管"包括：刚性非金属导管（RNC Sch 40）和刚性非金属导管（RNC Sch 80）；"无配件的线管"也包括：刚性非金属导管（RNC Sch 40）和刚性非金属导管（RNC Sch 80）。

新建线管类型的步骤如下：

（1）双击 Revit 图标打开"5.4.1 创建电缆桥架"模型，在项目浏览器中族分类下，找到线管分类。

（2）双击选中带配件的线管里的"刚性非金属导管（RNC Sch 40）"，在弹出的"类型属性"对话框中，单击"复制"按钮 复制(D)... ，在弹出的"名称"对话框中输入"照明线管"，如图 5.4.2-1 所示。

（3）在线管的"类型属性"对话框中，可以定义电气标准，这个标准选项是在"电气设置"中线管尺寸里的"标准"，比方说"RNC 明细表 40"这个类型会有相应尺寸列表。

（4）线管也是直接在该对话框中指定线管配件，比方说图中的是带配件的线管所以包含弯头、三通、四通、过渡件和活接头。而在无配件线管中弯头为无配件类型，而其他三通、四通是与有配件线管一致的。

（5）单击确定按钮，创建新线管类型。

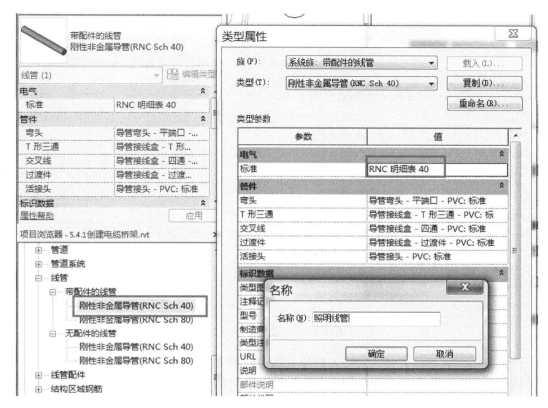

图 5.4.2-1 新建线管类型

2. 创建线管

在 Revit 中，线管不仅可以直接绘制管路，也可以连接到设备或者是电缆桥架上。创建管线的步骤如下：

（1）接上文模型，在项目浏览器中双击打开电力 1F 平面图。

（2）单击功能区的【系统】→【电气】→【线管】命令（线管快捷键为 CN），在【修改｜放置 线管】中选择"自动连接" 和"垂直连接" 。

（3）在"属性"栏中选择带配件的线管中的"照明线管""水平对正""垂直对正"选择"中"。在选项栏中，直径选择 53mm，偏移量为 3000mm（如果是无配件线管类型，那么在选项栏中还有"弯曲半径"设置）。

（4）以④和⑧轴线交点附件位置为起点，沿⑧轴到楼梯间方向绘制一段水平线管，如图 5.4.2-2 所示。

（5）再 90°移动鼠标沿⑧～④轴方向绘制线管，绘制时会自动生成线管弯头。

（6）线管立管与管道立管创建一样，单击桥架起点位置后，修改选项栏中的偏移量数值，再单击应用按钮 应用 ，这样就能创建线管立管。

（7）创建线管三通和四通接线盒方式也与管道一样，可以直接绘制另一个线管与该线管相交，这样会自动生成三通或四通。或者使用功能区的【系统】→【电气】→【线管配件】命令放置配件在该线管上再单击配件端点绘制线管。也可以通过单击弯头或者三通的小加号┿，来变为三通或四通继续绘制线管。

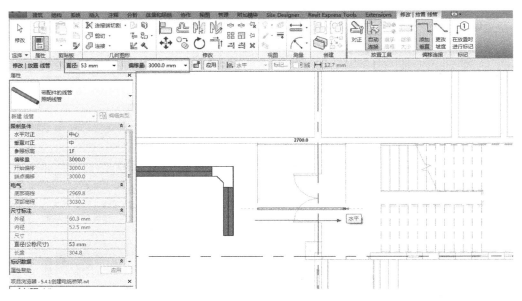

图 5.4.2-2　创建水平线管

（8）线管与桥架的连接，可以直接单击按住线管的端点┿拖拽到桥架的位置（或者是右键线管选择继续创建线管），高亮显示桥架中心线之后，松开鼠标左键，这样就创建了一个线管与桥架的连接，显示如图 5.4.2-3 所示。

（9）线管与设备的连接与管道类似，可以直接拖拽端点┿连到设备的连接件上，或者在设备连接件处右键点击从面绘制线管。

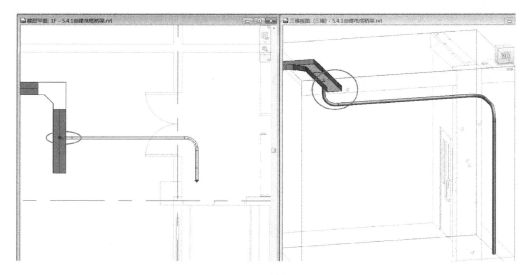

图 5.4.2-3　线管与桥架连接

（10）线管还有一个与管道类似的命令是"平行线管"，使用功能区的【系统】→【电气】→【平行线管】命令可以创建平行线管，这个与创建平行管道步骤一致，不过在线管中多了【相同弯曲半径】命令和【同心弯曲半径】命令。其中，同心弯曲半径只用于无配件的线管。而相同弯曲半径是使用原线管的弯曲半径绘制平行线管。

（11）保存项目文件。

5.5 创建电力和照明线路

在 Revit 中是通过导线进行线路连接，来创建电气系统。本节将介绍电气设备配电盘、插座、开关和照明设备如何连接生成电力和照明线路。

提要：
■ 创建电气设备和插座
■ 创建照明设备和开关
■ 创建线路

5.5.1 创建电气设备和插座

在 Revit 电气选项中有三种设备类型【电气设备】、【设备】和【照明设备】。这些设备都是载入族，可以按照实际项目从族库载入或者是手动新建。其中，电气设备包含配电盘和变压器，设备包括插座、开关、接线盒、电话、通信、数据终端设备以及护理呼叫设备、壁装扬声器、启动器、烟雾探测器和手拉式火警箱，照明设备大多指放置在天花板或者墙上的照明灯具。

1. 创建电气设备

在大学食堂电气说明中有详细的材料表，在电气设备类型中为照明配电箱，新建配电箱的步骤如下：

（1）双击 Revit 图标打开"5.4.2 创建线管"模型，在项目浏览器中打开照明 1F 平面图。

（2）单击功能区的【系统】→【电气】→【电气设备】命令（电气设备快捷键为 EE），在电气样板中默认自带"照明配电箱"。

（3）在"属性"栏中，选择"照明配电箱"族的"LB104"类型，单击"编辑类型" 编辑类型 按钮，在"类型属性"对话框中复制出 5 个新类型 "AL1""AL2""AP""APcf"和 "ALE"。

（4）选择"AL1"类型，在功能区的【修改|放置设备】中，会显示设备放置的三种方式，单击【放置在垂直面上】，在"属性"栏中将"立面"偏移量修改为 1500mm，确认安装方式为"暗装"。

（5）单击楼层平面中设计底图的 AL1 配电箱位置，放置配电箱，如图 5.5.1-1 所示。

（6）按照相同步骤创建其他配电箱。

2. 创建插座

接下来是创建插座的步骤，在本设计中包含多个插座类型和不同距地高程，请按照设计说明创建：

（1）接上文照明 1F 平面图。

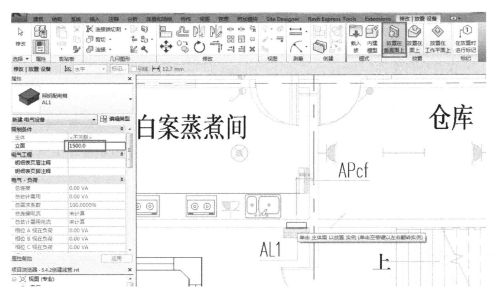

图 5.5.1-1 创建 AL1 配电箱

（2）单击功能区的【系统】→【电气】→【设备】下拉小三角 ，单击【电气装置】。

（3）在"属性"对话框中，选择"插座"族，只有默认类型。新建"电视插座""三相插座""安全型二、三极暗装插座""防溅型安全插座"类型。在"类型属性"对话框中新建类型的时候，可以修改默认高程数值与设计说明一致。

（4）在功能区的【修改|放置装置】中，显示设备放置的三种方式，单击【放置在垂直面上】。

（5）单击Ⓑ轴和②轴线交点的柱位置，创建电视插座，如图 5.5.1-2 所示，注意立面高程为 300。

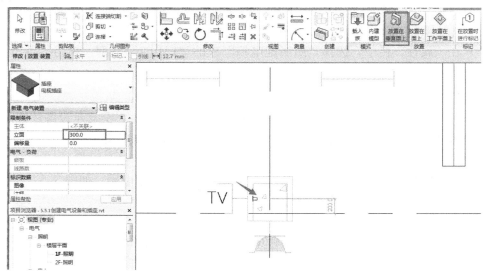

图 5.5.1-2 创建电视插座

（6）按照相同步骤创建其他插座，保存项目文件。

5.5.2 创建照明设备和开关

在 Revit 中创建照明设备一般都会基于天花板，在本大学食堂中由于没有天花板设计，第 3 章只是简单介绍了天花板创建，所以为了放置照明设备，先基于链接土建模型创建天花板，再创建照明设备和开关。

1. 创建天花板

创建天花板的步骤如下：

（1）双击 Revit 图标打开 "5.5.1 创建电气设备和插座" 模型，在项目浏览器中打开照明 1F 平面图。

（2）在平面图中选择 "2.3.3 创建视图样板 . rvt" 链接模型，在 "属性" 栏中单击 "编辑类型"，在弹出的 "类型属性" 对话框中勾选上 "房间边界" ‖房间边界 ☑‖ 的限制条件。

（3）单击功能区的【建筑】→【构件】→【天花板】命令，使用默认类型，高度偏移设置为 2800（请在实际项目中以设计高程为准），单击【修改｜放置天花板】→【自动创建天花板】，勾选上 "房间边界"。

（4）进入楼层平面，将鼠标放置到操作间位置中间，鼠标会自动识别操作间范围，如图 5.5.2-1 所示。

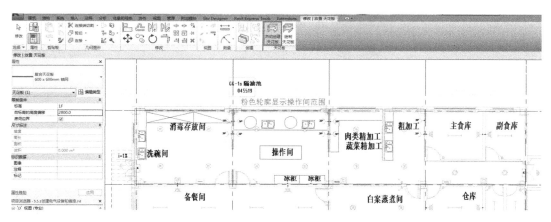

图 5.5.2-1　自动创建天花板

按照相同步骤将其他房间都创建上天花板，由于土建模型简化过外墙造型，如果有拾取不了的房间，请手动绘制天花板。

再接着创建天花板平面，单击功能区的【视图】→【平面视图】→【天花板投影平面】命令，在弹出的 "新建天花板平面" 对话框中选择 1F 和 2F。创建两个天花板平面之后，在项目浏览器中找到这两个平面，将属性栏中的规程改为 "电气"，子规程改为 "照明"。再将 DWG 照明参考底图导入到项目天花板平面中作为参考。

学习提示：天花板投影平面的显示类似于在房间抬头看天花板的显示。

2. 创建照明设备

创建好天花板视图之后，就可以在天花板上创建照明设备了，步骤如下：

（1）接上文天花板平面 1F。单击功能区的【系统】→【电气】→【照明设备】命令（照明设备快捷键为 LF）。单击【修改|放置设备】→【载入族】，按照电气设计说明材料表载入对应照明设备，比方说单管荧光灯、疏散指示灯、应急照明灯、吸顶灯等。

（2）在"属性"对话框中，选择"单管荧光灯"族"36W"类型，在功能区的【修改|放置设备】中，显示设备放置的三种方式，单击【放置在面上】。

（3）单击Ⓐ轴和①轴位置处的底图位置放置荧光灯，会高亮显示拾取的天花板主体，如图 5.5.2-2 所示。

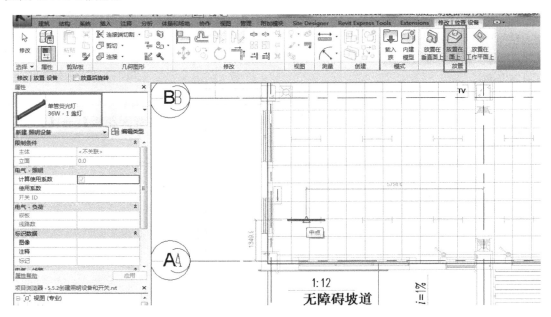

图 5.5.2-2   创建单管荧光灯

（4）选中放置的荧光灯，从"属性"栏中可以看到主体为天花板，立面偏移与天花板偏移一致为 2800mm。

（5）使用功能区的【修改|放置设备】→【阵列】命令，先横向阵列 9 个荧光灯，在选项栏中取消勾选"成组并关联"以便之后不解组再连接电气系统，再使用复制命令复制到纵向方向。

（6）使用相同的步骤创建其他吸顶安装的照明设备。

回到 1F-照明楼层平面，创建自带电源的应急照明灯和应急疏散指示标识灯，选择"放置在垂直面上"或"放置在工作平面上"，定义立面高度进行创建。创建完食堂中的照明设备在三维中的显示如图 5.5.2-3 所示。

3. 创建开关

在 Revit 中创建开关与创建插座类似，步骤如下：

（1）接上文照明 1F 平面图。

（2）单击功能区的【系统】→【电气】→【设备】下拉小三角 ，单击【照明】。

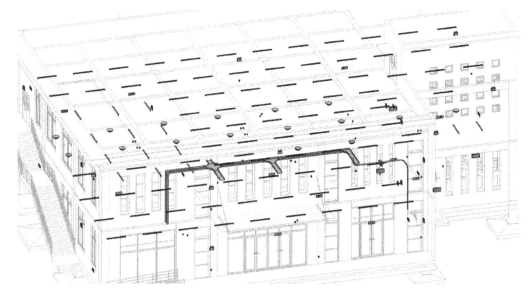

图 5.5.2-3 照明设备的三维显示

（3）在"属性"对话框中，选择"照明"族，新建"三联开关""双联开关""开关"类型。在"类型属性"对话框中新建类型的时候，可以修改默认高程值为 1300mm，与设计说明一致。

（4）在功能区的【修改|放置灯具】中，显示灯具放置的三种方式，单击【放置在垂直面上】。

（5）单击ⓒ轴和①轴线交点的双联开关位置，创建双联开关，如图 5.5.2-4 所示，注意立面高程为 1300。

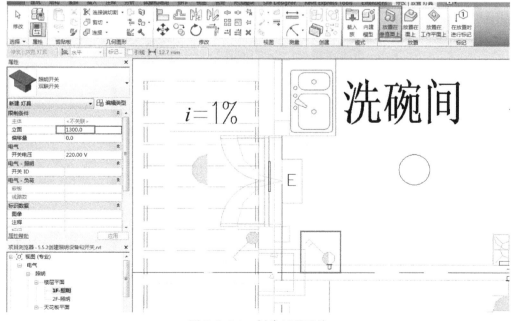

图 5.5.2-4 创建双联开关

（6）使用相同步骤创建其他开关，保存项目文件。

5.5.3　创建线路

在 Revit 中线路会连接同类型电气构件生成一个电气系统。Revit 中有两种系统类型创建线路："电力"系统包括照明和电力配电系统。"其他"系统包括数据、电话、火警、通信、护理呼叫系统、安全和控制系统。创建线路后，可以通过几种方式进行编辑：添加或删除构件、将线路连接到配电盘、添加配线回路以及查看线路和配电盘属性。

线路连接使用管线为导线，导线分为"弧形导线" （弧线导线快捷键为 EW）、"样条曲线导线" 和"带倒角导线" 。

1. 创建电力线路

创建电力线路的步骤如下：

（1）双击 Revit 图标打开"5.5.2 创建照明设备和开关"模型，在项目浏览器中打开照明 1F 平面图。

（2）单击选中 AP 配电箱，在选项栏中定义配电系统，选择"220/380 Wye"类型 配电系统: 220/380 Wy ▾ （可用配电系统是通过"电气设置"中的电压进行匹配显示）。

（3）在绘图区域中，从右上往左下窗选食堂内所有设备，单击功能区的【修改│选择多个】中的【过滤器】。

（4）在"过滤器"对话框中，单击"放弃全部"，再勾选上"电气装置" 电气装置，单击确定按钮，如图 5.5.3-1 所示。

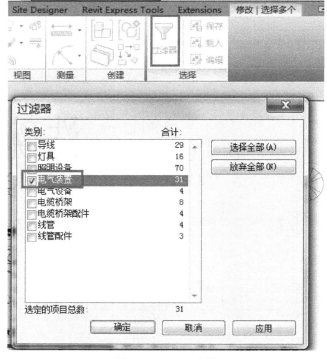

图 5.5.3-1　过滤器

（5）在功能区的【修改 | 电气装置】中，单击【创建系统】→【电力】按钮 。

（6）在功能区的【修改 | 电路】选项卡，单击【选择配电盘】和【弧形导线】，选择 AP 配电箱，如图 5.5.3-2 所示，创建电力线路 1，并且在楼层平面中出现弧形导线。

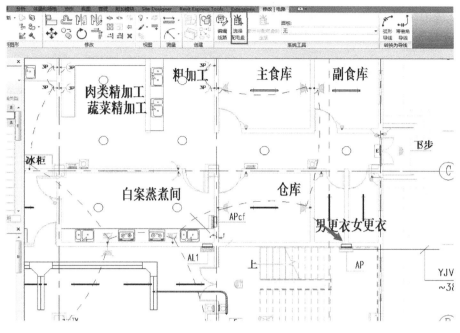

图 5.5.3-2　选择配电盘

（7）选择刚刚连到电路中的任一配电箱或者是插座，会在功能区出现【电路】选项卡，单击【电路】，显示电力线路如图 5.5.3-3 所示，可以在该系统工具中编辑线路，修改配电盘。

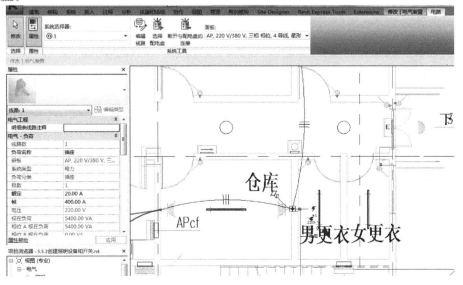

图 5.5.3-3　编辑线路

2. 创建开关系统

创建开关系统与电力线路步骤类似，不过由于照明设备和开关都有多个，所以需要按房间区域划分开关控制哪个或者哪些照明设备，请按实际设计创建系统，单个连接步骤如下：

（1）接上文照明 1F 平面图。在绘图区域中，单击选中⑤轴和①轴线的副食库里的"单管荧光灯"。

（2）在功能区的【修改｜照明】中，单击【创建系统】→【开关】按钮。

（3）在功能区的【修改｜开关系统】选项卡，单击【选择开关】，选择单极开关，创建开关系统。如图 5.5.3-4 所示。

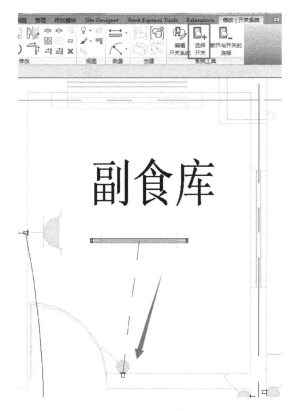

图 5.5.3-4　开关系统

（4）选择该荧光灯或者开关，单击功能区的【开关系统】选项卡，可以在该系统工具中编辑开关系统，选择或者断开开关。

（5）保存项目文件。

第6章 构件的创建和编辑基础

本章导读

以上章节主要讲解基于 BIM 软件 Autodesk® Revit® 2016 的建筑、结构及设备（水、暖、电）专业 BIM 模型的创建和编辑。以上模型主要由基本构件（族）（墙、门、窗、框架、基础以及详图、注释和标题栏等）装配而成。这些构件（族）都是利用族编辑器创建的。族作为组成项目模型的构件，其创建质量的高低、规范与否，会对项目模型产生直接影响；族文件本身承载的信息将直接用于后续的分析及使用，因此，熟练掌握族创建、编辑与族使用是有效运用 Autodesk® Revit® 系列软件的关键（在 Autodesk® Revit® 系列软件中，构件被称为族）。

本章将以建筑专业构件（族）为例详细介绍族创建和编辑的基础知识，主要介绍族的概念及其相关术语，族的分类，族编辑器界面及功能区命令。同时，由于可载入族在模型创建过程中使用频率非常高，对可载入族的熟练掌握是使用 Autodesk® Revit® 2016 进行项目模型创建的关键，所以在这里将详细介绍可载入族的相关知识、族编辑器的基本知识、三维模型的创建与修改、二维族的基础知识、族的嵌套及使用等基础知识。最后将以前几章中项目实例"大学食堂"建筑模型中的双层双列窗为例，介绍一个窗族文件的具体创建过程。

最后，若在学习本章节时遇到疑问或者更深层次的问题，请从 Autodesk® Revit® 2016 界面中按"F1"键进入 Autodesk® Revit® 2016 的网页帮助文档。

本章二维码

17. 族的基础
分类

18. 族的创建
方式

6.1　族的基本知识

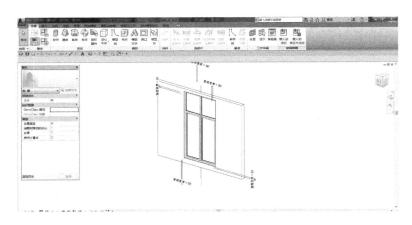

提要：
■ 族的概念及其相关术语
■ 族的分类及其概念
■ 族编辑器界面
■ 功能区基本命令

6.1.1　族的概念及其相关术语

1. 族

族，是组成项目的基本单元，是参数信息的载体。

2. 相关术语

（1）类别：以族性质为基础，对各种构件进行归类的一组图元。例如门、窗为两个类别。

（2）类型：可用于表示同一类族的不同的参数值。

（3）实例：放置在项目中的项（图元），在项目模型中、实例中都有特定的位置。

6.1.2　族的分类及其概念

族的分类、概念及特性见表 6.1.2-1。

<table>
<tr><td colspan="4" align="center">族的分类、概念及特性</td><td align="right">表 6.1.2-1</td></tr>
<tr><th>族分类</th><th>可载入族</th><th>系统族</th><th colspan="2">内建族</th></tr>
<tr><td>概念</td><td>使用族样板创建于项目外的扩展名为 RFA 的文件</td><td>已在项目中预定义且仅能在项目中进行创建、修改的族类型</td><td colspan="2">在当前项目中创建的族</td></tr>
<tr><td>特性</td><td>可载入项目，属性可自定义</td><td>不能作为外部文件载入、创建，但可在项目及样板间复制、粘贴、传递</td><td colspan="2">只能储存于当前项目文件中，不能单独存成 RFA 文件，不能用于其他项目文件中</td></tr>
</table>

6.1.3　族编辑器界面介绍

族都是利用族工具创建的，常用族工具为族编辑器。Autodesk® Revit® 2016 族编辑器采用 Ribbon（功能区）界面，族编辑器界面如图 6.1.3-1 所示。

注：族编辑器界面组成部分与本书第 1 章所讲 Autodesk® Revit® 2016 平台界面组成部分基本一

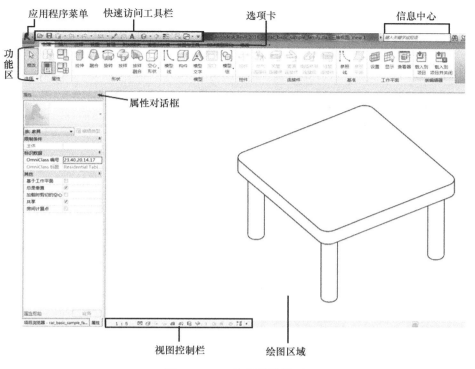

图 6.1.3-1　族编辑器界面

致，此处不再赘述。

6.1.4　族编辑器功能区基本命令

Autodesk® Revit® 2016 族编辑器将所有命令都集成在功能区面板上，包含六大选项卡，见表 6.1.4-1。

功能区选项卡　　　　　　　　　　　　　　　　　　　　　　　表 6.1.4-1

选项卡	功能介绍	选项卡	功能介绍
创建	可以创建模型需要的工具	视图	管理、修改当前视图及切换视图的工具
插入	导入其他文件的工具	修改	系统参数的设置及管理
注释	可将二维信息添加到设计的工具中	管理	编辑现有图元、数据及系统的工具

（1）创建：该选项卡集合了九种基本常用功能。"创建"选项卡见图 6.1.4-1，"创建"选项卡具体功能见表 6.1.4-2。

图 6.1.4-1　"创建"选项卡

创建选项卡功能

表 6.1.4-2

选项板	功　　能
"选择"选项板	可以用于进入选择模式，然后通过移动光标选择要修改的对象
"属性"选项板	可用于查看和编辑对象属性：属性、族类型、族类别和族参数、类型属性
"形状"选项板	汇集了用户可能运用到的创建三维形状的所有工具
"模型"选项板	提供模型线、构件、模型组的创建和调用
"控件"选项板	可将控件添加到视图
"连接件"选项板	可将连接件添加到构件中
"基准"选项板	可提供参照线和参照平面两种参照样式
"工作平面"选项板	可用于为当前的视图或所选定图元指定工作平面
"族编辑器"选项板	可用于将族载入到打开的项目或族文件中

（2）插入、注释、视图、管理和修改选项卡功能与本书第 1 章所讲 Autodesk® Revit® 2016 平台界面相应选项卡功能基本一致，此处不再赘述。

6.1.5　Revit 族文件基本格式

（1）RFT 格式：创建 Revit 可载入族的样板文件格式。创建不同类别的族要选择不同的族样板文件。

（2）RFA 格式：Revit 可载入族的文件格式。用户可根据项目需要创建自己的常用族文件，以便随时在项目中调用。

6.2　可载入族

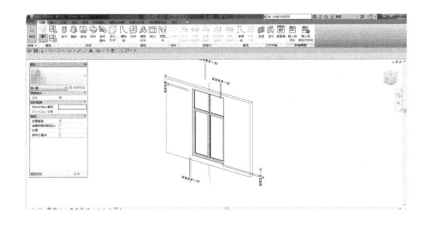

提要：

■ 标准族编辑器基本知识

■ 三维模型的创建

■ 三维模型的修改

■ 二维族基础知识

■ 族的嵌套

■ 族的使用

6.2.1　标准族编辑器基本知识

1. 族类别和族参数

（1）族类别

单击 【应用程序菜单】按钮→【新建】→【族】→选择【公制常规模型 . rft】族

样板，可进入"公制常规模型"族编辑器界面（这里以"公制常规模型"为例）。

单击功能区中的 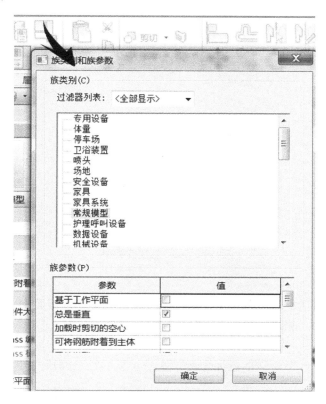 "族类别和族参数"按钮，即可打开"族类别和族参数"对话框，见图 6.2.1-1。

图 6.2.1-1 族类别和族参数

（2）族参数

不同"族类别"对应不同的"族参数"。"常规模型"族是通用族，无任何特定族的特性，仅有形体特征，其具体族参数见表 6.2.1-1。

"常规模型"族参数　　　　　　　　　　　　　　　　　　　表 6.2.1-1

参数	特　性
基于工作平面	若勾选该项，则创建的族只能放在某个工作平面或是实体表面
总是垂直	若勾选了"基于工作平面"和该项，族将相对于水平面垂直，否则将垂直于某个工作平面
加载时剪切的空心	若勾选该项，则在导入到项目文件时，会同时附带可剪切空心信息，否则会自动过滤空心信息，仅保留实体模型
可将钢筋附着到主体	若勾选该项，则运用该族样板创建的族再载入到所用结构项目中，剖切该族，用户就可在这个族剖面上自由添加钢筋
部件类型	选择族类别时，系统可自动匹配对应的部件类型，一般无需再次修改
共享	若勾选该项，则当该族作为嵌套族载入到另一个主体族中时，该主体族也可在项目中被单独调用，达到共享目标

2. 族类型和参数

族类别及族参数设置完毕后，单击功能区的 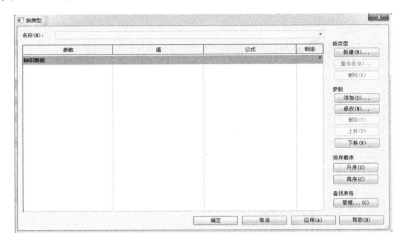 "族类型"按钮，对族类型和参数进行设置，见图 6.2.1-2。

图 6.2.1-2　新建族类型

（1）新建族类型

在"族类型"对话框右上角单击"新建"按钮可添加新的族类型，对已有族类型还可以进行"重命名"和"删除"操作。

（2）添加参数

可通过"参数属性"对话框添加参数，见图 6.2.1-3。参数相关内容见表 6.2.1-2。

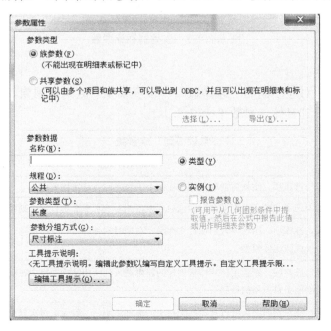

图 6.2.1-3　添加参数

参数基本知识 表 6.2.1-2

名称	内容	特点
参数类型	族参数	载入文件后,不可出现在明细表或标记中
	共享参数	可以由多个项目和族共享,可出现在明细表和标记中,若使用,将在一个 TXT 文档中记录参数
	特殊参数	族样板自带参数,用户不能自行创建、修改、删除其参数名,可出现在项目明细表中
参数数据	名称	根据用户需要自行定义,但同族内参数名称不能相同
	规程	不同"规程"对应不同"参数类型",可按"规程"分组设置项目单位的格式
	参数类型	不同参数类型有不同的特点及单位
	参数分组方式	定义参数组别,可使参数在"族类型"对话框中按组分类显示,方便用户查找参数
	类型/实例	用户可根据使用习惯选择"类型参数"或"实例参数"

(3)类型目录

① 类型目录概论

创建族类型的两种方法:

a. 在族编辑器的"族类型"对话框中新建族类型。

b. 使用"类型目录"文件:通过将族类型的信息以规定格式记录在一个 TXT 文件里,创建一个"类型目录"文件。

② 创建类型目录文件

使用文本编辑器编辑,或者使用数据库或者电子表格软件自动处理。一般在 Excel 表格中编辑,保存为 CSV 文件后,再将文件拓展名"csv"改成"txt"。

③ 在项目文件中用类型目录载入族

a. 打开一个项目文件(扩展名是 rvt),单击功能区中的【插入】→【从库中载入】→【载入族】,选中某一族文件后显示"指定类型"对话框。

b. "指定类型"对话框的"类型"列中选择要载入的族类型,单击"确定",则选定的族类型即被载入至项目文件中。

3. 参照平面和参照线

族的创建过程中,"参照平面"和"参照线"用途最为广泛,是绘图的重要工具。其中,在"参照平面"上并且锁住,由"参照平面"驱动实体,该操作方法应严格贯穿整个建模的过程。"参照线"则主要用在控制角度参变上。

(1)参照平面

① 绘制参照平面

创建"常规模型"族以后,单击功能区中的【创建】→【基准】→【参照平面】,见图 6.2.1-4,将

图 6.2.1-4 绘制参照平面

鼠标移至绘图区域，指定起终点位置即可绘制出一个"参照平面"。绘制完成以后，按两下 "Esc"键即可退出。见光盘文件"第 6 章 \ 6.2.1-1 参照平面 .rfa"。

② 参照平面的属性

是参照：对于参照平面，"是参照"是最重要的属性。选择绘图区域的参照平面，打开"属性"对话框，单击"是参照"下拉列表，见图 6.2.1-5，其下拉列表中的各选项特性见表 6.2.1-3。

"是参照"选项特性表

表 6.2.1-3

参照类型	说　明
非参照	该参照平面在项目中无法捕捉，无法标注尺寸
强参照	该参照平面的尺寸标注及捕捉的优先级最高。将创建的族放入项目中时，临时尺寸标注会捕捉到族中任何"强参照"。且在项目中选择该族时，临时尺寸标注将显示在"强参照"上，若放置永久性尺寸标注，则几何图形中的"强参照"将首先高亮显示
弱参照	尺寸标注优先级比"强参照"低。将该族的实例放到项目中对其进行尺寸标注时，需要按"Tab"键选择"弱参照"
左	
中心（左/右）	
右	
前	
中心（前/后）	这些参照在同一个族中只能用一次，其特性与"强参照"类似。通常用来表示样板自带的三个参照平面。还可用来表示族的最外端边界的参照平面：左、右、前、后、底和顶
后	
底	
中心（标高）	
顶	

定义原点：用来定义族的插入点，Autodesk® Revit® 2016 族的插入点可以通过参照平面定义。选择"中心（前/后）"参照平面，其"属性"对话框中的"定义原点"默认已

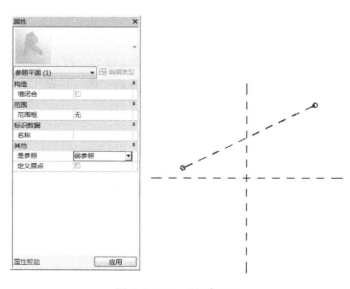

图 6.2.1-5　"是参照"

被勾选，见图 6.2.1-6。

名称：选择要设置名称的参照平面，在"属性"对话框中的"名称"里面输入名字，以区分不同参照平面。

（2）参照线

"参照线"与"参照平面"功能基本相同，主要用于实现角度参变。可以通过以下步骤实现参照线角度的自由变化：绘制参照线，标注参照线之间的夹角。见光盘文件"第 6 章 \ 6.2.1-2 参照线 . rfa"。

① 单击功能区中的【创建】→【基准】→【参照线】按钮，默认以直线绘制。

② 将鼠标移至绘图区域，完成参照线绘制，见图 6.2.1-7。

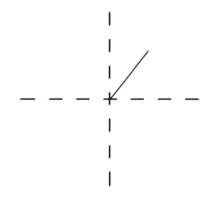

图 6.2.1-6　定义原点　　　　　图 6.2.1-7　绘制参照线

③ 单击功能区中的"修改"选项卡中的"对齐"按钮。

④ 选择垂直的参照平面，然后选择参照线的端点，这时将出现一个锁形状的图标，默认是打开的，单击一下锁锁住该锁。使这条参照线和垂直的参照平面对齐锁住，见图 6.2.1-8。

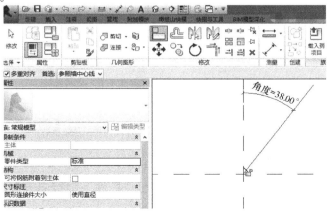

图 6.2.1-8　对齐锁住

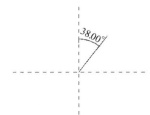

图 6.2.1-9　参照线角度

⑤ 同理，将参照线和水平的参照平面对齐锁住。

⑥ 单击功能区中的【注释】→【尺寸标注】→【角度】按钮。

⑦ 选择参照线和垂直的参照平面，然后选择合适的地方放置尺寸标注，见图 6.2.1-9。

⑧ 给夹角标签上参数，见图 6.2.1-10。

4. 工作平面

族编辑器中的大多数视图中，工作平面均是自动设置的，执行某些绘图操作及在特殊视图中启用某些工具时必须使用工作平面。在绘图中可捕捉工作平面网格，但不能相对于工作平面网格进行对齐或尺寸标注。

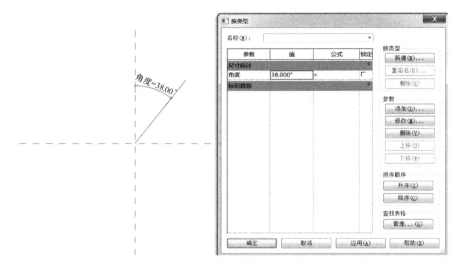

图 6.2.1-10　夹角标签参数

（1）工作平面设置

单击功能区中的【创建】→【工作平面】→【设置】按钮即可打开"工作平面"对话框。指定工作平面的方法有以下五种：

① 拾取一个参照平面。

② 拾取实体的表面。

③ 拾取参照线的水平与垂直的法面。

④ 拾取任意一条线并将其所在平面设置为当前工作平面。

⑤ 单击"名称"，在下拉列表选择已命名的参照平面的名字。

（2）工作平面显示

由于工作平面是默认隐藏的，所以需要单击功能区中的【创建】→【工作平面】→【显示】按钮，可隐藏或显示工作平面。

5. 控件

"控件"按钮的作用是让族在项目中可以按照"控件"的指向方向翻转。具体添加和使用方法如下：

（1）基于"公制常规模型"族样板新建一个族文件，并在绘图区绘制。

（2）单击功能区中的【创建】→【控件】→【控件】按钮。

（3）单击功能区中的【修改 | 放置控制点】→【控制点类型】→【双向垂直】按钮，见图 6.2.1-11。

图 6.2.1-11　添加"控件"

（4）在图形的右侧区域单击鼠标，则完成一个"双向垂直"控件的添加，见图 6.2.1-12。

（5）将这个族加载到项目中并插入到绘图区域，则单击该族时，就会出现"双向垂直"的控件符号，单击这个"双向垂直"的控件符号，该族就会上下翻转。

其他控件的添加和使用基本相同，这里不再赘述。

6. 可见性和详细程度

（1）基本设置

通过"可见性设置"对话框的设置可控制每个实体的显示情况。

（2）条件参数控制可见性

不仅可以使用"族图元可见性设置"控制图元显示，还可以设置条件参数控制图元显示。具体操作如下：

① 单击功能区的【创建】→【属性】→【族类型】按钮 ，即可打开"族类型"对话框。

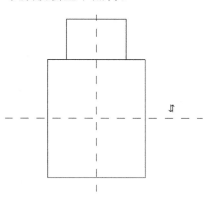

图 6.2.1-12　"双向垂直"控件

② 添加一个参数名为"长"的长度类型参数。

③ 添加一个参数名为"可见性"的"是/否"类型参数，见图 6.2.1-13。

④ "可见性"参数的公式里输入"长＜500mm"，见图 6.2.1-14。

图 6.2.1-13　"是/否"类型参数

图 6.2.1-14　"可见性"参数

⑤ 绘图区创建一个长方体，设置其长度标签为"长"参数。

⑥ 单击选中长方体，在"属性"对话框中，单击"可见"选项右边的"关联族参数"按钮，打开"关联族参数"对话框，选择"可见性"参数即可。

操作完成以后，仅有长度小于500mm的长方体才可见，否则不可见。

6.2.2 三维模型的创建

族三维模型的创建最常用的是创建实体模型和空心模型，且任何实体模型和空心模型都必须对齐且锁在参照平面上，且可通过参照平面上的标注尺寸驱动实体的形状改变。下面将分别介绍建模命令的特点和使用方法。

1. 拉伸

通过绘制一个封闭的拉伸端面并给一个拉伸高度进行建模。方法如下：

（1）在绘图区域绘制四个参照平面，并在参照平面上标注尺寸并标签参数。

（2）单击功能区中的【创建】→【形状】→【拉伸】，激活 修改|创建拉伸 选项卡。选择用"矩形"方式在绘图区域绘制，绘制完毕按"Esc"键退出，见图6.2.2-1。

（3）单击 修改|创建拉伸 选项卡中的"对齐"，将矩形和四个参照平面对齐并上锁。见图6.2.2-2。

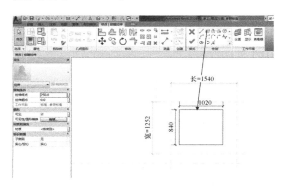

图6.2.2-1 拉伸

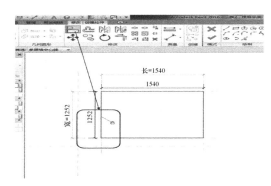

图6.2.2-2 对齐锁住

（4）单击 修改|创建拉伸 选项卡中的 ✔ 按钮，完成实体创建。

（5）如果需要在高度方向上标注尺寸，用户可在任何一个立面上绘制参照平面，然后将实体顶面和底面分别锁在两个参照平面上，再在这两个参照平面之间标注尺寸，将尺寸匹配一个参数，如此就可通过改变参数来改变长方体的长、宽、高了。见光盘文件"第6章\图6.2.2-1拉伸.rfa"。

2. 融合

"融合"命令可以将两个平行平面上的不同形状的端面进行融合建模。使用方法如下：

（1）单击功能区中的【创建】→【形状】→【融合】，默认进入"创建融合底部边界"模式，见图6.2.2-3，这时可绘制底部的融合面形状，绘制一个矩形。

（2）单击选项卡中的"编辑顶部"，切换到顶部融合面的绘制，绘制一个圆。

（3）顶部和底部都绘制完毕后，通过单击"编辑顶点"的方式可以编辑各个顶点的融

图 6.2.2-3　融合

合关系，见图 6.2.2-4、图 6.2.2-5。

图 6.2.2-4　编辑顶点（1）

（4）单击 **修改 | 创建融合顶部边界** 选项卡中的 ✔ 按钮，完成融合建模，见图 6.2.2-6。见光盘文件"第 6 章 \ 图 6.2.2-2 融合 .rfa"。

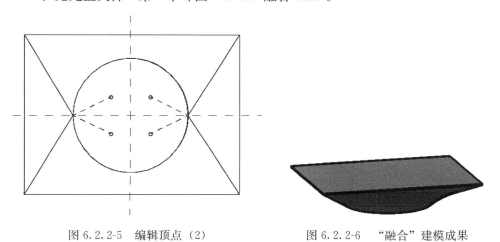

图 6.2.2-5　编辑顶点（2）　　　　　图 6.2.2-6　"融合"建模成果

　　在使用融合建模的过程中可能会遇到融合效果不理想的情况，可通过增减数个融合面的顶点数量来控制融合的效果，具体操作请参考 Revit 族帮助，在此不展开详述。

3. 旋转

该命令可创建出围绕一根轴旋转而成的几何图形。具体操作如下：

（1）单击功能区中的【创建】→【形状】→【旋转】，默认线绘制"边界线"，可绘制任意形状，但边界必须闭合，见图 6.2.2-7。

（2）单击选项卡中的"轴线"，在中心的参照平面上绘制一条轴线，该轴线可自行绘制也可选择已有直线，见图 6.2.2-8。

（3）单击 ✔ 按钮，完成旋转建模，见图 6.2.2-9。

（4）用户也可以对已有的旋转实体进行编辑。可通过单击创建成功的旋转实体，在"属性"对话框中将"结束角度"改成 180°，则该实体将旋转半个圆，见图 6.2.2-10。见

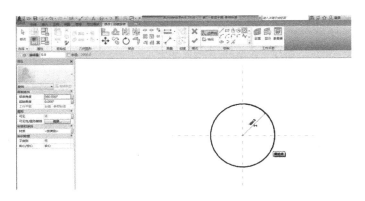

图 6.2.2-7　旋转

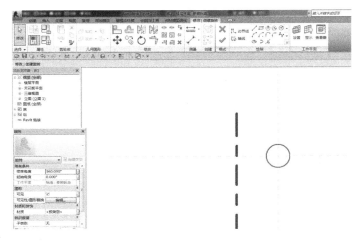

图 6.2.2-8　轴线

光盘文件"第 6 章 \ 图 6.2.2-4 旋转（2）. rfa"。

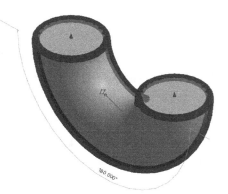

图 6.2.2-9　"旋转"建模成果　　　　图 6.2.2-10　编辑旋转角度

4. 放样

该命令可用于创建需绘制或应用轮廓且沿路径拉伸该轮廓的族的建模。具体操作

244

如下：

（1）在"参照标高"工作平面上画出一条参照线，见图6.2.2-11。

（2）单击功能区中的【创建】→【形状】→【放样】，即可进入放样绘制界面。使用选项卡中的"绘制路径"命令画出路径，也可单击"拾取路径"，通过选择方式来定义放样路径。放样路径定义完成之后，单击 ✅ 按钮完成绘制。

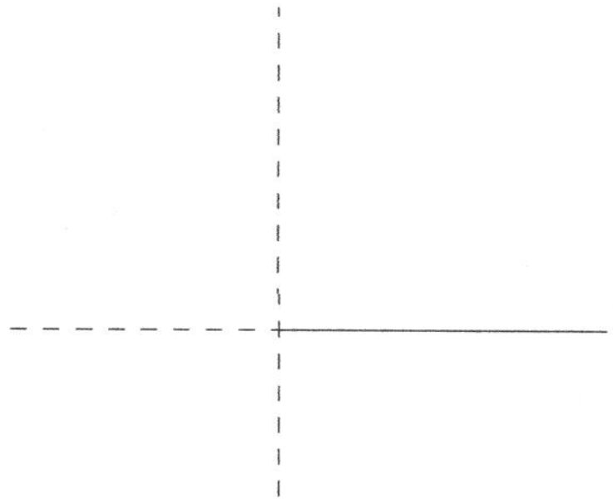

（3）单击"编辑轮廓"，在弹出的"转到视图"对话框中选择"立面：右"，见图6.2.2-12。单击打开视图并在右立面上绘出封闭五边形，见图6.2.2-13。

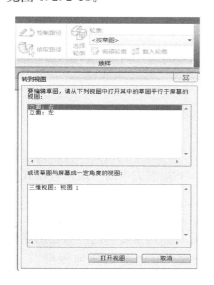

图 6.2.2-12　编辑轮廓

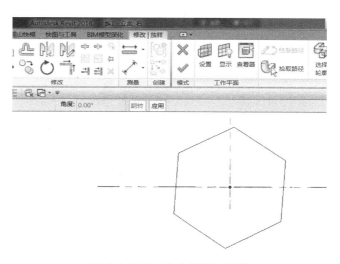

图 6.2.2-11　绘制参照线

图 6.2.2-13　绘出封闭五边形

（4）单击 ✅ 按钮。

（5）单击 **修改 | 放样** 选项卡中的 ✅ 按钮，完成建模，见图6.2.2-14。见光盘文件"第6章 \ 图6.2.2-5 放样 .rfa"。

5. 放样融合

该命令可创建具有两个不同轮廓的融合体，然后沿路径对其进行放样，使用方法同上，但可以选择两个轮廓面。

如果在放样融合时选择轮廓族作为放样轮廓，这

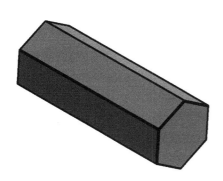

图 6.2.2-14　"放样"建模成果

时选择已经创建好的放样融合实体，打开"属性"对话框，通过更改"轮廓1"和"轮廓2"中间的"水平轮廓偏移"和"垂直轮廓偏移"来调整轮廓和放样中心线的偏移量，可实现"偏心放样融合"的效果。若直接在族中绘制轮廓的话，就不能应用这个功能。

6. 空心模型

可采取两种方法创建空心模型：

（1）选中实体，在"属性"对话框中将实体转变成空心。

（2）单击功能区中的【创建】→【形状】→【空心】按钮，在下拉列表中选择命令，各命令使用方法与对应的实体模型各命令的使用方法基本相同。

6.2.3　三维模型的修改

1. 布尔运算

Autodesk® Revit® 2016 的布尔运算方式有两种：剪切、连接，如图 6.2.3-1 所示，可在功能区中的"修改"选项卡中找到该命令。

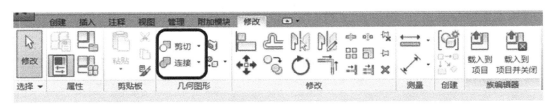

图 6.2.3-1　剪切、连接

（1）连接

该命令可将多个实体模型连接为一个，可实现"布尔剪"同时产生相贯线。若需要将已经连接的实体模型返回到未连接的状态，可单击"连接"下拉列表中的"取消连接几何图形"，如图 6.2.3-2 所示。

（2）剪切

该命令可将空心模型从实体模型中减去形成"镂空"效果。若需要将已经剪切的实体模型返回到未剪切的状态，可单击"剪切"下拉列表中的"取消剪切几何图形"，如图 6.2.3-3所示。

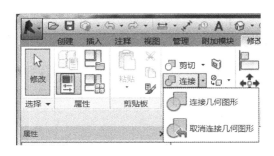

图 6.2.3-2　取消连接几何图形

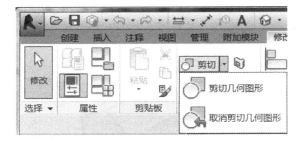

图 6.2.3-3　取消剪切几何图形

2. 拆分面/填色

（1）拆分面

"拆分面"可以将图元的面分割为数个区域，可应用不同材质，只能拆分该图元的选定面。具体操作如下：单击功能区的【修改】→【几何图形】→【拆分面】按钮，鼠标

移至待拆分面附近,该面高亮显示时单击鼠标,在 修改 | 拆分面 > 创建边界 选项卡下单击"绘制",绘制出拆分区域边界,单击 ✔ 按钮完成绘制,见图6.2.3-4。

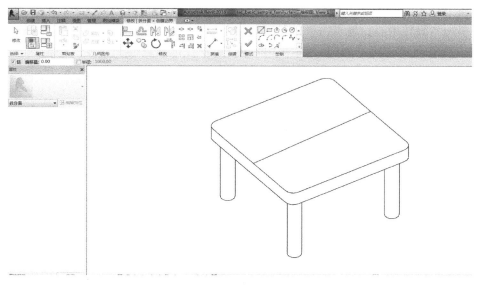

图 6.2.3-4 拆分面

(2)填色

该命令可在图元的面和区域中应用材质,如需取消填色则可使用"删除填色"命令,见图6.2.3-5。

具体操作如下:单击功能区的【修改】→【几何图形】→【填色】 按钮,选择材质后选择要填色的区域并单击"完成",见图6.2.3-6。

图 6.2.3-5 填色

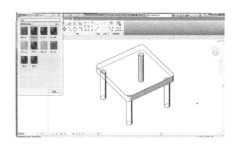

图 6.2.3-6 "填色"成果

3. 对齐/修剪/延伸/拆分/偏移

Autodesk® Revit® 2016中族编辑器中的"对齐"、"修剪"、"延伸"、"拆分"、"偏移"等命令与Autodesk® Revit® 2016平台软件基本命令的操作一样,在此不再赘述。

4. 移动/旋转/复制/镜像/阵列

Autodesk® Revit® 2016中族编辑器中的"移动"、"旋转"、"复制"、"镜像"等命令与Autodesk® Revit® 2016平台基本命令的操作一样,在此不再赘述。

下面将主要说明"阵列"命令的使用方法及技巧。

（1）环形阵列

① 选择要阵列对象，并单击【修改】→【阵列】按钮▦。

② 单击"径向"阵列按钮◉，在"项目数"中输入需要阵列的个数，移动到：最后一个，单击"旋转中心：地点"。

③ 在绘图区域选定阵列中心点，选择起始边，在选项栏的"角度"中输入360°，按"Enter"键完成，见图6.2.3-7。见光盘文件"第6章\6.2.3-1环形阵列.rfa"。

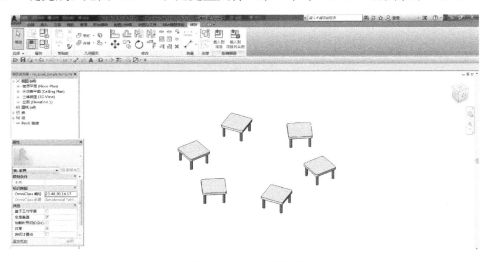

图6.2.3-7　环形阵列

（2）矩形阵列

① 选择要阵列的对象，并单击【修改】→【阵列】按钮▦。

② 单击"线性"阵列按钮▦，在"项目数"中输入需要阵列的个数，移动到：第二个，选择阵列的起终点，阵列完成，见图6.2.3-8。见光盘文件"第6章\6.2.3-2矩形阵列（1）.rfa"。

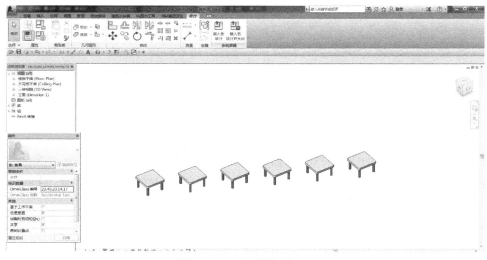

图6.2.3-8　矩形阵列（1）

注：1. 阵列出的物体间距离就是所选择阵列起终点之间的距离。

2. 勾选"成组并关联"选项后，阵列出的各个实体成组存在，修改其中任一物体的参数，其余物体对应的参数也将发生对应的改变。

3. 以该方式进行的阵列，可以以第一个与第二个物体间距离控制整条阵列，必须同时锁住阵列后第一个和第二个物体方能通过长度参数控制阵列间距。

矩形阵列还有另外一种方式可完成阵列操作。方法如下：

① 选择要阵列的对象，并单击【修改】→【阵列】按钮 。

② 单击"线性"阵列按钮 ，在"项目数"中输入需要阵列的个数，移动到：最后一个，选择阵列的起终点，阵列完成，见图 6.2.3-9。见光盘文件"第 6 章 \ 6.2.3-3 矩形阵列（2）.rfa"。

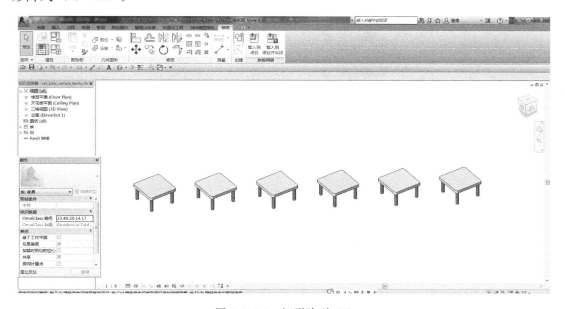

图 6.2.3-9　矩形阵列（2）

注：在项目中使用很多带"阵列"的族可能会影响软件运行速度，创建族时应该考虑这一因素。

6.2.4　二维族基础知识

除三维族，还包括二维族，二维族除可以单独使用也可载入三维族中使用。其主要用作辅助建模、平面图例和标注图元，二维族主要包括：轮廓族、详图构件族、标题栏族（表 6.2.4-1）。

二维族分类　　　　　　　　　　　　　　　　　　　　　　　　表 6.2.4-1

族名	功　能
轮廓族	用于绘制封闭的轮廓截面，放样、融合时作为轮廓族载入使用
详图构件族	用于绘制详图，所绘详图可附着在任何平面上
注释族	可用来表示二维注释的族文件，被载入到项目中后，其显示大小固定
标题栏族	用来绘制图纸样板的族文件，被广泛应用于制作各种图框

6.2.5　族的嵌套

可以在族中载入其他族，被载入的族称为嵌套族。为节约建模时间，可将现有的族嵌套在其他族中，此时嵌套族可被多个族重复利用。现举例说明具体操作：

（1）用公制常规模型的族样板新建族文件，单击功能区中的【创建】→【形状】→【拉伸】，单击 **修改 | 创建拉伸** 选项栏上的【绘制】→【矩形】按钮□，在绘图区绘制一个矩形，单击 ✓。

（2）在"族类型"对话框中新建一个族类型"类型 1"，添加类型参数"长"和实例参数"宽"，见图 6.2.5-1。

图 6.2.5-1　族类型

（3）将该族保存为"嵌套族 1.rfa"。

（4）创建另一个族，保存为"主体族.rfa"。

（5）打开文件："嵌套族 1.rfa"，单击"载入到项目中"按钮，将该文件载入到"主体族.rfa"中，见图 6.2.5-2。

（6）在"主体族.rfa"的项目浏览器里面出现一个类型为"类型 1"的嵌套族，见图 6.2.5-3，单击"类型 1"，拖至绘图区。

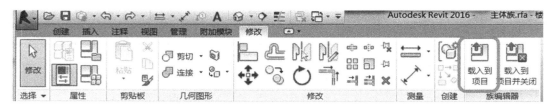

图 6.2.5-2　载入到项目

（7）在"主体族.rfa"中，打开"族类型"对话框。添加类型参数"主体族长"和实例参数"主体族宽"，分别输入参数值。

（8）双击"类型1"打开"类型属性"对话框，单击参数"长"最右边的"关联族参数"按钮，打开"关联族参数"对话框，选择"主体族长"。此时"嵌套族1.rfa"中的"长"参数将被"主体族.rfa"中的"主体族长"参数所驱动。

（9）同样的操作也可以实现用"主体族.rfa"中的"主体族宽"参数驱动"嵌套族1.rfa"中的"宽"参数。

图 6.2.5-3　嵌套族

6.2.6　族的使用

1. 载入族

将族加入到项目中的方法主要有三种：

（1）打开一个以（.rvt）为后缀的项目文件，再打开一个以（.rfa）为后缀的族文件，单击功能区中的【创建】→【族编辑器】→【载入到项目中】即可将该族载入到项目中。

（2）通过 Windows 的资源管理器将以.rfa 为后缀的族文件拖到项目的绘图区域，该族文件即可被载入该项目中。

（3）打开一个项目文件，单击功能区的【插入】→【从库中载入】→【载入族】，即可打开"载入族"对话框。选中要载入的族，单击对话框右下角的"打开"，被选中的族即可被载入该项目中。

2. 放置不同类型的族

在项目中放置不同类型的族的方法主要有两种：

（1）在"项目浏览器"中族节点下选择需要放置的族类型名，直接拖到绘图区域。

（2）打开一个项目文件，单击功能区中的【建筑】→【构件】→【构件】→【放置构件】，在左侧"属性"选项板的"类型选择器"中选择一个族的族类型，点击图中的合适位置放置所选族。

3. 编辑项目中的族

有三种方法可编辑项目中的族：

（1）打开项目文件，在"项目浏览器"中选择需要编辑的族，右击鼠标，点击"编辑"即可打开族编辑器对选中族进行编辑。

（2）若族已放置于绘图区域中，单击该族，然后在"修改"选项卡中单击"编辑族"按钮，同样可打开族编辑器。

（3）对已放置于绘图区域中的族，可单击族后右击鼠标，在快捷菜单中单击"编辑族"即可打开族编辑器。

注：上述方法无法编辑系统族。

4. 编辑项目中的族类型

有两种方法可编辑项目中的族：

（1）打开一个项目文件，在其"项目浏览器"中选择要编辑的族类型名，双击鼠标打开"类型属性"对话框，即可编辑项目中的族类型。

（2）在项目绘图区域中的族，可单击该族实例，在"属性"对话框中单击"编辑类型"，即可打开"类型属性"对话框编辑项目中的族类型。

注：若要选择某个族类型的所有实例，可在"项目浏览器"中或绘图区域右击该族类型，单击快捷菜单中的"选择全部实例"，选择"在整个项目中"的实例或者选择"在视图中可见"。

6.3　可载入族的族样板

提要：
■ 族样板概述
■ 族样板分类
■ 族样板的选用
■ 族样板的创建

6.3.1　族样板概述

1. 样板文件结构

软件安装完成之后，软件自带的以".rft"为后缀的文件就是族的样板文件。族样板文件都存储在"系统盘 \ ProgramData \ Autodesk \ RVT2016 \ Family Templates \ Chinese"文件夹中。该目录在 Windows 中是隐藏文件。

2. 族样板共性

（1）常用视图和参照平面

单击 【应用程序菜单】按钮→【新建】 → 【族】 → 选择【公制常规模型.rft】族样板，可进入"公制常规模型"族编辑器界面。打开后，单击任一条参照平面即可见该参照平面的名称，见图 6.3.1-1。

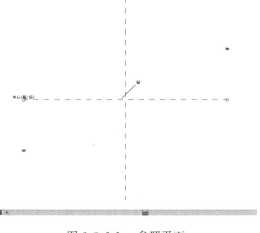

图 6.3.1-1　参照平面

这两条参照平面相对于两个垂直相交的空间平面，可以通过单击功能区中的【创建】→【工作平面】→【查看器】进行查看，见图6.3.1-2。

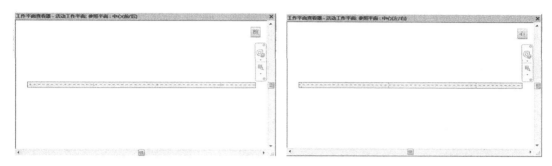

图6.3.1-2 查看"工作平面"

在"项目浏览器"中双击打开立面中每一视图，单击功能区【视图】→【窗口】→【平铺】，即可在每一立面视图中都可见相应参照平面和参照标高，如图6.3.1-3所示。

（2）族类别和族参数

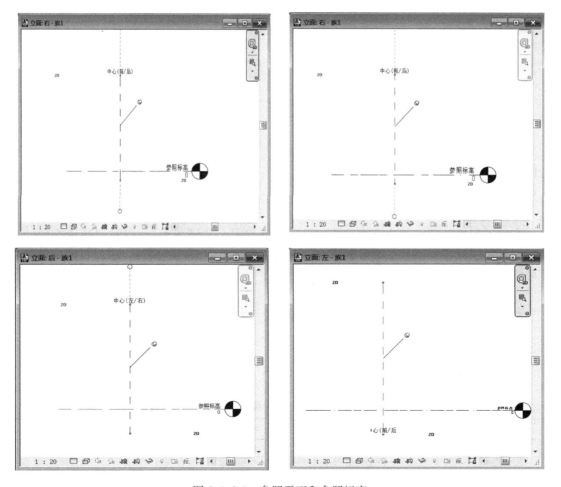

图6.3.1-3 参照平面和参照标高

族类别决定族在项目中的工作特性，通常情况下，"族类别"与其样板同名。单击功能区的【常用】→【族类别和族参数】即可打开"族类别和族参数"对话框，如图6.3.1-4所示。选择不同"族类别"会有不同的默认"属性"，分别选择"常规模型"和"火警设备"这两个族类别，其默认属性设置不同，见图6.3.1-5。

图 6.3.1-4　族类别和族参数　　　　　图 6.3.1-5　族类别"属性"

（3）系统参数

族样板中已经添加的参数被称为系统参数，系统参数默认设置了族的最基本信息，通常情况下是不能被删除的。

3. 族样板特性

（1）预设构件

有的样板已经预设创建该类别族的常用构件（实心几何图形），同时包括该构件的相关参数及尺寸标注。当然，如果创建时并没有用到样板中预设的构件，可以将该构件和相关参数删除。

（2）文字提示

有部分样板预设了有助于了解设计意图的文字提示，建议在创建族时删除。

6.3.2　族样板分类

族样板分类见表6.3.2-1。

族样板分类　　　　　　　　　　　　　　　　　　表 6.3.2-1

族样板	特　　点
基于主体的样板	基于主体的样板有四种：基于墙的、基于天花板的、基于楼板的和基于屋顶的。其创建的族一定要依附在某一特定建筑图元的表面，即仅当其对应的主体存在时才能在项目中放置该类族
基于线的样板	用于使用两次拾取点的形式放置在项目中的族，其形式有两种：普通线性效果的基于线、结合了阵列功能的基于线

续表

族样板	特　　点
基于面的样板	创建基于平面的族，该类族必须依附于某一工作平面或实体表面，无法独立放置于项目的绘图区域，该类样板比基于主体的样板更灵活。若是基于系统族的表面则该族可修改它们的主体并在主体中进行复杂剪切
独立样板	创建不依赖于主体的族，其创建的族可放在项目的任何位置，不依附于任何工作平面或实体表面，可分为创建三维构件族的样板和二维构件族的样板

6.3.3　族样板的选用

1. 族类别的确定

这是选择族样板的第一个原则，也是最重要的一个原则。族类别不仅决定了族的分类、明细表统计、行为，还将影响族的默认参数、子类别、调用方式等内容。一旦族的类别确定了，通过族样板的文件名，就能很容易地缩小选择的范围。

2. 族的使用方式

从使用角度出发，Autodesk® Revit® 2016 中的族可以分为以下两种方式。

（1）直接使用式

可以直接从项目浏览器中通过拖拽加入项目中，放置时无特殊要求和特性。

（2）间接使用式

需进行特殊放置或"装配"后才可使用特定命令加载到项目中。

① 特殊放置（表 6.3.3-1）

特殊放置　　　　　　　　　　　　　　　　　　　　　　　表 6.3.3-1

特殊放置	特　　点
基于线	可通过指定起始点与终止点定义的线性族
基于主体	只有主体对象存在于项目中时才可在项目模型中创建该族
基于面	只有在项目模型的表面上才能创建该族

② 装配使用

在项目中重新设置或组合使用的族，对"装配使用"的族类别只能选用指定的样板文件，对于其他族类别，可根据所需要族的具体要求选用合适的族样板。同时，选择合适的放置方式不仅可以更高效地使用族，而且可以建立其与主体构件正确的互动关系。

6.3.4　族样板的创建

只需将文件后缀名".rfa"改成".rft"，就可直接将一个族文件转变成一个样板文件。以下将列出样板设置的关键点，掌握好关键点将能方便地对样板进行创建和修改：

（1）预设参照平面；

（2）预设参数（实例参数/共享参数/类型参数）；

（3）定义三维构件；

（4）加载嵌套族；

（5）预设材质；

（6）预设对象样式（子类别）。

6.4　可载入族的创建和编辑实例

提要：
■ 族的创建步骤
■ 族创建实例

6.4.1　族的创建步骤

Revit 族的基本创建步骤如下。

1. 族创建构思

一个族构件的创建是从前期的构思开始的。构思的时候必须考虑清楚族的创建构思和实现手段。前期构思清晰、合理，为成功创建族打下了良好的基础。在前期构思中，需要考虑以下几点：

（1）族插入点/原点；

（2）族主体；

（3）族的类型；

（4）族的详细程度；

（5）族的显示特性。

2. 族创建初期设置

（1）定义子类别；

（2）选择族样板；

（3）定义插入点/原点；

（4）布局参照线/平面；

（5）设置基本参数；

（6）添加尺寸标注并与参数关联。

3. 族几何形体的绘制和参数化设置

（1）定义族类型；

（2）绘制几何形体；

（3）将几何形体约束到参照平面；

（4）调整参数值和模型，判断族行为。

4. 族的其他特性设置

（1）进一步设置子类别；

（2）设置可见性参数。

5. 保存族文件

6.4.2 族创建实例

接下来将以"大学食堂"项目中的双层三列窗为例，介绍一个窗族文件的具体创建（打开光盘文件"第6章\6.4.2 双层三列窗.rfa"）。

创建窗族

（1）选择族样板

单击![]按钮→【新建】→【族】→【公制窗.rft】族样板，见图6.4.2-1。

图 6.4.2-1 选择族样板

（2）定义原点

因为在"公制窗"中，原点已经定义，在此不用进行原点定义。

（3）设置族类型和族参数

① 打开"族类型和族参数"对话框，将族类别改为"窗"，确认勾选"总是垂直"，见图6.4.2-2。

② 单击【创建】→【属性】→【族类型】功能，在"族类型"对话框中单击右侧"参数"中的"添加"按钮打开"参数属性"对话框，在"参数数据"中将"名称"设为"窗框材质"，在"参数类型"下拉列表中选择"材质"，同样创建一个名为"玻璃"的参数。

（4）创建几何形体

① 窗框的创建：单击【创建】→【拉

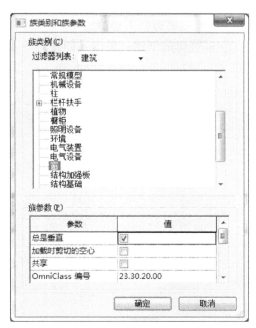

图 6.4.2-2 设置族类别和族参数

伸】，选用"矩形"工具沿洞口边缘绘制封闭矩形，内边缘选用"偏移"方式进行绘制，在本例中偏移量为"50"，单击 ✔ 完成拉伸。见图 6.4.2-3。

② 添加窗框宽度参数：首先单击【注释】→【对齐】对内边缘和外边缘进行标注，单击选择上下边框的尺寸标注，点击选项栏中的"标签"下拉框，再点击"添加参数"来添加标签"边框宽度"，见图 6.4.2-4。

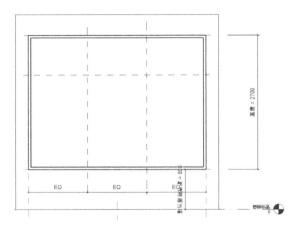

图 6.4.2-3　窗框的创建　　　　　　　　图 6.4.2-4　添加窗框宽度参数

③ 对拉伸属性进行修改：选中偏移量为"50"的拉伸对象，单击右键选择属性，在属性对话框中将"拉伸起点"改为"25"，"拉伸终点"改为"－25"。

④ 横竖梃的参照平面的创建：单击【创建】→【参照平面】，在中心参照平面左右两侧分别绘制参照平面确定窗子的两条竖梃。参照平面绘制完成后，再单击【注释】→【对齐】对左右参照平面进行连续标注并单击"EQ"使其均分，同理再绘制一条水平方向的参照平面，距离边框下边缘为750，见图 6.4.2-5。

⑤ 横竖梃的创建：单击【创建】→【拉伸】，横梃用"矩形"工具边框边缘绘制，竖

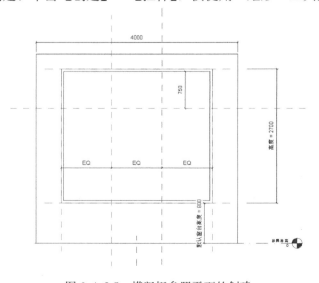

图 6.4.2-5　横竖梃参照平面的创建

梃选用"直线"工具边框边缘绘制，左右选用"偏移"方式进行绘制，在本例中偏移量为"25"，单击 ✓ 完成拉伸。见图 6.4.2-6。

⑥ 对拉伸属性进行修改：选横竖梃，单击右键选择属性，在属性对话框中将"拉伸起点"改为"25"，"拉伸终点"改为"－25"。

⑦ 窗扇的创建：单击【创建】→【拉伸】，选用"矩形"工具沿着横竖梃边缘绘制封闭矩形，下边缘选用"偏移"方式进行绘制，在本例中偏移量为"50"，单击 ✓ 完成拉伸，见图 6.4.2-7。

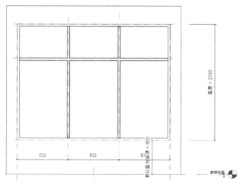

图 6.4.2-6　横竖梃的创建

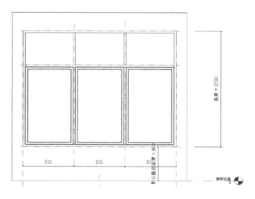

图 6.4.2-7　窗扇的创建

⑧ 玻璃的创建：单击【创建】→【拉伸】，选用"矩形"工具绘制玻璃外轮廓，在属性对话框中将"拉伸起点"改为"－3"，"拉伸终点"改为"3"，单击 ✓ 完成拉伸，见图 6.4.2-8。

（5）关联材质

选中窗框部分，在"属性"选项板里单击【材质和装饰】→【材质】右侧的【关联参数】按钮，选择"窗框材质"单击"确定"。选中玻璃部分，在"属性"选项板里单击【材质和装饰】→【材质】右侧的【关联参数】按钮，选择"玻璃"单击"确定"。切换至三维视口进行查看，见图 6.4.2-9。

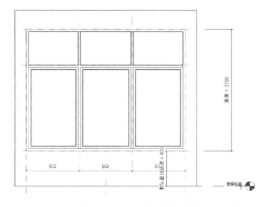

图 6.4.2-8　玻璃的创建

图 6.4.2-9　关联材质

（6）单击【应用程序菜单】按钮→【另存为】→【族】，保存族文件。

至此，"大学食堂"项目中的双层三列窗创建完毕。成果见光盘文件"第六章 \ 6.4.2 双层三列窗 .rfa"。

6.5　概念设计环境的族

随着建筑行业的不断发展，建筑形态越来越多样化，各种天马行空、光怪陆离的设计开始被推崇且逐渐流行开来。为满足设计师以及整个行业日渐丰富的需求，Revit 提供了"概念设计环境"这一特殊的族编辑器。它不仅可以用来创建建筑构件，而且可在其中完成建筑整个形体的概念设计，由此可生成体量族。该环境在设计过程的早期为建筑师、结构工程师和室内设计师提供了较标准族编辑器更为灵活的编辑功能，使他们能够更为准确、自由、快速地表达想法，创建可集成到建筑信息模型中的参数化族体量。既加快了设计流程的进度，使之可视化，同时又满足了现代建筑发展潮流和趋势对软件的需求。

有两种方式可进入概念设计环境：

（1）通过调用相关族样板文件。相关族样板文件位置和标准族样板文件位置一样。

（2）在 Revit 项目中使用"内建体量"工具创建或操纵体量族。在操作过程中遇到的问题可按 F1 进入帮助页面进行查询，此处不再详述。

6.6　族文件管理

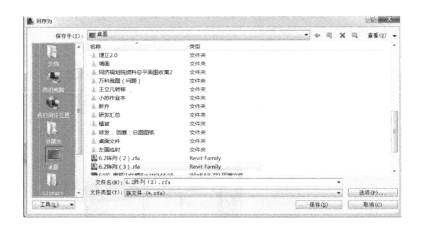

提要：
■ 文件夹结构
■ 族文件的命名
■ 族类型的命名
■ 族参数的命名
■ 族库

6.6.1　文件夹结构

用户可参考族类别对族进行分类、建立一级根目录，某些根目录下面包含多个族类别。对于族数量及种类较多者，宜建立二级、三级子目录。子目录可按用途、形式、材质等进一步分类。但目录级数不宜过多。

6.6.2　族文件的命名

族以及嵌套族的命名应准确、简短、明晰，如"单扇平开玻璃门"。有多个同类族时应突出该族的特点，实在无法用明确的中文描述时也可在最后加数字编号予以区别。

6.6.3 族类型的命名

族类型的命名主要基于各类型参数的不同，突出各类型之间的区别，包括样式、尺寸、材料、个数等，以门族为例，可设定多个尺寸类型，如"1000mm×2000mm"、"1500mm×2200mm"；也可设定多个样式类型，如"有横档"、"无横档"等。

6.6.4 族参数的命名

如果新添加的族参数为主要参数，用户在使用过程中根据需要会进行实时且频繁修改的参数，则该类族参数的命名宜选用明确的中文名称。

对于辅助参数，不需要用户修改或很少修改，则其命名可选用中文名称或特定代号。

6.6.5 免费的族库提供大量族

族的使用特别频繁，建筑物里用到的族类型和样式很多。每一个如果都自己去创建，将会特别费时费力，对 BIM 的效率产生很大的影响。一些 BIM 相关机构推出了族库和族资源，可以直接使用其提供的大量族，减少大量建族的工作量。

橄榄山软件发布了免费的云族库和族管家 Revit 插件，如图 6.6.5-1 所示。

族管家是 Revit 上的插件，可管理用户本地文件夹中的族文件，快速搜索本地族以及橄榄山云族库中的目标族，批量加载本地或橄榄山云上族文件到项目中。也可以直接点击

图 6.6.5-1　基于 Revit 的橄榄山族管家和云族库

云上的族来创建实例，免去了加载和启动创建这两个动作。到 www.glsbim.com 网站下载橄榄山快模软件免费版就可以使用橄榄山族管家和云族库中的资源。

章 后 习 题

一、单选题

1. 以下哪个是系统族？（A）

A. 楼板　　　　　　　　　　　　　　　　B. 家具

C. 墙下条形基础　　　　　　　　　　　　D. RPC

2. 以下哪个是族样板的特性？（B）

A. 系统参数　　　　　　　　　　　　　　B. 文字提示

C. 常用视图和参照平面　　　　　　　　　D. 族类别和族参数

3. 族样板文件的扩展名为（D）。

A. rfa　　　　　　B. rvt　　　　　　C. rte　　　　　　D. rft

4. 以下哪个是对"放样"建模方式的准确描述？（A）

A. 用于创建需要绘制或应用轮廓且沿路径拉伸该轮廓的族的一种建模方式

B. 将两个平行平面上的不同形状的端面进行融合的建模方式

C. 通过绘制一个封闭的拉伸端面并给一个拉伸高度进行建模的方法

D. 可创建出围绕一根轴旋转而成的几何图形的建模方法

5. 以下哪个是族样板选用的第一原则和最重要原则？（B）

A. 族的使用方式　　　　　　　　　　　　B. 族类别的确定

C. 族样板的特殊功能　　　　　　　　　　D. 族样板的活用

6. 控制族图元显示的最常用的方法是（C）。

A. 通过控件控制　　　　　　　　　　　　B. 族图元无法控制显示

C. 族图元可见性设置　　　　　　　　　　D. 设置条件参数控制图元显示

7. 通常情况下对族文件进行管理时，一级根目录是参考什么分类的？（B）

A. 族类型　　　　　　　　　　　　　　　B. 族类别

C. 族的用途　　　　　　　　　　　　　　D. 族的形式

二、多选题

1. Revit 族的分类有（ABD）。

A. 内建族　　　　　　　　　　　　　　　B. 系统族

C. 体量族　　　　　　　　　　　　　　　D. 可载入族

2. 工作平面的设置方法有（ABCD）。

A. 拾取一个参照平面

B. 拾取参照线的水平和垂直法面

C. 根据名称

D. 拾取任意一条线并使用该条线所在的工作平面

3. Revit 布尔运算的方式有（BD）。

A. 粘贴　　　　　　B. 剪切　　　　　　C. 拆分　　　　　　D. 连接

4. 族创建构思需要考虑哪些因素？（ABCD）

A. 族插入点/原点　　　　　　　B. 族的主体和族的类型

C. 族的详细程度　　　　　　　D. 族的显示特性

5. 以下哪些是二维族？（ABCD）

A. 轮廓族　　　　　　　　　　B. 详图构件族

C. 注释族　　　　　　　　　　D. 标题栏族

三、简答题

1. 简要描述族创建的步骤。

2. 基于族的使用方式，族样板分为几种类型？并分别描述各种类型的含义。

四、操作题

通过本章学习，自行创建"大学食堂"项目中的双扇平开镶玻璃门（打开光盘文件"第 6 章 \ 章后习题 双扇平开镶玻璃门 . rfa"）。

参考文献：

［1］　Autodesk Asia Pte Ltd. Autodesk Revit 2013 族达人速成［M］.

［2］　黄亚斌，徐钦，杨容，肖湘，孙欣 . Autodesk Revit 族详解［M］.

第7章 BIM 管线综合基础

本章导读

随着建筑市场的逐渐完善和发展，我国的建筑物设计、产品也有了质的飞跃，但在细节处理和产品整体品质完成度上，同国外先进水平有较大的差距，建成效果与预先方案也有很大差别。主要的原因是传统的设计理念淡化了综合管线在建筑整体品质中应发挥的作用。

本章通过对建筑物管线用途的本质思考，提出如何优化管线敷设。在建筑空间效果、使用舒适度、节能环保、经济适用等方面，寻求各方效益的平衡点，使建筑物功能效益最优化。

本章二维码

19. BIM 管线
综合基础

7.1 管线综合概述

7.1.1 建筑物管线综合敷设的意义和重要性

现代建筑物设备的综合性、智能性较过去有了很大提高，各设备管线之间的敷设难免出现"撞车"问题，迫使在建筑设计层面上作出重新调整。传统综合管线施工过程中仅仅考虑如何塞得下、不碰撞，注意力放在了管道的走向与排布上，当原来布置的走向、位置不合理或与其他工程发生矛盾时，才考虑调整位置和专业相互协调的意见。这种管线设计敷设只考虑单学科局部使用功能，无疑造成了浪费、不合理的结果，至少不是最优化的结果。管线作为现代建筑布局整体的一部分，应该是满足整体空间效果节约造价、节能环保。

另外，仅从供暖管道布线分析，现阶段我国单位建筑面积上能耗为同等气候发达国家的三倍以上。从可持续发展和维护人类生存条件的角度上看，合理布置管道布线，降低建筑能耗，节约自然资源，是建筑设计者迫在眉睫的事情。

7.1.2 管线综合优化设计理念概述

建筑作为一种特殊形式的产品，与其他类型的工业产品有相同之处。要求设计人员根据工程项目的需求，分析已有产品的优缺点，兼顾功能、结构、工艺、材料、成本等因素，预测产品将来的情况。从产品技术设计到工业生产方法，以及外观形态，都能按照设定方案来实现，使产品的社会价值与经济要求有机结合起来。管线设计作为建筑设计完成的技术手段，应与其整个系统保持一致，是个多方位整体性的系统化设计。设计者从不同思考角度出发则会得出不同的侧重点，最优化概念的综合管线设计主要考虑以下几种设计方法。

7.2 管线综合的一般规定

7.2.1 管线综合布置原则（表 7.2.1-1）

管线综合布置原则　　　　　　　　　　表 7.2.1-1

序号	原则	具体内容
1	满足深化设计施工规范	机电管线综合不能违背各专业系统的原设计意愿，保证各系统使用功能。同时，应该满足业主对建筑空间的要求，满足建筑本身的使用功能要求。对于特殊建筑形式或特殊结构形式（如屋面钢结构桁架区域），还应该与专业设计沟通，对双方专业的特殊要求进行协调，保证双方的使用功能不受影响
2	合理利用空间	机电管线应该在满足使用功能、路径合理、方便施工的原则下尽可能集中布置，系统主管集中布置在公共区域
3	满足施工和维护空间需求	充分考虑系统调试、检测和维修的要求，合理确定各种设备、管线、阀门和开关等的位置和距离，避免软碰撞

序号	原则	具体内容
4	满足装饰需求	机电综合管线布置应充分考虑机电系统安装后能满足各区域的净空要求，无吊顶区域管线排布整齐、合理、美观
5	保证结构安全	机电管线需要穿梁、穿一次结构墙体时，需充分与结构设计师沟通，绝对保障结构安全

注：管线综合协调过程中应根据实际情况综合布置。

7.2.2　管线综合注意事项

1. 管线综合一般排布原则

（1）尽量安排喷淋管道贴梁安装，预留 200mm 空间，其余管线不占用喷淋的 200mm 空间；

（2）在平面上主风管不应与成排的主水管和桥架交叉；

（3）在水支管或者电专业桥架与风管支管交叉处，可以采用风管从梁间上翻或在不影响净高的情况下风管下翻绕开；

（4）电专业桥架布置：尽可能利用平面空间，若出现与水管交叉的情况，应将电专业桥架排布在水管上层。

2. 管线综合一般步骤

（1）确定各类管线的大概标高和位置；

（2）调整电桥架、水管主管和风管的平面图位置以便综合考虑；

（3）根据局部管线冲突的情况对管线进行调整。

3. 管线综合一般避让原则

（1）小管让大管；

（2）利用梁间空隙；

（3）风、水管交叉处，局部应风管下翻（风管管径小于 320mm 时）；

（4）所有管线避让自流管道；

（5）造价低的管道避让造价高的管道。

7.3　管线综合模型要求

7.3.1　模型颜色区分（表 7.3.1-1）

模型颜色区分　　　　　　表 7.3.1-1

暖通		给水排水		电	
管线名称	实施方案颜色（RGB）	管线名称	实施方案颜色（RGB）	管线名称	实施方案颜色（RGB）
空调冷热水供水	0, 255, 255	消火栓管道	255, 0, 0	10kV 强电线槽/桥架	255, 0, 255
空调冷热水回水	0, 160, 156	自动喷水灭火系统	255, 0, 255	普通动力桥架	255, 63, 0

续表

暖通		给水排水		电	
管线名称	实施方案颜色（RGB）	管线名称	实施方案颜色（RGB）	管线名称	实施方案颜色（RGB）
空调热水给水	200，0，0	窗玻璃冷却水幕	255，128，192	消防桥架	255，0，0
空调热水回水	100，0，0	自动消防炮系统	255，0，0	照明桥架	255，63，0
冷却水供水	255，127，0	生活给水管（低区）	0，255，0	母线	255，255，255
冷却水回水	21，255，58	生活给水管（高区）	0，128，128	安防	255，255，0
冷冻水供水	0，0，255	中水给水管（低区）	0，64，0	楼宇自控	192，192，192
冷冻水回水	0，255，255	中水给水管（高区）	0，0，128	无线对讲	255，0，255
冷凝水管	255，0，255	生活热水管	128，0，0	信息网	0，127，255
空调补水管	0，153，50	污水-重力	153，153，0	移动信号	255，127，159
膨胀水管	51，153，153	污水-压力	0，128，128	有线及卫星电视	191，127，255
软化水管	0，128，128	废水-重力	153，51，51	消防弱电线	0，255，0
冷媒管	102，0，255	废水-压力	102，153，255		
厨房排油烟	153，51，51	雨水管-压力	0，255，255		
排烟	128，128，0	雨水管-重力	128，128，255		
排风	255，153，0	通气管道	128，128，0		
新风/补风	0，255，0				
正压送风	0，0，255				
空调回风	255，153，255				
空调送风	102，153，255				

7.3.2　各专业管线空间管理

在管线综合排布过程中，管道之间的距离，管道与墙面的距离一直是困扰大家的问题，困扰的原因不在于大家不知道间距的多少，而是各企业间、项目间、团队间没有一个统一的原则和规定。

本小节在这里对机电专业管线间距、定位作统一规定，各项目 BIM 技术团队请参照表 7.3.2-1～表 7.3.2-4 的规定执行。

管道中心距和管中心至墙面距离（cm）（钢管、镀锌钢管、钢塑复合管）（一）　　表 7.3.2-1

管径	25	32	40	50	65	80	100	125	150	200	250	300	管中心至结构构件边
保温管道与非保温管道													
25	100												100
32	100	150											150
40	100	150	150										150
50	150	150	150	150									150

管径	25	32	40	50	65	80	100	125	150	200	250	300	管中心至结构构件边
65	150	150	150	150	150								150
80	150	150	150	150	200	200							150
100	150	150	150	200	200	200	200						200
125	150	150	200	200	200	200	250	250					200
150	200	200	200	200	250	250	250	300	300				200
200	200	200	200	200	250	300	300	300	300	350			250
250	250	250	300	300	300	300	300	350	350	400	400		250
300	300	300	300	300	300	350	350	350	400	400	450	500	300

管道中心距和管中心至墙面距离（cm）（钢管、镀锌钢管、钢塑复合管）（二）　　表 7.3.2-2

保温层厚度	管径	25	32	40	50	65	80	100	125	150	200	250	300	管中心至结构构件边
保温管道与非保温管道														
35	25	200												150
50		200												150
35	32	200	200											150
55		200	200											200
35	40	200	200	200										150
55		200	250	250										200
35	50	200	200	200	200									150
60		250	250	250	250									200
35	65	250	250	250	250	250								200
65		300	300	300	300	300								200
35	80	300	300	300	300	300	300							200
70		350	350	350	350	350	350							250
40	100	300	300	300	300	300	300	300						200
75		350	350	350	350	350	350	350						250
45	125	300	300	300	300	300	350	350	350					250
80		350	350	350	350	350	400	400	400					300
45	150	300	300	350	350	350	350	350	350	350				250
85		350	350	400	400	400	400	400	400	400				300
50	200	350	350	350	350	350	350	400	400	400	400			300
90		400	400	400	400	400	400	450	450	450	450			350
55	250	350	350	400	400	400	400	400	400	400	400	500		300
100		400	400	450	450	450	450	450	450	450	450	550		350
60	300	400	400	450	450	450	450	450	450	500	500	550	550	350
105		450	450	500	500	500	500	500	500	550	550	600	600	400

管道中心距和管中心至墙面距离（cm）（钢管、镀锌钢管、钢塑复合管）（三） 表 7.3.2-3

保温层厚度	管径	25	32	40	50	65	80	100	125	150	200	250	300	管中心至结构构件边
保温管道与保温管道														
35 50	25	200 250												150 200
35 55	32	250 300	250 300											150 200
35 55	40	250 300	250 300	250 300										200 200
35 60	50	250 300	250 300	300 350	300 350									200 200
35 65	65	300 350	300 350	300 350	300 350	300 350								200 200
35 70	80	300 350	300 350	300 350	300 350	350 400	350 400							200 250
40 75	100	350 400	350 400	350 400	350 400	350 400	350 400	350 400						200 250
45 80	125	350 400	350 400	350 400	400 450	400 450	400 450	400 450	400 450					250 300
45 85	150	350 450	350 450	350 450	350 450	400 450	450 500	450 500	450 500	450 500				250 300
50 90	200	400 450	400 450	400 450	400 500	400 500	400 500	450 500	450 550	450 550	500 550			300 350
55 100	250	450 500	450 500	450 550	450 550	450 550	450 550	500 600	500 600	500 600	550 600	550 650		300 350
60 105	300	500 550	500 550	500 600	500 600	500 600	500 600	500 600	550 600	550 650	550 650	600 700	600 700	350 400

备注：除特殊情况外按此规定执行。

水平干管安装与墙、柱表面的安装距离（cm）（给水管道） 表 7.3.2-4

公称直径	25	32	40	50	65	80	100	125	150	200	250	300
保温管中心	150	150	150	200	200	200	200	250	250	300	350	350
不保温管中心	100	100	150	150	150	150	150	150	200	250	250	300

备注：除特殊情况外按此规定执行。

7.4　管线综合重点、难点部位

7.4.1　机房

机房管线排布一般原则

一般工程项目所包含的设备机房主要有给水排水机房、换热机房、消防泵房和空调机房等。机房内管道规格较大，且需要与机电设备进行连接。针对各种管线，把能够成排布置的成排排列，并合理安排管道走向，尽量减少管道在机房内的交叉、翻弯等现象。在一些管线较多的部位，尽量采用综合管道支架，既能节省空间，又可以节省材料，达到美观、实用、方便检修和使用的效果。

7.4.2　竖井

竖井管线排布一般原则

竖向上，为满足防火要求，电缆井、管道井、排烟道、排气道、垃圾道等各种竖向管井应分别独立设置，管线一般布置在竖井中。电缆井、管道井与房间、走道等相连通的孔洞，其空隙应采用不燃烧材料填塞密实。专用管道竖井，每层应设检修设施，检修通道宽度不宜小于 0.60m，检修门开向走廊。小型管道竖井，又称专用管槽，在管道安装完毕后可装饰外部墙门，并安装检修门。

管道竖井是管道较为集中的部位，应提前进行管道综合，否则会使管道布置凌乱。对该部位的管道进行分析，根据管道末端在各个楼层的出口来具体确定管道在竖井内的位置，并在竖井入口处做大样图，标明不同类型的管线的走向、管径、标高、坐标位置。

7.4.3　公共走廊

公共走廊管线排布一般原则

通常公共走廊内的管道种类繁多：包括通风管道及空调冷温水、冷凝水、电气桥架及分支管、消防喷淋、冷冻水等系统管线，容易产生管道纠集在一起的状况。必须充分考虑各种管道的走向及不同的布置要求，利用有限的空间，集合各个专业技术人员共同讨论符合现场实际的管线综合排布方案，使各种管道合理排布。

第 8 章 BIM 项目级建模细则

本章导读

  本章节是针对 BIM 技术实际项目应用阶段如何开展工作定制，涉及项目施工管理过程中的 BIM 技术应用管理。

  本章节为了让 BIM 技术能够落地而产生，能够为使用者或使用单位创造效益以及提高整个管理团队的技术手段与管理意识。

本章二维码

20. BIM 项目级
 建模细则

8.1　制订目标

8.1.1　项目分析

首先对项目进行可行性分析，根据项目进展的实际情况确定项目级 BIM 的实施目标。例如，根据 BIM 技术团队进入现场的时间来确定 BIM 的实施目标。

8.1.2　确定用途

根据实际项目的需求来完成 BIM 模型的搭建工作。

1. 投标需要

如果本项目是为了投标阶段应用，那么模型应快速搭建以进行三维展示与提升企业在投标过程中的竞争力，那么此阶段模型精度无要求，只要求快速搭建整体模型效果。

2. 场地狭小

如果本项目位于城市中心，施工场地狭小，BIM 团队是为了解决施工场地的问题，只需要对施工场地进行合理化排布，那么此阶段目标为施工场地合理化排布 BIM 应用。

3. 全过程应用

如果本项目为企业重点工程，需要进行整个施工周期全过程的 BIM 技术应用，那么此阶段为 BIM 全专业、全过程应用，此阶段最为复杂、时间周期最长。

8.2　组建团队

8.2.1　人员配置

项目级 BIM 团队要求驻场完成相关工作内容，人数满足要求即可。

建议配置：

BIM 项目经理 1 人。

BIM 土建工程师 1~2 人（根据项目大小而定，50000m² 以下 1 人，50000m² 以上 2人）。

BIM 机电工程师 2~3 人（满足施工时间为准，完成工作时间比实际工程进度提前一个月为准）。

BIM 预算人员 1 人（可兼职）。

动画、后期 1 人（可由专业人员兼职完成）。

8.2.2　硬件配置

推荐配置

CPU：i7 处理器（例如 Intel Core i7-4790K 处理器）；

主板：与 CPU 相匹配的主板即可（例如华硕 Z97）；

内存：8~32G；

显卡：推荐使用 N 卡，显存 2～4G；

硬盘：推荐 3TB 大小；

固态硬盘：推荐 256G 大小；

显示器：大小可调整，推荐使用双屏幕；

散热器：风冷、水冷均可；

电　源：使用匹配电源，推荐使用 520W 电源。

8.2.3　岗位职责

1. BIM 项目经理

岗位职责：

（1）参与 BIM 项目决策，制订 BIM 工作计划；

（2）建立并管理项目 BIM 团队，确定各角色人员职责与权限，并定期进行考核、评价和奖惩；

（3）确定项目中的各类 BIM 标准及规范，如大项目切分原则、构件使用规范、建模原则、专业间协同工作模式等；

（4）负责对 BIM 工作进度的管理与监控；

（5）组织、协调人员进行各专业 BIM 模型的搭建、分析、二维出图等工作；

（6）负责各专业的综合协调工作（阶段性管线综合控制、专业协调等）；

（7）负责 BIM 交付成果的质量管理，包括阶段性检查及交付检查等，组织解决存在的问题；

（8）负责对外数据接收或交付，配合业主及其他相关合作方检验，并完成数据和文件的接收或交付。

任职要求：

具备土建、机电等相关专业知识，具有丰富的建筑行业实际项目的施工与管理经验、独立管理大型 BIM 建筑工程项目的经验，熟悉 BIM 建模及专业软件；具有良好的组织能力及沟通能力。

2. BIM 工程师

岗位职责：

负责创建 BIM 模型、基于 BIM 模型创建二维图纸、添加指定的 BIM 信息。配合项目施工的实际需求。负责 BIM 可持续工作（BIM 技术交底、虚拟漫游、专项施工方案、4D 虚拟施工建造、工程量统计、配合现场材料采购等）。

任职要求：

具备相关专业知识，具有一定的 BIM 应用实践经验，能熟练掌握项目 BIM 软件的使用。

3. BIM 预算人员

岗位职责：

根据实际施工进度从 BIM 模型中提取、整理、汇总相关工程量信息，在模型中加入工程量清单综合单价信息。对现场实际发生成本进行把控、分析。根据施工进度计划配合 4D 施工模拟提供项目近期或者定期的资金使用计划。

任职要求：

具备相关专业知识，具有一定的 BIM 应用实践经验，能熟练掌握项目 BIM 软件的使用。

8.3　准备阶段

8.3.1　工作流程

见图 8.3.1-1。

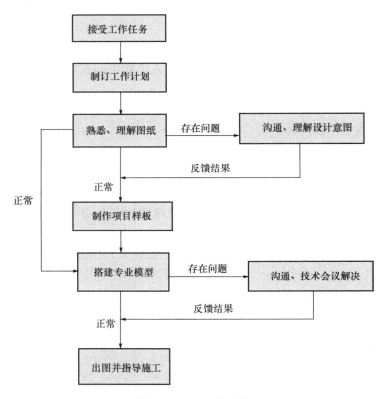

图 8.3.1-1　工作流程

8.3.2　工作计划

一般原则：

一般项目可根据实际施工进度进行模型搭建，满足比实际进度提前一个月完成的要求，提前安排各分部分项施工方案、材料准备、资金使用计划等工作。

特殊原则：

如项目由于工期、质量等其他因素要求在施工前完成所有专业模型搭建并达到指导实际施工的要求，可根据项目实际情况增加 BIM 工程师人数，制订详细的 BIM 模型搭建进度计划，确保在实际施工开始前完成相关工作。或由公司级 BIM 技术中心协调其他项目 BIM 技术团队对本项目合作进行模型搭建，由本项目 BIM 项目经理统一安排工作界面划分、工作配合等相关工作。

8.3.3 项目样板建立

每个项目开始前都要由 BIM 项目经理制定本项目的专业项目样板，所有专业 BIM 工程师在统一的项目样板下进行工作，确保所有构件信息统一，方便后期使用。

项目样板建立

1. 项目文档命名规则

（以 Revit 平台为例）

专业 A 划分：

L-场地　土建-TJ　设备-MEP　幕墙-MQ　室内装修-SNZX

专业 B 划分：

L-场地　建筑-A　结构-S　给水排水-PL　暖通-ME　电气-EL

幕墙-MQ　室内装修-SNZX

格式：〈项目编号〉-〈子项编号\楼号\其他标识〉-〈专业〉-〈模型类型〉

样例："2015.5-RH\1\F1-TJ-中心文件"表示项目编号为 2015.5，子项编号为荣华地产项目的简称，楼号为 1，其他表示为一层，专业为土建专业，类型为中心文件。

2. 构件命名规则

目的：便于统一管理，避免大量重复内容，方便查找调用，便于出图时表达统一。

细则：

墙体：（以 Revit 平台为例）

格式：〈楼层〉-〈使用位置〉-〈主体类型〉-〈主体厚度〉-〈其他〉

样例："F1-外墙-混凝土-300-C25"代表使用于一层建筑外表面的 300mm 厚混凝土墙体，混凝土强度等级为 C25（如果以一层为一个中心文件进行划分，第一项可免去）。

楼板：（以 Revit 平台为例）

格式：〈楼层〉-〈主体类型〉-〈主体厚度〉-〈其他〉

样例："F1-混凝土-150-C25"代表使用于一层的楼板为 150mm 厚的混凝土构件，混凝土强度等级为 C25（如果以一层为一个中心文件进行划分，第一项可免去）。

门族：（以 Revit 平台为例）

格式：〈门类型代号〉〈宽度〉〈高度〉

样例："M0921"代表 900mm 宽、2100mm 高的普通门。

"FM1521 甲"代表 1500mm 宽、2100mm 高的甲级防火门。

注：M—木门，LM—铝合金门，MLC—门联窗，FM—防火门，FJL—防火卷帘门，JLM—卷帘门。

留洞：（以 Revit 平台为例）

格式：

风洞（矩形）：FD〈宽度〉〈高度〉

电洞（矩形）：DD〈宽度〉〈高度〉

风洞（圆形）：FD〈直径〉

样例："DD0203"代表 200mm 宽、300mm 高的电洞。

"FD100"代表直径为 1000mm 的风洞。

（因设备留洞按照底高度的不同，其编号也不同，视情况可在编号后加"-n"的后缀，意思为安装高度）

管道：（以 Revit 平台为例）

格式：〈楼层〉-〈系统〉-〈类型〉-〈管径〉-〈其他〉

样例："F1-自喷-内外热镀锌钢管-150-卡箍"代表使用于一层的自喷管道为内外热镀锌钢管，管径 150mm，卡箍连接方式（如果以一层为一个中心文件进行划分，第一项可免去）。

注：其他类型在这里不再作具体划分。

3. 视图命名规则

说明：此名称为项目浏览器中的视图名称，而非图纸中显示的视图标题。

视图命名：（以 Revit 平台为例）

格式：〈楼层〉（可选）-〈专业〉（可选）

样例：

"F1-协调平面"代表一层建筑专业与结构专业所有构件都能够可视化的平面显示模式。

"F1-建筑平面"代表一层建筑专业所有构件都能够可视化的平面显示模式。

"F1-结构平面"代表一层结构专业所有构件都能够可视化的平面显示模式。

注：其他类型在这里不再作具体划分。

8.4　项目开始

8.4.1　总则

本节为 BIM 技术项目级应用统一标准重点章节，本节中将详细描述 BIM 技术在工程建设过程中的应用点以及应用方法。

8.4.2　模型深度标准建立

1. 各专业模型详细程度

（1）建筑专业模型详细程度（表 8.4.2-1）

建筑专业模型详细程度　　　　　　　　　　　　　　　　　　　表 8.4.2-1

详细等级（LOD）	100	200	300	400	500
场地	有高差的场地布置	简单的场地布置（部分构件用体量表示）	按图纸精确建模（景观、人物、植物、道路贴近真实）	概算信息	赋予各构件的参数信息
墙	包含墙体物理属性（长度、厚度、高度及表面颜色）	增加材质信息，含粗略面层划分	包含详细面层信息，材质附节点图	概算信息、墙材质供应商信息、材质价格	产品运营信息（厂商、价格、维护等）

详细等级（LOD）	100	200	300	400	500
散水	不表示	表示	表示	表示	表示
幕墙	表示，体现方案意图	嵌板加分格	具体的竖梃截面，有连接构件	幕墙与结构连接方式	幕墙与结构连接方式及厂商信息
建筑柱	物理属性：尺寸、高度	带装饰面，材质	带参数信息	概算信息、柱材质供应商信息、材质价格	物业管理详细信息
门、窗	同类型的基本族	按实际需求插入门、窗	门窗大样图、门窗详图	门窗及门窗五金件的厂商信息	门窗五金件、门窗的厂商信息、物业管理信息
屋顶	悬挑、厚度、坡度	加材质、檐口、封檐带、排水沟	节点详图	概算信息、屋顶材质供应商信息、材质价格	概算信息、屋顶材质供应商信息、材质价格、物业管理信息
楼板	物理特征（坡度、厚度、材质）	楼板分层、降板、洞口、楼板边缘	楼板分层、降板、洞口、楼板边缘、楼板材质信息	概算信息、楼板材质供应商信息、材质价格	概算信息、楼板材质供应商信息、材质价格、物业管理信息
天花板	用一块整板代替，只体现边界	厚度，局部降板，准确分割，并有材质信息	龙骨、预留洞口、风口等，带节点详图	概算信息、天花板材质供应商信息、材质价格	概算信息、天花板材质供应商信息、材质价格，物业管理信息
楼梯（含坡道、台阶）	几何形体	详细建模，有栏杆	楼梯详图	参数信息	运营信息，物业管理全部参数信息
电梯（直梯）	电梯门，带简单二维符号表示	详细的二维符号表示	节点详图	电梯厂商信息	运营信息、物业管理全部参数信息
家具	不表示	简单布置	详细布置＋二维表示	家具厂商信息	运营信息、物业管理全部参数信息

（2）结构专业模型详细程度（表 8.4.2-2～表 8.4.2-4）

结构专业模型详细程度（混凝土结构） 表 8.4.2-2

详细等级（LOD）	100	200	300	400	500
板	物理属性，板厚、板长、宽、表面材质颜色	类型属性，材质，二维填充表示	材料信息，分层做法，楼板详图，附带节点详图	概算信息、楼板材质供应商信息、材质价格	运营信息、物业管理所有详细信息
梁	物理属性，梁长、宽、高、表面材质颜色	类型属性，具有异形梁表示详细轮廓，材质，二维填充表示	材料信息，梁标识，附带节点详图	概算信息、梁材质供应商信息、材质价格	运营信息、物业管理所有详细信息
柱	物理属性，柱长、宽、高、表面材质颜色	类型属性，具有异形柱表示详细轮廓，材质，二维填充表示	材料信息，柱标识，附带节点详图	概算信息、柱材质供应商信息、材质价格	运营信息、物业管理所有详细信息
墙	物理属性，墙厚、宽、表面材质颜色	类型属性，材质，二维填充表示	材料信息，分层做法，墙身大样详图，空口加固等节点详图	概算信息、墙材质供应商信息、材质价格	运营信息、物业管理所有详细信息

结构专业模型详细程度（地基基础） 表 8.4.2-3

详细等级（LOD）	100	200	300	400	500
基础	不表示	物理属性，基础长、宽、高物理轮廓。表面材质颜色、类型属性，材质，二维填充表示	材料信息，基础大样详图，节点详图	概算信息、基础材质供应商信息、材质价格	运营信息、物业管理所有详细信息
基坑工程	不表示	物理属性，基坑长、宽、高物理轮廓。表面材质颜色	基坑围护，节点详图	概算信息、基坑围护材质供应商信息、材质价格	运营信息、物业管理所有详细信息

结构专业模型详细程度（钢结构） 表 8.4.2-4

详细等级（LOD）	100	200	300	400	500
钢柱	物理属性，钢柱长、宽、高、表面材质颜色	类型属性，根据钢材型号表示详细轮廓，材质，二维填充表示	材料信息，钢柱标识，附带节点详图	概算信息、柱材质供应商信息、材质价格	运营信息、物业管理所有详细信息

详细等级（LOD）	100	200	300	400	500
钢桁架	物理属性，桁架长、宽、高，五杆件表示，用体量代替，表面材质颜色	类型属性，根据桁架类型搭建杆件位置，材质，二维填充表示	材料信息，桁架标识，桁架杆件连接构造，附带节点详图	概算信息、桁架材质供应商信息、材质价格	运营信息、物业管理所有详细信息
钢梁	物理属性，长、宽、高，表面材质颜色	类型属性，根据钢材型号表示详细轮廓，材质，二维填充表示	材料信息，钢梁标识，附带节点详图	概算信息、钢梁材质供应商信息、材质价格	运营信息、物业管理所有详细信息
柱脚	不表示	族文件表示，二维填充表示	柱脚详细轮廓信息，材料信息，柱脚标识，附带节点详图	概算信息、柱材质供应商信息、材质价格	运营信息、物业管理所有详细信息

（3）给水排水专业模型详细程度（表8.4.2-5）

给水排水专业模型详细程度　　　　　表8.4.2-5

详细等级（LOD）	100	200	300	400	500
管道	不表示	有管道类型、管径、主管标高，有支管标高，并进机房1m	有支管标高、加保温层，并布置机房	按实际管道类型及材质参数绘制管道（出产厂家、型号、规格等）	运营信息、物业管理所有详细信息
阀门、仪表	不表示	绘制统一的阀门	按阀门的分类绘制	按实际阀门的参数绘制（出产厂家、型号、规格等）	运营信息、物业管理所有详细信息
其他附件	不表示	预留连接管道	按类别绘制	按实际项目中要求的参数绘制（厂家、型号、规格等）	运营信息、物业管理所有详细信息
卫生器具	不表示	简单的体量	具体的类别形状及尺寸	将产品的参数添加到元素当中（厂家、型号、规格等）	运营信息、物业管理所有详细信息
设备	不表示	简单的体量	有参数的几何体量	将产品的参数添加到元素当中（厂家、型号、规格等）	运营信息、物业管理所有详细信息

（4）暖通专业模型详细程度（表 8.4.2-6）

暖通专业模型详细程度

表 8.4.2-6

详细等级 （LOD）		100	200	300	400	500
风管道	管道	不表示	绘制主管线，添加不同的颜色	绘制支管线，管线有准确的标高、管径尺寸，添加保温	添加技术参数、说明及厂家信息，材质	运营信息与物业管理
	附件	不表示	绘制主管线上的附件	绘制支管线上的附件	添加技术参数、说明及厂家信息，材质	运营信息与物业管理
	末端	不表示	绘制主管线上的附件	绘制支管线上的末端，添加连接件	添加技术参数、说明及厂家信息，材质	运营信息与物业管理
	阀门	不表示	统一的阀门	有具体的外形尺寸，添加连接件	添加技术参数、说明及厂家信息，材质	运营信息与物业管理
	机械设备	不表示	简单的体量	几何体量	添加技术参数、说明及厂家信息，材质	运营信息与物业管理
水管道	管件	不表示	绘制主管线，添加不同的颜色	绘制支管线，管线有准确的标高、管径尺寸。添加保温、坡度	添加技术参数、说明及厂家信息，材质	运营信息与物业管理
	附件	不表示	绘制主管线上的附件	绘制支管线上的附件	添加技术参数、说明及厂家信息，材质	运营信息与物业管理
	阀门、仪表	不表示	统一分阀门	按类别绘制	添加技术参数、说明及厂家信息，材质	运营信息与物业管理
	设备	不表示	简单的体量	几何体量	添加技术参数、说明及厂家信息，材质	运营信息与物业管理

（5）电气专业模型详细程度（表 8.4.2-7）

电气专业模型详细程度 表8.4.2-7

详细等级（LOD）	100	200	300	400	500
设备构件	不表示	基本族	基本族、名称、符合标准的二维符号，相应的标高	准确尺寸的族、名称、符合标准的二维符号、所属的系统	准确尺寸的族、名称、符合标准的二维符号、所属的系统、生产厂家、产品样本的参数信息
桥架	不表示	基本路由	基本路由、尺寸标高	具体路由、尺寸标高、支吊架安装、所属系统	具体路由、尺寸标高、支吊架安装、所属系统、生产厂家、产品样本的参数信息
电线电缆	不表示	基本路由	基本路由、导线根数、所属系统	具体路由、导线根数、所属系统、导线材质类型	具体路由、导线根数、所属系统、导线材质类型、生产厂家、产品样板的参数信息

注：设备构件包括强电、弱电所有电气系统的相关设备、仪表、插座、开关、按钮等，具体项目按项目设计填写，参见表8-8。

2. 项目综合详细程度

见表8.4.2-8。

项目综合详细程度 表8.4.2-8

模型阶段	方案阶段	初设阶段	施工图阶段	施工阶段	运营阶段
模型深度等级	LOD	LOD	LOD	LOD	LOD
建筑专业					
场地	100	200	300	300	300
墙	100	200	300	300	300
散水	100	200	300	300	300
幕墙	100	200	300	300	300
建筑柱	100	200	300	300	300
门窗	100	200	300	300	300
屋顶	100	200	300	300	300
楼板	100	200	300	300	300
天花板	100	200	300	300	300
楼梯（含坡道、台阶）	100	200	300	300	300
电梯（直梯）	100	200	300	300	300
家具	100	200	300	300	300

模型阶段		方案阶段	初设阶段	施工图阶段	施工阶段	运营阶段
模型深度等级		LOD	LOD	LOD	LOD	LOD
结构专业						
板		100	200	300	300	300
梁		100	200	300	300	300
柱		100	200	300	300	300
梁柱节点		100	200	300	300	300
墙		100	200	300	300	300
预埋及吊环		100	200	300	300	300
地基基础						
基础		100	200	300	300	300
基坑工程		100	200	300	300	300
钢结构						
钢柱		100	200	300	300	300
钢桁架		100	200	300	300	300
钢梁		100	200	300	300	300
柱脚		100	200	300	300	300
给水排水专业						
管道		100	200	300	300	300
阀门		100	200	300	300	300
附件		100	200	300	300	300
仪表		100	200	300	300	300
卫生器具		100	200	300	400	400
设备		100	200	300	400	400
暖通专业						
风管道	管道	100	200	300	300	300
	附件	100	200	300	300	300
	末端	100	200	300	300	300
	阀门	100	200	300	300	300
	机械设备	100	200	300	300	300
水管道	管件	100	200	300	300	300
	附件	100	200	300	300	300
	阀门	100	200	300	300	300
	设备	100	200	300	300	300
	仪表	100	200	300	400	500

续表

模型阶段		方案阶段	初设阶段	施工图阶段	施工阶段	运营阶段
模型深度等级		LOD	LOD	LOD	LOD	LOD
电气专业（强电）						
供配电系统	配电箱	100	200	400	400	400
	电表箱	100	200	400	400	400
	变、配电	100	200	400	400	400
电力、照明系统	照明	100	200	400	400	400
	开关插座	100	200	300	300	300
线路敷设及防雷接地	避雷设备	100	200	300	400	400
	桥架	100	200	300	400	400
	接线	100	200	300	400	400
电气专业（弱电）						
火灾报警及联动控制系统	探测器	100	100	300	400	400
	按钮	100	100	300	400	400
	火灾报警电话	100	100	300	400	400
	火灾报警	100	100	300	400	400
线路线槽	桥架	100	200	300	400	400
	接线	100	100	300	400	400
通信网络系统	插座	100	100	400	400	400
弱电机房	机房内设备	100	200	400	500	500
其他系统设备	广播设备	100	100	300	400	500
	监控设备	100	100	300	400	500
	安防设备	100	100	300	400	500

注：如 BIM 模型深度不够，未能达到深度标准的，需附有相关说明性文件。

8.4.3 协同原则

基于计算机软硬件的性能限制，整个项目都使用单一模型文件进行工作是不太可能实现的，必须对模型进行拆分。不同的建模软件和硬件环境对于模型的处理能力会有所不同，模型拆分也没有硬性的标准和规则，需根据实际情况灵活处理。

1. 一般模型拆分原则

（1）按专业拆分，如土建模型、机电模型、幕墙模型等。

（2）按建筑防火分区拆分。

（3）按楼号拆分。

（4）按施工缝拆分。

（5）按楼层拆分。

2. 拆分要求

电脑配置情况分析，单专业模型，面积控制在 10000m² 以内，多专业模型（土建模型包含建筑与结构或者机电模型包含水、暖、电等情况），面积控制在 6000m² 以内，单个文件大小不大于 100MB。

8.4.4　深化设计

1. 各专业深化设计及其应用点

根据实际开展顺序，结构专业为最先施工的专业，所以也是 BIM 应用最早介入的专业，那么根据 BIM 技术的特点，在结构专业能做的深化设计有以下几种：

（1）首先是专业图纸优化，解决错漏碰等问题（例如，大型项目图纸分割后的连接处容易出现结构构件位置不符、尺寸不符等问题）。

（2）结构梁在平法标注中容易出现集中标注与实际跨数不符。

（3）结构柱容易出现柱表信息与实际平面大小不相符的情况。

2. BIM 技术在结构专业的建模方法

（1）不同编号的梁、柱、墙等构件要在命名时区分明确，更好地为后期其他深化工作打好基础。

（2）地下部分剪力墙暗梁在建模时要体现出来（如果有机电管线从这里穿越，可提前发现）。

（3）剪力墙暗柱在建模时要体现出来。

（4）混凝土强度等级在命名时可进行注释，或者在材质选择时添加也可以。

（5）结构板不建议一层一块，建议按照实际施工、结构支模时结构板的实际大小进行建模。

注：为了后期能够对结构支模竹胶板优化排布提供可靠的数据。

（6）由于钢筋模型极大地消耗了计算机的资源，所以一般不建议在结构模型中体现钢筋模型。如果需要，可另存一个专门的钢筋文件进行建模。注：复杂施工节点可建模进行施工指导。

3. BIM 技术在建筑专业的建模方法

（1）在项目临建使用过程中，可以先由公司级 BIM 技术中心建立具有本公司特征的标准化活动板房，再由各项目共同使用。

（2）在项目 BIM 模型搭建过程中，要严格按照施工图深度与现场实际情况进行（墙体高度建议到达板底或到达梁底）。

（3）门窗过梁、压顶按照施工图设计说明进行搭建（为了统计实际的砌体工程量以及后期对砌体进行优化排砖做好基础）。

（4）建筑地面按照施工图说明进行搭建，分区域进行，每个区域边界选择墙体内侧。

（5）墙体粉刷按照施工图说明进行搭建，按照现场实际情况对梁边、顶棚进行统一粉刷，命名按照墙体规则进行。

4. BIM 技术在机电专业的建模方法

（1）机电部件大致分为下面几大类：直管段、管件、附件、设备。在部件命名时部分情况下需要将相同的管线按照服务区域分开，如高区给水、中区给水、车库排风、卫生间排风等。

（2）目前各企业间机电建模有两种情况：

第一种：深化设计与 BIM 模型同步完成（推荐）

针对机电专业内部之间的管线综合排布。

　　机电深化设计过程中，建议由专业设计师利用三维建模软件，综合完成特定区域的所有管线综合深化任务，统一考虑各专业系统（建筑、结构、风、水、电气、消防等专业）的合理排布及优化，同时遵循设计、施工规范及施工要求。

　　第二种：深化设计与 BIM 模型分开完成（不建议此工作方式）

　　先对二维图纸进行单专业深化设计。

　　分专业建模、合并模型。

　　根据碰撞检查修改各专业管线和模型。

　　该做法会存在以下几个问题：

　　1. 一般的施工项目时间较紧，且过程重复频繁，深化设计工作完成后，再进行 BIM 建模，效率低，无法满足施工进度要求。

　　2. 因分专业分别单独建模，缺乏统一布置和综合思考，往往造成大面积管线碰撞，使再修改和协调工作量非常大，甚至全部重做。

　　（3）管线综合前，应明确管线综合的一般规范和原则。对机电施工蓝图（由设计院提供）依据 BIM 建模软件进行各专业管线综合设计。对综合完成的 BIM 模型进行碰撞检查以及查漏补缺工作，调整完成后进行报审，并对业主、顾问、设计院等提出的反馈意见进行及时修改，直至报审通过。

　　管线综合设计工作可分两步实施：

　　第一步，以配合满足项目土建预留预埋工作为主，进行机电主管线与一次结构相关内容的深化设计工作。

　　第二步，对应于精装修要求的情况下，进行机电末端的深化设计工作以及二次结构预留预埋相关内容的深化设计工作。

　　（4）管线综合过程中避免不了地要穿越结构构件，在穿越结构构件时，管道预留套管一般比管道外径大两个规格，如果是预留孔洞，一般孔洞大于外径 50~100mm。

8.5　成果交付

　　BIM 技术在成果交付中有很多种形式，大致可分为以下几种：

　　（1）基于 BIM 的各专业图纸（建筑图、电气、暖通、给水排水等）。

　　（2）BIM 模型（综合模型、专业模型）。

　　（3）4D 施工模拟。

　　（4）工程量清单。

　　（5）漫游动画。

　　（6）虚拟现实文件。

第 9 章　BIM 快速建模技术

本章导读

　　从本章开始讲解关于 Revit 插件的相关知识以及其使用方法。本章主要以橄榄山快模为例，来讲解如何使用橄榄山快模软件快速、高效率的搭建模型，同时会简单向读者介绍 Revit 二次开发技术，能够让读者在掌握快速建模方法的同时，简单理解 Revit 二次开发技术及其优势特点。

　　橄榄山快模软件是国内优秀的基于 Revit 平台的软件开发商，提供了众多免费工具帮助用户提高建模效率，解决了很多操作重复程度高、细节繁琐的问题，获得了众多 BIM 工作者的喜爱。

本章二维码

21. BIM 快速
建模技术

9.1　BIM 快速建模工具概述和作用

Revit 软件提供了建模的所有基础命令，本书前六章介绍了这些基础命令的用法。Revit 还提供了应用程序开发接口，应用程序编程接口英文是：Application Programming Interface，常常用缩略形式 API 来指代。第三方软件开发者通过 API 编写程序来访问 Revit 应用程序、创建和访问 Revit 模型中的构件和对象的所有信息。使用 Revit API 开发的程序被称为 Revit 插件，使用 Revit API 来作程序研发的过程常常称之为 Revit 二次开发。Revit 插件给用户的工作带来如虎添翼般的效果，相较于没有插件所做的工作，Revit 插件给用户带来的好处概述是大幅度提高工作效率、更准确的模型和图纸、更智能的模型、与外部软件信息交流。本章以 Revit 插件橄榄山快模软件为例来讲解插件技术如何加快模型创建速度。

9.1.1　Revit 插件功能

1. Revit 插件大幅度提高工作效率

Revit 插件可以实现用户使用 Revit 命令所做的绝大多数工作，比如创建梁、柱、板、墙等构件。插件里的命令可将用户的多步骤操作合并到一个操作里，由插件程序来连续执行多个操作。计算机的高速执行模拟用户的多步骤操作，极大地提高用户的工作效率。比如绘制轴网，Revit 只提供单根轴线的命令，要想绘制水平 20 跨、进深 15 跨的矩形轴网，需要执行 35 次操作。以 Revit 上的一个常用插件橄榄山快模的创建矩形轴网命令为例，操作如图 9.1.1-1 上部所示，只需要点击 6 次鼠标，确定进深开间的跨度和重复次数，即可全自动生成准确的轴网，极大地提高了效率。在使用 Revit 的过程中，类似可以通过工具来批量进行构件创建和编辑的情况有很多。

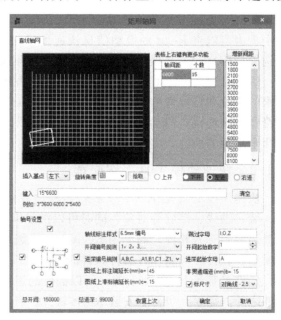

图 9.1.1-1　矩形轴网命令快速创建轴线

2. 插件使模型和图纸更准确

通过程序可计算出构件的精确坐标，可以精确到小数点后多位数。比人工通过鼠标用肉眼观察建立的模型更加精准，特别是构件之间的关系和定位。比如将 Revit 里面房间的名字注释放在房间的正中间，通过插件可以根据房间的多个边的端点坐标准确计算出房间的中心点，然后将房间注释文件放到这个居中的位置。如图 9.1.1-2 所示，左侧是手动布置的房间，右侧是使用橄榄山快模插件的房间居中命令得到的结果。

3. 插件使 BIM 模型更智能

Revit 二次开发技术允许在插件里面定义构件之间的联动关系，当模型中的一个对象

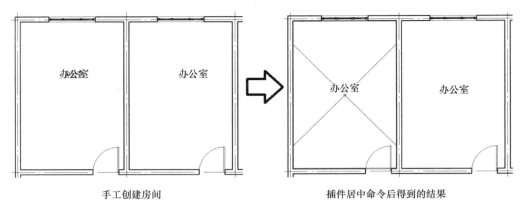

图 9.1.1-2　插件命令可以使对象的定位更准确

发生变化时，与之关联的对象自动跟随更新。例如，在进行管线综合调整时，会对已经开好洞口的管道进行位置调整，那么此时也需要修改洞口到新的位置与管道对齐。倘若逐个修改洞口，则会使工作量大大增加。此时，可以使用插件，将洞口和管道关联，每当管道位置发生改变时，洞口自动跟随管道位置移动，这样既提高了工作效率，也使模型变得更加智能。

4. 插件实现与外部程序之间的信息双向交流

BIM 经常需要与其他软件交流模型信息，通过 Revit API，可以将外部数据写入到模型中。也可以将 Revit 的模型信息快速地导出供第三方程序使用。比如可以将 PKPM 的结构模型信息通过其提供的插件在 Revit 里面快速重建模型，无需用户再次创建模型。

因此，通过 Revit 二次开发技术可以研发出功能强大的插件，来满足符合特定地区和国家的规范和特异性的需要。虽 Revit 平台是美国研发，但通过二次开发技术，可以研发出符合中国规范、符合中国用户习惯的软件。Revit 快速建模工具就是使用了 Revit 的 API 来编写的插件，实现快速创建模型。

9.1.2　快速建模工具工作原理

快速建模工具是 Revit 一系列插件命令的总称，这些命令用来快速地创建梁、柱、板、墙、轴线、楼层等对象，同时可以批量编辑模型的几何表现以及构件数据。快速建模工具是由第三方软件厂商调用 Revit 的开发编程接口 API 编写的程序，用于快速创建和编辑模型。软件厂商制作好插件软件的安装文件，用户获得安装文件并安装到计算机即可使用。插件是基于 Revit 研发的，所以插件的运行无法脱离 Revit 的平台。因此，安装 Revit 插件之前，需要在机器上安装 Revit 软件。启动 Revit 后，可以看到插件具有自己的功能区选项卡，如图 9.1.2-1 所示。

这些插件的功能区选项卡使用起来类似 Revit 自己的命令，与 Revit 自然融合。工作

图 9.1.2-1　快速建模工具在 Revit 界面中的位置

中点击那些选项卡，就可以启动快速建模工具中的命令了。

9.1.3 快速建模工具在 BIM 工作中的作用

建立 BIM 模型对于设计和施工都是基础工作，工作量占比最大。提高建筑 BIM 模型创建的速度，对 BIM 在设计和施工中效率的提高具有重要的帮助。使用 Revit 自带的功能建模慢、画图标注速度缓慢，虽然 Revit 具有联动效果、改动模型后各种图纸自动更新、自动绘制平面的构件线条等优点，但标注仍需要花费比传统二维方式更多的时间。从 2004 年开始 Autodesk 就在中国推广 Revit 在设计行业中的应用，但在设计院使用的比率在没有插件的情况下依旧很低。2012 年，橄榄山快模软件、理正等多个国内的 Revit 插件发布，对于设计和施工中的建模工作提供了大量的实用工具，有效地加快了模型的创建速度以及出图标注的速度。速度和效率是制约技术应用的关键。

具体到与本书的重点 BIM 建模具有同样的道理。目前，设计院、施工总承包商以及咨询机构均在创建 BIM 模型。快速建模工具的应用决定了 BIM 是否能够大规模使用，以及对于是否能够从 BIM 中产生经济效益都具有决定性的作用。此外，建模这项工作是一个纯粹的投入行为，真正 BIM 产生价值在于使用 BIM 模型来生成图纸，来指导管道综合工作，以及使用 BIM 模型和其中的数据用于施工多方协调和项目管理等方面。快速建模工具节省建模时间，在项目团队人员固定的情况下，还可将团队的主要精力放在模型产生经济效益的工作上，这样从 BIM 中产生的经济和社会效益就更多。

9.2 Revit 快速建模插件应用技术

从 2012 年开始，中国的一些建筑行业软件开发商陆续发布了一些 Revit 插件。在建模应用方面有橄榄山软件发布的橄榄山快模、鸿业软件发布的鸿业乐建、理正软件发布的理正 BIM 建筑、机电等。这些软件的发布有力地促进了中国 BIM 发展的进程。

在 BIM 概论这本书中，已经对这些中国常用的基于 Revit 上的插件软件作了详尽的介绍，这里不再全面介绍这几个软件。在后面的章节里，我们将以橄榄山快模软件为例来介绍快速建模工具软件的使用，主要是橄榄山免费版功能丰富，无论是对于教室培训，还是学会后在工作中去应用，都不需要投资购买。因篇幅有限本章的内容不以实战操作为主，以对功能的了解为重点。掌握快速建模插件的功能特点，以及有哪些工具可以快速建模。

在进行后面的讲解之前，需要安装橄榄山快模软件 6.2（含）以上版本。下载地址：www.glsbim.com 。

下载安装完成后，双击桌面上的橄榄山快模启动图标，选择需要的 Revit 版本进行启动即可。启动后可以看到橄榄山快模的命令选项卡。有五个选项卡：橄榄山快模—免费版、快图、GLS 土建、GLS 机电以 GLS 免费族酷，如图 9.2-1 所示。

图 9.2-1 橄榄山快模的命令选项卡

9.2.1　建筑主要构件的批量创建技术

本节将详细地介绍如何使用橄榄山快模创建模型中数量较大的构件，如楼层、轴线、梁、柱、墙、房间等构件。使用 Revit 插件命令可以把相同操作步骤简化，如构件创建或构件编辑，让计算机根据输入的参数来批量完成，显著提高工作效率和模型的精确性。

9.2.2　楼层批量创建编辑

中国的城市建筑绝大多数总层数都在 6 层（含）以上，高层建筑的层数就更多。如果设计中需要修改某一层的高度，其上的楼层都要改动。使用橄榄山快模的楼层命令只要改动一个楼层高度，其上的楼层标高都会全自动随之改动，大大简化了楼层的创建和编辑。

（1）打开模型文件→第 9 章→9.2.2 创建和修改楼层 .rvt 文件。

（2）单击【橄榄山快模—免费版】→【快速楼层轴网工具】→【楼层】命令 ▤ 楼层，进入楼层管理器界面，如图 9.2.2-1 所示。这里能批量创建楼层，编辑楼层的名字以及批量编辑楼层标高。在表格里可以对白色背景的单元格修改其中的楼层名称和层高。绿色背景的不能编辑。

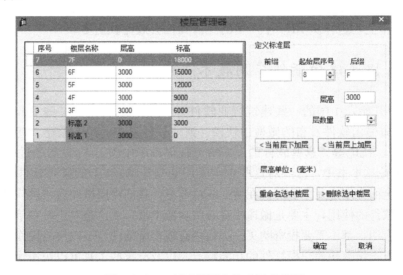

图 9.2.2-1　创建楼层和修改层高界面

批量添加楼层标高：在 【前缀】【起始层序号】【后缀】 中输入楼层的命名规则：前缀、起始层序号和后缀，前后缀可选。输入起始层序号为 3，后缀为 F。然后在层高编辑框输入 3000，层数量编辑框输入 5。在表格上点击目前最高的那个标高。最后，点击"当前层上加层"按钮，就会在表格中光标所在标高上方添加 5 个间距为 3000 的楼层标高。同理，若添加地下室楼层标高，可以单击最下面的标高，然后点击"当前层下加层"按钮来向下插入楼层标高。

修改某楼层的名字：在白色背景的"楼层名称"列双击任一个单元格，可以修改楼层名称。

修改某楼层高度：在"层高"列双击一个单元格，可以修改该标高上侧楼层的高度。回车后，其上部楼层的标高会全部自动更新成新的标高，节省了逐个修改上部楼层的操作步骤。

批量修改标高名字：在左侧的表格中选择多个标高，点击第一个楼层后，按 Shift＋点选来批量选择多个标高，然后单击"重命名选中楼层"，弹出如图 9.2.2-2 所示对话框。

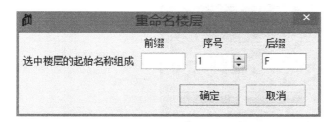

图 9.2.2-2　批量修改标高名字的规则定义

经过上述步骤后，得到如图 9.2.2-3 所示的结果。

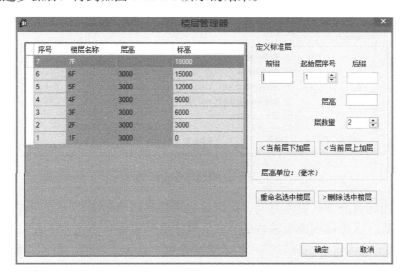

图 9.2.2-3　添加和批量修改后的标高结果

在界面上对楼层标高作了这些添加和编辑操作后，点击"确定"按钮，所作的修改就在模型里生效。

9.2.3　轴线的批量创建

批量创建轴线可通过快模软件中的矩形轴网、弧形轴网、线生轴、墙生轴以及单个添加轴线的方式来创建。相比 Revit 自带的创建轴线命令只能逐个绘制，快模软件中的这些命令可以批量创建轴线，极大地提高了工作效率。

首先，打开模型文件→第 9 章→9.2.3 创建轴线.rvt 文件。

创建矩形轴网

单击【橄榄山快模—免费版】→【快速楼层轴网工具】→【矩形】命令 ⊞ 矩形，弹出矩形轴网的参数输入界面，如图 9.2.3-1 所示。下面将介绍本书第 2 章中的大学食堂轴网的创建方法。

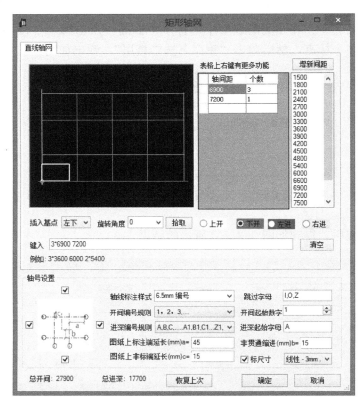

图 9.2.3-1　快速创建矩形轴网

可以选择用键盘的方式键入开间、进深，也可以在表格里面用下拉列表选择开间、进深的跨度和跨数。这里使用键盘输入的方式，输入开间参数：点击"下开"单选按钮，在"键入"编辑框里输入 3 * 6900 7200；输入进深参数：点击"左进"单选按钮，在"键入"编辑框里输入 5400 6900 5400，在轴号设置区域里可以选择轴号样式、轴号的起始值和进深轴号规则。同时，还可以设置轴线的长度等。点击确定后得到如图 9.2.3-2 所示界面。

此外，还有弧形轴网、添轴线、线生轴、墙生轴等命令可以快速创建轴线，其功能特点如图 9.2.3-3 和表 9.2.3-1 所示。关于这几个命令的使用，请参考橄榄山快模教程（可直接在 Revit 中的工具按键上方按 F1 键打开帮助说明）。

快速创建轴线命令的功能特点　　　　　　　　　　　　　　表 9.2.3-1

工具名	功　　能	适用特点
🏛 弧形	生成弧形轴网，给定几个参数，生成多跨弧形轴网	速度快。操作界面如图 9-10 所示
✏ 添轴线	相对既有轴线通过偏移距离来创建新轴线。后续轴线编号自动递增	临时在既有轴线里面添加单根轴线

工具名	功　能	适用特点
线生轴	将模型线或详图线批量生成轴线	适合于将导入的 DWG 中的轴线批量生成轴线
墙生轴	批量在 Revit 的墙中心线处生成轴线	适合于先创建墙，然后依据墙来生成轴线

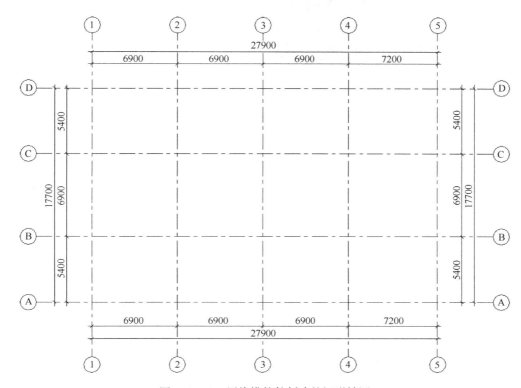

图 9.2.3-2　用快模软件创建的矩形轴网

为了便于对构件定位信息的查看，轴网工具中还提供了"浮动轴号"和"三维轴线"的工具。

"浮动轴号"工具可以在放大查看某一局部视图的时候，实时显示当前区域所在的轴网位置，便于设计人员快速了解某一区域的定位信息。可以点击【橄榄山快模—免费版】→【快速楼层轴网工具】→【轴号开关】来开启这项功能，效果如图 9.2.3-4 所示。对于浮动轴号的显示样式可以通过【快速楼层轴网工具】面板中的【设置】工具来进行更改，设置界面如图 9.2.3-5 所示。

"三维轴线"可以将平面视图中的轴网在三维视图下以模型线的方式来进行展示，便于在三维视图中查看构件的定位信息。

点击【橄榄山快模—免费版】→【快速楼层轴网工具】→【三维轴线】工具，打开"三维轴线"设置对话框，在对话框中根据需要自定义设定三维轴线生成的楼层标高、轴线颜色，以及轴线的生成方式（单根或者多根）等（图 9.2.3-6）。生成效果如图 9.2.3-7 所示。

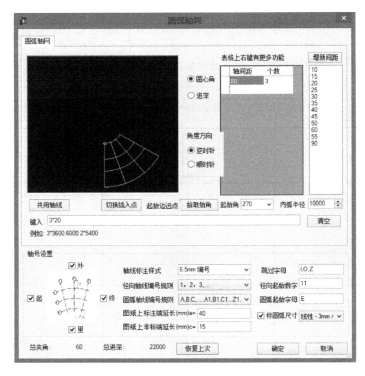

图 9.2.3-3　快速创建弧形轴线的界面

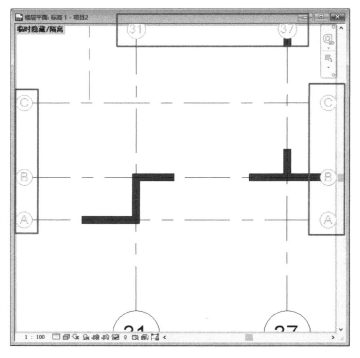

图 9.2.3-4　用浮动轴号放大查看

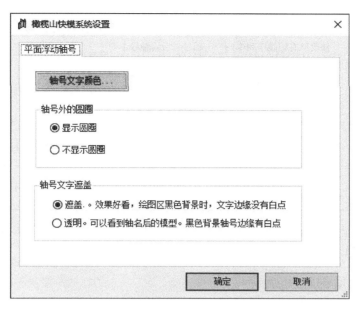

图 9.2.3-5　更改浮动轴号

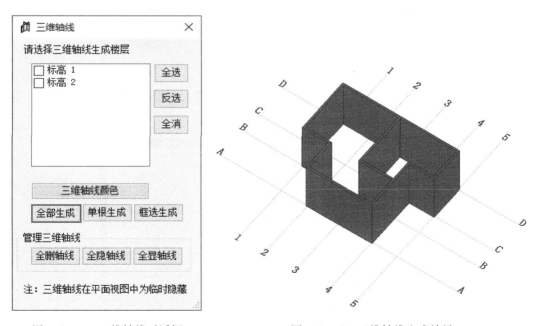

图 9.2.3-6　三维轴线对话框　　　　　图 9.2.3-7　三维轴线生成效果

9.2.4　轴号的快速编辑

快模软件提供了多个轴号快速编辑功能，其功能特点如表 9.2.4-1 所示。

轴号编辑工具　　　　　　　　　　　　　　　　　　　表 9.2.4-1

工具名	功　能	适用特点
改轴号	修改已有轴线序列中的一个轴号，后续轴号会随之修改递增或递减	全自动修改后续轴号
主转辅	将一根轴线转成辅轴线，后续轴号会自动递减	全自动修改后续轴号
轴线重排	对平行轴线全部重排，对平行轴线进行批量标注	一次性批量改名，速度快
逐一编号	按照鼠标点击次序来重命名轴线以及房间空间等。自主性很强	灵活、自由修改轴号

　　表中四个功能的操作方法在软件的帮助说明中有详细介绍，使用的时候也可根据状态栏的提示进行操作。

9.2.5　柱子批量创建

　　（1）首先打开模型文件→第 9 章→9.2.5 创建轴线 . rvt 文件。单击【橄榄山快模—免费版】→【快速生成构件】→【标准柱】命令打开"布置柱"对话框，如图 9.2.5-1所示。

图 9.2.5-1　快模标准柱参数设置界面

　　此时，状态栏提示可以输入"请窗选轴线（自右下至左上选择相交轴线）"，状态栏的文字提示随着布置柱对话框上选择不同的"交互布置方式"不同而相应地也不同。对话框上若"交互布置方式"选的是 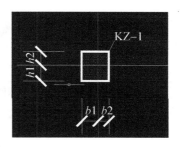 选项，Revit 状态栏提示内容是：在点击处插入柱子。即将插入的柱子是采用逐个插入的方式，所以请用鼠标点击 按钮。第一个插入的柱子在 $A1$ 轴线交点处，其宽高分别是 500×550，定位尺寸如下：$b1=300$，$b2=200$，$h1=300$，$h2=250$。各尺寸的含义如图 9.2.5-2 所示。

图 9.2.5-2　插入柱子的
定位尺寸

（2）所以，我们需要在界面上作如图 9.2.5-3 所示的偏心距离设置，同时需要设置插入的柱子的上下标高分别是标高 1 和标高 2。

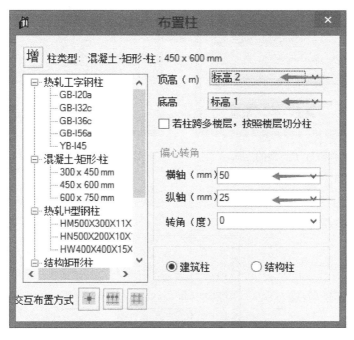

图 9.2.5-3　设置柱子的上下标高和偏心距离

（3）在当前模型文档里没有 500×550 的柱子，需要来创建一个新的柱子类型。步骤如下：首先选中左侧柱子类型列表中的"混凝土—矩形—柱"族下面的类型"300mm×450mm"，然后点击上方的"增"按钮，弹出如图 9.2.5-4 所示的"增加新类型"对话框。修改 $b=500$，$h=550$，新类型名称为 $500mm \times 550mm$，效果如图 9.2.5-5 所示。

（4）点击"确定"按钮关闭当前对话框。

（5）将鼠标对准 Revit 绘图区的 $A1$ 轴线交点处点击，就将柱子布置到模型中了。结果如图 9.2.5-6 所示。

（6）依照上述步骤可以插入所有的柱子。若柱子没有偏心，可以使用框选轴线的方式一次布置多个交点处的柱子。剩下的柱子插入工作请作为练习的形式来完成。一层所有柱子创建后，结果如图 9.2.5-7 所示。

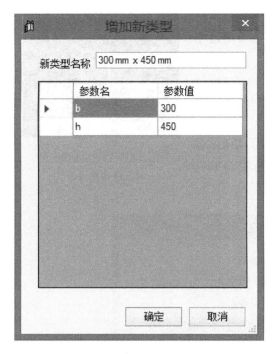

图 9.2.5-4　修改柱子类型的界面

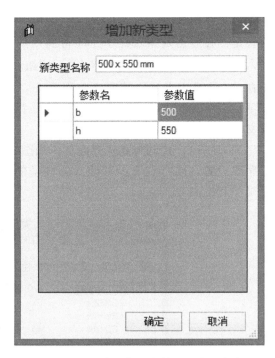

图 9.2.5-5　修改高宽参数以及类型名称

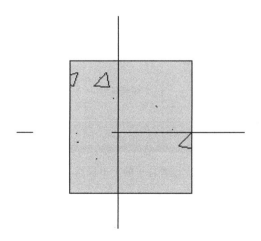

图 9.2.5-6　插入的第一个柱子

9.2.6　墙的快速创建

墙体的批量创建可以使用【轴线生墙】和【线生墙】命令。这里以【轴线生墙】工具为例来讲解，关于【线生墙】命令的使用可以参考橄榄山软件教程（可直接在 Revit 中的工具按键上方按 F1 键打开帮助说明）。

（1）单击【橄榄山快模—免费版】→【快速生成构件】→【轴线生墙】命令。界面如图 9.2.6-1 所示。

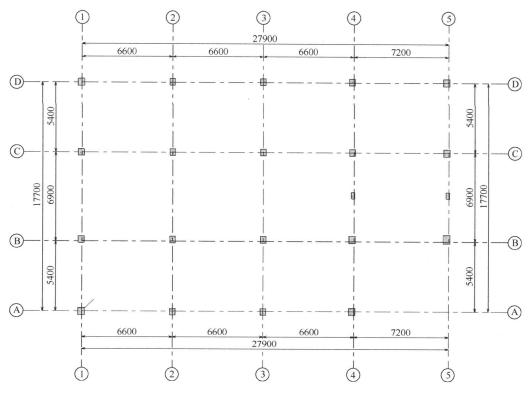

图 9.2.5-7 一层所有柱子创建结果

图 9.2.6-1 轴线生墙参数设置界面

（2）对话框左侧选择需要生成的墙体类型（显示的所有可用墙体类型均是基于当前样板文件）。

（3）设置墙体的顶部标高以及底部标高，同时设置是否按照楼层对墙体进行拆分。

（4）墙上定位线：可选择墙的中心或者外边缘等为定位线。

（5）偏心距：从墙的起点到终点方向的左侧偏移值为正，右侧偏移值为负。

（6）可自定义选择墙类型为建筑墙或结构墙。

（7）选择基线方式：一个轴线段（位于两个平行轴线中的一段轴线）；单根轴；窗选轴网。

（8）可勾选是否按轴线的交点拆分墙。

（9）点击选择需要生成墙体的轴线或轴网即可快速自动生成墙体。

（10）在 Revit 绘图区右键点击结束本命令，然后"取消"，或按键盘上的 Esc 按键，或点击对话框上的退出按钮结束本命令。

9.2.7　梁的快速创建

梁的批量创建可以使用【轴线生梁】工具。【轴线生梁】工具可以按照已经创建的轴网快速地生成梁。【轴线生梁】工具支持弧形轴网和矩形轴网，支持创建多楼层的梁，支持按轴线段对梁进行拆分，同时可自定义设定梁定位方式、偏心距离和梁顶面与楼层标高的偏移等。

（1）在【橄榄山快模—免费版】选项卡中的【快速生成构件】面板启动【轴线生梁】工具，打开"轴线建梁"对话框，如图 9.2.7-1 所示。

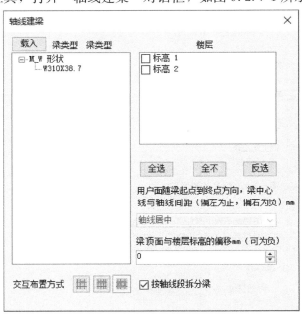

图 9.2.7-1　轴线建梁对话框

（2）在对话框左侧选择需要生成的梁类型，可用类型基于当前样板文件，若当前无想用类型，可以点击"载入"，调用打开橄榄山族管家进行快速搜索和加载需要的梁族。

（3）楼层：勾选需要添加楼层，支持全选、全不选和反选。

（4）梁中心线与轴线间距：从梁的起点到终点方向的左侧为正偏移，右侧为负偏移。

（5）梁顶面与楼层标高的偏移：正值表示高于楼层标高的偏移，负值表示低于楼层标高的偏移。

（6）选择基线方式：一个轴线段（位于两个平行轴线中的一段轴线），单根轴线，窗选轴网。

（7）可勾选是否按轴线的交点拆分梁。

（8）在 Revit 绘图区右键点击结束本命令，然后"取消"，或按键盘上的 Esc 按键，或点击对话框上的退出按钮结束本命令。

9.2.8 二次结构构件的快速创建

模型创建过程中，二次结构构件的数量较多，创建复杂，尺寸和位置调整较为繁琐，是建模过程中较为费时费力的工作。对于二次结构构件的创建可以通过工具来完成。橄榄山软件中提供了【构造柱】、【过梁压顶】和【圈梁】等工具，能够快速自动布置二次结构构件，下面将以【构造柱】工具为例来进行讲解，关于【过梁压顶】和【圈梁】命令的使用可以参考橄榄山软件教程来进行（可直接在 Revit 中的工具按键上方按 F1 键打开帮助说明）。

（1）在【GLS 土建】选项卡中的【精细建模】面板启动【构造柱】工具，如图 9.2.8-1 所示。

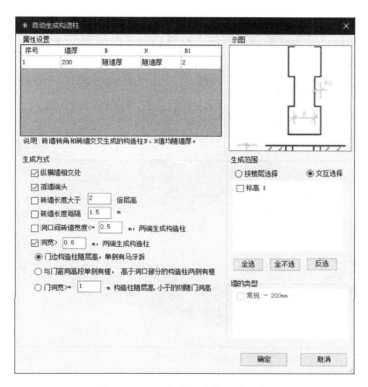

图 9.2.8-1　自动生成构造柱面板

（2）属性设置：在"属性设置"面板中，可以设置不同墙厚的构造柱的 B 和 $B1$ 值。$B1$ 代表马牙槎进深，B 代表构造柱长度。单位都是毫米。

（3）生成方式：纵横墙相交处：是针对 L 形、T 形、十字形相交的墙，分别在相交处生成 L 形构造柱、T 形构造柱、十字形构造柱。

（4）孤墙端头：是针对墙（包括直线墙和曲线墙）的某一端头处没有其他墙链接时，在该处生成单侧构造柱（此时构造柱是一字形。但是只有向墙中心那一面有牙齿状，另一面是上下平齐的）。

（5）砖墙长度大于两倍层高：当某墙（包括直线墙和曲线墙）满足该条件时，在墙中间生成构造柱。这里砖墙长度的定义，不是指墙的通长，而是根据墙被其他墙相交分割的交点之间的长度来定义的。当此时构造柱和门窗或洞口相交时，会自动在其两侧生成构造柱。

（6）砖墙长度大于 X：当某墙（包括直线墙和曲线墙）满足该条件时，在墙中间生成构造柱。这里砖墙长度的定义，不是指墙的通长，而是根据墙被其他墙相交分割的交点之间的长度来定义的。当此时构造柱和门窗或洞口相交时，会自动在其两侧生成构造柱。

（7）洞口间砖墙宽度≤X，两端生成构造柱：当某墙上的洞口（包括门窗生成的洞口或一般的洞口）满足该条件时，在洞口两侧生成构造柱。

（8）洞口间砖墙宽度＞X，两端生成构造柱：当某墙上的洞口（包括门窗生成的洞口或一般的洞口）满足该条件时，在洞口两侧生成构造柱。若选择了"门边构造柱随层高"，则此时由门形成的洞口，其两侧的构造柱随层高。若选择了"门洞宽≥X，构造柱随层高，否则随洞高"，则此时由门形成的洞口，若其洞宽大于等于 X，则其两侧的构造柱随层高，否则随门洞高。

（9）生成范围：在"生成范围"面板中，可以勾选对模型中哪些标高处的墙生成构造柱。可交互选择需要生成的部位。

（10）墙的类型：在"墙的类型"面板中，可以勾选对模型中哪些墙的类型生成构造柱。

（11）设定完成后单击确定即可生成 9.2.8-2。

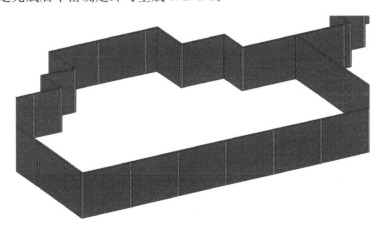

图 9.2.8-2　构造柱面板设置参数

9.2.9　建筑面层的快速创建

本节来介绍使用工具快速创建模型面层的方法。模型中为了精确表达项目中的材料用量，除了需要建立二次结构构件模型外，还需要建立面层构件，例如房间内的抹灰面层、天花板、踢脚以及梁外表面的抹灰等。橄榄山快模软件中提供了【房间装修】、【梁板窗抹灰】和【拾面建面层】三个创建面层的工具，这里我们以【房间装修】工具为例来进行讲解，【梁板窗抹灰】和【拾面建面层】的使用方法请参考橄榄山快模教程（可直接在 Revit 中的工具按键上方按 F1 键打开帮助说明）。

【房间装修】工具支持按照房间添加天花板、装饰面墙（包括墙体和柱子）、地板以及踢脚，支持链接模型。

（1）在【GLS 土建】选项卡中的【精细建模】面板中启动【房间装修】工具，打开房间选择对话框，如图 9.2.9-1 所示。

（2）选择房间是位于当前模型还是链接模型；选择装修对象，若想要对多楼层中具有相同名称的房间进行装修的话请选择"多层同名房间一起装修"。

若选择了"多层同名房间一起装修"选项的话，会弹出如图 9.2.9-2 所示的对话框。

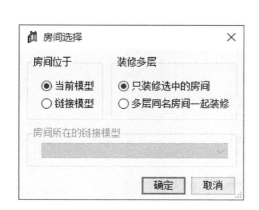

图 9.2.9-1　房间选择对话框

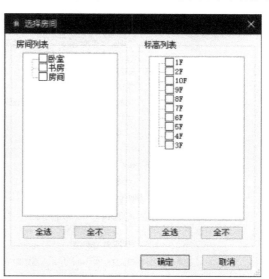

图 9.2.9-2　选择房间对话框

勾选需要进行装修的楼层，选择完毕后单击确定即可。

（3）这里选择"只装修选中房间"，单击确定，移动鼠标选择需要进行房间装修的房间，选择完成后单击选项栏中的完成，此时会弹出房间装修的设置对话框，如图 9.2.9-3 所示。

（4）设置对话框中提供了几种房间装修中需要生成的构件类型，可以根据需要进行勾选：

① 装饰墙；

② 天花板；

③ 楼板；

④ 踢脚。

（5）装饰墙：选择房间内墙体表面以及房间内柱表面需要使用的面层类型，所有可用类型均基于当前样板文件，用户需要提前准备好所需面层类型墙体。指定面层墙体高度，需要注意的是这里的单位是米，若需要面层墙体高度与天花板高度相同，则勾选【随天花板高度】即可。若柱子表面需要使用与墙体面层相同的面层墙体，则勾选【同墙体面层类型】即可。

（6）天花板：选择需要生成的天花板类型，若同时需要生成天花板面层，则不勾选【不创建天花板面层】，同时指定需要使用的天花板面层。指定天花板高度。

（7）楼板：指定需要使用的楼板类型，并指定其偏移值。选择楼板需要生成的边界。

（8）踢脚：选择并制订所使用的提交族（轮廓），选择使用哪种踢脚类型。指定踢脚的离墙距离以及离地高度。

（9）设定完成后单击确定即可。生成效果如图 9.2.9-4 所示。

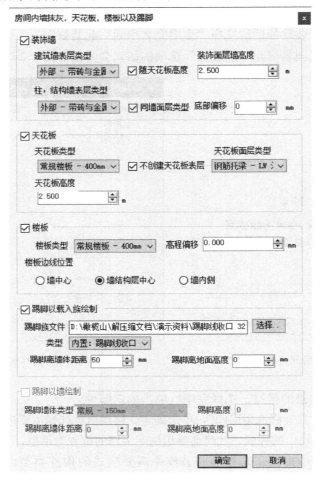

图 9.2.9-3　房间装修的设置对话框

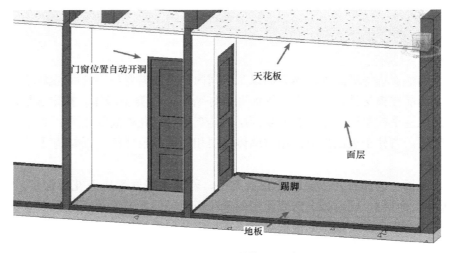

图 9.2.9-4　房间装修生成效果

9.2.10 其他快速建模工具

快模软件提供的快速创建建筑模型的其他命令如表 9.2.10-1 所示。

快速创建建筑模型的其他命令

表 9.2.10-1

工具名	功　能	适用特点
线生墙	把模型线或详图线、面积边界线、房间分隔线批量转换成 Revit 墙体。墙体的偏心定位由用户来选择	快速将导入的 DWG 中的墙基线转换成 Revit 墙体
线生管	将二维的线生成 Revit 管道。同时选择多跟线时，软件自动创建弯头、三通和四通来连接管道	快速创建管道，自动连接管道
梁下建墙	根据已经绘制好的梁来快速创建梁下的墙体，自定义指定墙体类型以及生成标高	快速创建二次结构墙体；适合斜梁位置的墙体布置
单跑楼梯	快速创建直段单跑楼梯。自定义指定楼梯类型、标高等，支持批量创建多个楼层的单跑楼梯	快速表现单跑楼梯
双跑楼梯	快速创建直段双跑楼梯。自定义指定楼梯类型、标高等，支持批量创建多个楼层的双跑楼梯	快速表现双跑楼梯
批建房间	为指定楼层批量创建房间	快速生成房间

9.2.11 快速编辑构件工具技术

快模软件里包含了一些构件快速编辑工具，功能如表 9.2.11-1 所示。

快模软件里包含的一些构件快速编辑工具

表 9.2.11-1

工具名	功　能	功能特点
万能刷	将一个构件的类型和参数值应用到另一批选中的同类构件上	大大加快构件的编辑速度。减少许多操作
切墙柱	将跨基层的墙、柱构件按照楼层标高切分成多个构件。可批量对多个墙、柱进行切分	效率高，减少很多繁琐的操作

续表

工具名	功　能	功能特点
柱齐墙边	批量将柱子的一面对齐到墙的表面。可以同时对多个柱子进行对齐操作	减少重复操作，快速编辑
墙齐柱边	批量将墙面对齐到柱子的表面。可以同时对多个墙进行对齐操作	减少重复操作，快速编辑
柱断墙	将与柱子重叠部分的墙体扣减掉。若墙与多根柱子相交，则会将墙自动断开到柱子边缘	可以将墙体断开为多道墙，同时支持链接模型
墙齐梁板	将墙顶部对齐到梁底或板底。梁板构件可以在链接模型中，也可以在当前模型里	支持斜梁和链接模型
批量建板	以梁、墙、柱为边界批量创建楼板，每个封闭的区域有一个楼板。智能考虑到墙、柱、梁之间的相交关系	可以批量为楼层创建楼板
一键扣减	对墙、梁、板、柱等构件按照相关规范进行构件扣减，保证模型中构件体积的准确性	支持链接模型
基础垫层	为基础添加垫层，以及防水层，自定义选择垫层以及防水层类型	批量创建基础垫层
基础上建柱	在已经绘制好的基础上添加柱子，自定义柱子的类型以及标高	便于批量布置柱子
开洞工具		
工具名	功能	特点
墙上开洞	对穿墙的水管、风管和桥架进行开洞和添加套管。可以自定义设定洞口及套管大小	支持链接模型
板上开洞	对穿板的水管、风管和桥架进行开洞和添加套管。可以自定义设定洞口及套管大小	支持链接模型

续表

工具名	功能	特点
梁上开洞	对穿梁的水管进行开洞和添加套管	支持链接模型
刷新开洞位置	当管道位置发生移动时,可以使用该工具一键将洞口和套管对齐到新的管道位置	可以批量地调整洞口和套管位置
多管开洞	对距离较近的管道进行合并开洞	支持链接模型
洞口标注	对开完的洞口和套管进行批量标注	便于出图

房间编辑工具

工具名	功　能	特　点
标注居中	将房间标注全部居中	一键操作,图面美观
空间改名	将空间的名字改为所在房间的名字	节省大量的逐个修改空间名字的操作
附房间名	在房间内的族实例上添加房间名字	让族实例上有房间信息,便于后期管理
属性刷	批量将指定房间的某些参数匹配到其他房间中	快速修改房间的参数
三维房名	将房间名称批量转化为三维文字	便于在三维视图中查看房间名称

　　除以上工具之外,橄榄山软件6.2版本中还提供了很多用于机电方面模型编辑和修改的工具,限于篇幅这里不再赘述,读者可以自行在【GLS机电】选项卡中查看关于机电方面的工具。

9.3　快模软件中的视图工具

　　Revit自带的三维视图可以勾选裁剪框属性,并调整裁剪框的范围来具体只显示模型的局部。但是这个操作比较繁琐,步骤多。使用快模软件中的三维视图命令可以快速创建局部模型的视图,如表9.3-1所示。

视图工具

表 9.3-1

工具名	功　能	特　点
局部3D	在平面图上，交互框选范围来生成改范围内的构件三维视图。用户可指定楼层范围	精确展示局部三维视图
构件3D	为选中的单个或多个构件生成三维视图，其他构件都不显示	清楚地在构件的三维视图中显示构件之间的关系
楼层3D	生成指定一层或多层的三维视图	轻松整层显示某一层
视图切换	在最近打开的两个视图之间进行切换	便于在视图间快速切换
视图←→图纸	在图纸视图和平面视图之间快速切换	避免了在项目浏览器中查找视口对应的平面视图
全隐/显	可以将指定构件在所有视图中进行一次性隐藏	快速将指定构件进行隐藏，避免了在每个视图中进行隐藏操作

9.4　快速选择工具

在建模过程中需要频繁地对各类构件进行选择，橄榄山快模软件中提供了多个选择工具来满足选择需要（表 9.4-1）。

快速选择工具

表 9.4-1

工具名	功　能	特　点
反向选择	快速反向选择未选中的构件	便于快速选中大量的构件
类别过滤	根据 Revit 的类别对已经选中的构件进行筛选	满足快速选择的需要
精细过滤	选择那些指定族类型以及在指定楼层上的构件。还可以附加参数来更进一步地精细选择	精挑细选，满足精选的需要
选多层同处构件	对多楼层中相同位置处的构件进行快速选择	快速选中多个楼层的构件

9.5　从 DWG 施工图到 Revit 的闪电建模技术

现阶段大量的 Revit 建模都是基于已有建筑设计 DWG 文件来进行，业界通常将这种方式称为 BIM 翻模。橄榄山快模软件目前提供了结构翻模、建筑翻模、风管翻模和管道翻模四种翻模工具。相较于手动导入 DWG 到 Revit 里然后逐个创建建筑构件的方式，快模软件的自动翻模可以数十倍地提高 BIM 的建模效率，准确率高，能够显著减少 BIM 从业公司的项目应用成本。

目前，橄榄山软件提供了两种翻模方式：

➢ 方式一：在 CAD 下进行信息提取，然后将信息保存为交换文件（中间文件），在 Revit 中利用中间文件进行翻模；

➢ 方式二：将图纸链接到 Revit 中进行信息提取后再翻模。

这两种方式虽然在操作上不同，但是其基本原理是类似的，下面将以第一种方式为例来阐述橄榄山软件的翻模原理。

橄榄山 BIM 自动翻模的原理是在 AutoCAD 里依据用户指定的图层信息，程序根据图层中的线条信息来判别其所属的构件，并提取线条的坐标，智能分析与其他线条的关系来计算出构件的相关尺寸和位置信息，在数据信息提取完成后会将这些信息保存为一个数据文件，这个包含了图纸信息的文件我们称之为"交换文件"或者"中间文件"，然后在 Revit 中利用橄榄山软件来读取并设定这些信息，最后将设定完成的内容交给 Revit，让其自动进行模型的建立。操作流程如图 9.5-1 所示。

图 9.5-1　DWG 自动翻模软件的建筑信息流程图

9.5.1　结构 BIM 自动翻模的操作技术

本节内容将以方式一为例来进行讲解，方式二除需要先将图纸链接到 Revit 中外，其他操作方法与方式一类似，这里不再赘述。

当前混凝土结构居多，一般都是用平法标注方式来表达，翻模软件会智能识别平法标注。

1. 结构 BIM 自动翻模功能特征

（1）适用于钢筋混凝土结构的平法 DWG 文件。

（2）将平法所表示的轴线、轴号、柱（含异形柱）和柱编号、梁和梁编号、墙在 Revit 里面创建出来。

（3）梁顶的高差偏移可读取出来并自动在 Revit 结构模型中表达出来。

（4）结构翻模中，直线梁会自动分跨，支持连梁和弧形梁翻模。

（5）对于标注有高度变化的梁以及在区域降板位置的梁可以自动进行梁高度调整。

（6）梁的集中标注和原位尺寸标注可以智能读取，原位标注文字距离梁的距离可以在翻模界面上指定。

（7）生成的 Revit 梁/柱的命名和实例属性信息中带有梁/柱的编号信息，可自定义梁/柱类型名称。

（8）对于 DWG 图纸中表达的问题，若软件在梁的高度提取到可疑的梁，则会在平面视图和三维视图中用一个红色的圆圈进行标识，同时用高度为 50 的梁来表达，便于用户快速检查翻模成果。

2. 从 DWG 导出翻模的操作步骤

以本书 BIM 模型的原始 DWG 文件来创建 BIM 结构模型。图 9.5.1-1 是结构梁配筋图，图 9.5.1-2 是本节操作后得到的模型。

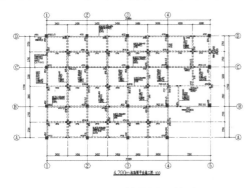

图 9.5.1-1　结构梁配筋图

图 9.5.1-2　快速翻模得到的 Revit 梁柱模型

（1）启动 AutoCAD（需要 2010～2017 之间的任何版本）。

（2）打开第 9 章→大学食堂初设-结构 _ t3. dwg 文件。

（3）点击【橄榄山快模】→【结构翻模】→【导出结构 DWG 数据】 ![icon] 命令，弹出如图 9.5.1-3 所示对话框。

（4）点击"点选轴线获取图层名"按钮，选择一根轴线并单击鼠标右键。软件自动将选择的轴线的图层名字填入到轴线图层名的编辑框中。

（5）与上述操作步骤类似，依次选取轴号文字、柱、混凝土梁、梁集中标注引线和梁原位标注的图层，注意命令行的操作提示。若同类型构件在多个图层，则需要连续点击按钮进行拾取，直到该类型构件的图层都已经拾取完成。图层选好后，结果如图 9.5.1-4 所示。

（6）在构件最大尺寸里面指定当前 DWG 中的构件的最大尺寸。越接近实际提取的模型的数据越精确。

① 最大柱宽/高：柱子边长尺寸小于这里给定的数值才会被拾取，同时这个值影响梁的分段准确性（6.2 版中这里无需设定，软件自动分析）。

② 最大梁宽：梁的两条平行边线的间距小于这里给定的值的才会在 Revit 里面生成（6.2 版中这里无需设定，软件自动分析）。

③ 最大墙宽：作用同上。本例没有结构墙，所以可以默认。

④ 梁原位标注距梁中心：这个值定义梁的原位标注文字距离梁中心的值。如果给得过小，那么会发生一些原位标注无法识别。

⑤ 悬挑梁大于：对于某些悬挑的梁，若想其作为单独一跨，则需要给定一个数值，当出现悬挑梁大于该数值时，则该悬挑梁单独作为一跨。

（7）梁顶高差表达式：如果梁顶有高差，在梁顶高差表达式编辑框输入梁顶高差偏

图 9.5.1-3　结构 DWG 翻模设置界面

图 9.5.1-4　指定构件的图层后的设置

移。A 是代表有正负号的高差值。本例没有梁顶高差，可以默认。

（8）区域升降板：通过识别升降板区域的填充图层，并指定其升降数据来实现对该区域的梁的自动升降。本图纸中并无区域升降板，这里可以不用操作。

（9）未标注尺寸的连梁：支持对连梁的翻模，可以将连梁的尺寸输入到该对话框中，输入的格式为 LL1＝300＊500，输入多个时中间用英文逗号隔开即可。

（10）若勾选"导出选中 DWG 到 Revit 模型里，自动链接到 Revit 里做底图"选项，则程序将自动对翻模区域进行拆图，并在翻模完成后将拆分后的图纸链接到 Revit 中作为底图，便于校验。

（11）设置导出文件名：设定交换文件的保存路径以及命名。

（12）点击确定。命令行提示选择定位点位置。这里可以选择 1A 轴的交点处为定位点位置。

（13）框选整幅图后右键点击。软件分析图纸并导出数据。并在命令行提示导出了梁、柱的数量。

3. 在 Revit 里面指定中间文件创建 Revit 三维模型

（1）启动 Revit。

（2）单击【GLS 土建】→【CAD 到 Revit 翻模】→【结构翻模 AutoCAD】 命令，从文件选择对话框里选择刚刚从 CAD 中导出的结构中间文件，后缀名称为 ＊.GlsS。确定后弹出如图 9.5.1-5 所示对话框。

图 9.5.1-5　结构翻模 Revit 端的用户交互设置界面

（3）点击柱子选项卡，可指定各柱子所需要的柱族类型。这里采用默认值，不指定族的类型，系统提供默认族。

（4）在（2-2）区域指定顶楼层、底楼层标高：顶楼层设置为标高 2，底楼层设置为标高 1。将在这两个标高之间创建构件。

（5）勾选需要创建的构件类别，这里可以勾选生成轴网、生成柱子、生成梁。

（6）插入点位置，点选"在模型中点击拾取"来选择插入点的方式。

（7）点击确定后，在图上的合适位置点击。这点会与在 AutoCAD 中提取时选择的定位点对齐。

（8）得到如图 9.5.1-6 所示的结构梁柱模型。

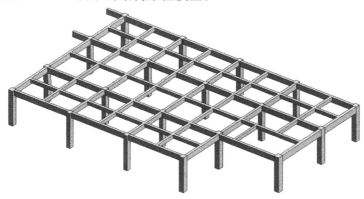

图 9.5.1-6 结构 BIM 自动翻模成果，共耗时 3min

9.5.2 建筑 BIM 自动翻模

快模软件的建筑 DWG 自动翻模，可将建筑施工图自动翻模成 Revit 建模模型。该功能可将建筑施工图中的主要构件轴线、轴号、墙、柱、异形柱、门窗和门窗编号、门窗的开启方向、房间和房间名全自动创建出来。根据门窗的编号中的高度信息，软件智能准确读取门窗的高度。建筑 BIM 翻模操作过程与 9.5.1 节中介绍的结构 DWG 自动翻模类似。橄榄山快模 6.2 版全面支持任何建筑软件绘制的建筑图，如天正 T3、天正 T5～T9 格式的 DWG、理正建筑图等。导出建筑 DWG 数据的操作界面如图 9.5.2-1 所示，按照界面进行相关图层的提取即可。建筑专业的中间文件后缀名为 *.GlsA。

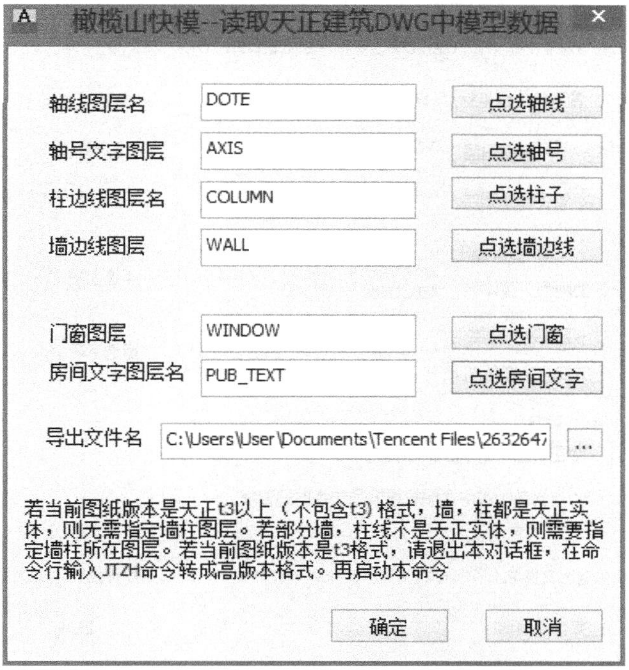

橄榄山快模--读取天正建筑DWG中模型数据

轴线图层名	DOTE	点选轴线
轴号文字图层	AXIS	点选轴号
柱边线图层名	COLUMN	点选柱子
墙边线图层	WALL	点选墙边线
门窗图层	WINDOW	点选门窗
房间文字图层名	PUB_TEXT	点选房间文字
导出文件名	C:\Users\User\Documents\Tencent Files\2632647	...

若当前图纸版本是天正t3以上（不包含t3）格式，墙、柱都是天正实体，则无需指定墙柱图层。若部分墙、柱线不是天正实体，则需要指定墙柱所在图层。若当前图纸版本是t3格式，请退出本对话框，在命令行输入JTZH命令转成高版本格式。再启动本命令

确定　　　　取消

图 9.5.2-1 导出建筑 DWG 图层设置

图 9.5.2-2 左图是建筑 DWG 施工图，右图是用快模软件自动翻模得到的 Revit 模型。由于篇幅原因这里不展开讲解建筑 DWG 自动翻模操作，请参考橄榄山快模教程（可直接在 Revit 中的工具按键上方按 F1 键打开帮助说明）。

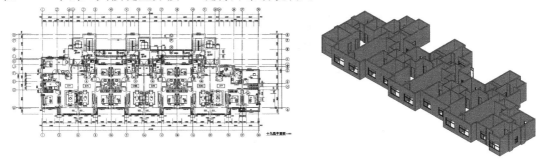

图 9.5.2-2　建筑 DWG 施工图及 Revit 模型

9.5.3　机电 BIM 自动翻模

橄榄山快模软件除了提供了建筑和结构专业的自动翻模工具外，还提供了包括喷淋管道翻模和风管翻模在内的机电翻模工具。

喷淋管道翻模可将给水、消防水、喷淋管道等的 DWG 图中的管道自动转成 Revit 的管道模型。智能识别管径标注文字，若图纸中无管径标注文字时，软件能智能分析前后相邻管道的尺寸以及管道下游所挂接的喷头数量自动计算出管径。

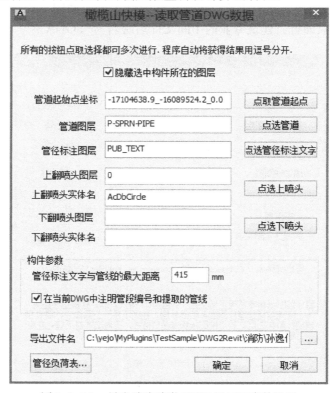

图 9.5.3-1　导出消防喷淋 DWG 图层和参数设置

如图 9.5.3-1 所示，一键拾取喷头、管道、管道标注等对象来获取其所在的图层，翻模软件在 Revit 里自动生成喷淋立管以及喷头（图 9.5.3-2）。图 9.5.3-3 左侧的图是消防喷淋 DWG 图，右侧图是用这个 DWG 消防喷淋图自动生成的 Revit 管道图。限于篇幅，这里不展开讲解喷淋管道翻模操作，具体内容请参考橄榄山软件教程（可直接在 Revit 中的工具按键上方按 F1 键打开帮助说明）。

图 9.5.3-2　Revit 中生成喷淋管道的参数设置

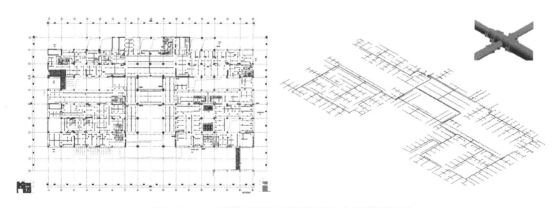

图 9.5.3-3　喷淋 DWG 和喷淋 BIM 自动模型结果

风管翻模可以将 DWG 图纸中的风管在 Revit 中自动转换成风管模型。软件可智能分析图纸中的管道尺寸标注以及标高标注，并将按照标注的信息生成管道。

在设定过程中可以自定义指定风管的系统类型、管道类型、管道标高以及是否生成立管等。风管翻模的设置界面如图 9.5.3-4 所示，其操作方式除需要先将图纸导入到 Revit 中外，其余操作与喷淋管道翻模相类似，限于篇幅这里不再赘述，具体操作请参考橄榄山软件教程（可直接在 Revit 中的工具按键上方按 F1 键打开帮助说明）（图 9.5.3-5）。

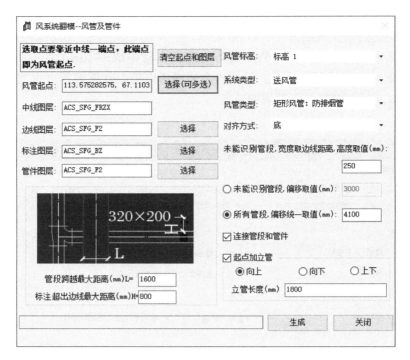

图 9.5.3-4　风管翻模的设置界面

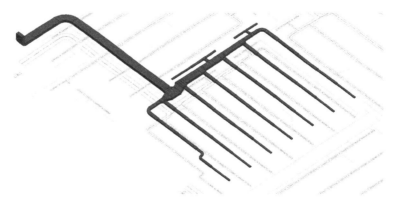

图 9.5.3-5　某风管翻模效果

章 后 习 题

一、建模操作题

到 www.glsbim.com 网站下载橄榄山快模免费版，安装后用光盘文件中第 9 章文件夹中的施工图 DWG 文件来进行全自动 BIM 建模实践。步骤类似本章的结构翻模。

1. 建筑 BIM 自动翻模：请使用"建筑施工图 .dwg"文件来创建 BIM 模型。

2. 结构 BIM 自动翻模：请使用"大学食堂初设-结构 _ t3.dwg"文件来自动创建 BIM 模型。

3. 喷淋 BIM 自动翻模：请使用"喷淋施工图 .dwg"文件来自动创建喷淋 BIM 模型。

如果步骤上有任何疑问，请查看随机帮助【橄榄山快模教程 .pdf】中的第二章第一节的内容，其详细介绍了详细步骤。

二、单选题

1. 关于"改轴号"命令的描述正确的是(A)。

A. 当前轴号改名后，其后续的顺次编号的轴线名字自动改变

B. 仅修改当前轴线的名字

C. 可以修改轴线的颜色

D. 可以修改轴线的样式

2. 关于"轴线重排"命令，哪项描述是错误的？（C）

A. 一次可以修改多根平行轴线的名字

B. 可以对轴线进行尺寸标注

C. 无法剔除不参与重命名的轴线

D. 可指定轴号大于 Z 后的轴号命令规则

3. 关于快模中"标准柱"命令的功能，下述哪项是错误的？（D）

A. 可以一次性地为多个楼层创建柱子

B. 可以创建贯通多楼层的通长柱，也可以将通长柱按照楼层打断

C. 非常方便地创建偏心或带转角的柱子

D. 命令启动后无法创建新的柱子类型

4. 要把一个构件上的参数设置全部匹配到其他多个构件上，使用哪个命令？（B）

A. 房间的"属性刷"命令　　　　　　　B. 万能刷

C. 快速过滤　　　　　　　　　　　　D. 族批改名

5. 下面哪个功能可以指定楼层和构件的类型来作过滤选择？（B）

A. 快速过滤　　　　　　　　　　　　B. 精细过滤

C. 批量编号　　　　　　　　　　　　D. 构件 3D

6. 关于墙上开洞命令，下面描述错误的是(C)。

A. 可以根据风管、水管、桥架的位置在墙上批量开洞口

B. 在水管上可以添加套管

C. 无法给管道选择套管的尺寸计算方法

D. 可以根据机电链接模型中的管线在主模型上为墙开洞

7. 关于喷淋 BIM 自动翻模，下面哪个表述是错误的？（B）

A. 在 Revit 自动创建连接喷淋头的上下立管

B. 不能自动创建管道连接件来连接喷淋管

C. 智能读取管径文字标注，获得管径尺寸并在 Revit 里自动创建出来

D. 当管线没有标注管径时，软件自动根据喷头个数来计算出喷淋管的尺寸

8. 建筑 BIM 自动翻模不能实现的功能是(D)。

A. 智能读取施工图 DWG 中的轴线编号，在 Revit 端创建带正确编号的轴线

B. 智能读取门窗的编号，并将门窗编号中的高度信息提取出来作为门窗高度数据

C. 支持天正、理正等多种建筑软件绘制的建筑施工 DWG 图

D. 根据墙的外立面施工图来创建模型外立面构件

三、多选题

1. 关于 Revit 插件，下面哪些项是正确的？（BD）

A. Revit 插件是一种软件程序，由 Autodesk 研发出来

B. Revit 插件是用 Revit API 研发出来的程序，Autodesk 公司之外的开发者也可以来开发插件

C. Revit 插件可以脱离 Revit 运行，不需要安装 Revit 软件

D. Revit 插件必须在 Revit 里面运行，需要先安装 Revit 软件

2. 橄榄山快模的楼层管理工具有哪些便捷的功能？（ABC）

A. 批量创建楼层标高

B. 快捷修改高层中某一层的楼层高度

C. 批量修改楼层标高名

D. 在立面图中批量调整标高线两端端点位置

3. 快模软件里面创建轴线的快捷方法有哪些？（ABCD）

A. 矩形轴网可以根据输入的开间和进深间距生成轴网并能标注轴线尺寸

B. 弧形轴网可以根据输入轴线夹角以及弧形轴线的间距生成弧形轴网

C. 墙生轴线命令可以根据建筑师预先绘制的墙的中心位置创建轴网

D. 线生轴命令可在模型线、详图线的位置创建轴线。适合将 DWG 中的轴线转成 Revit 轴线实体

4. BIM 翻模软件的功能有哪些特点？（ABC）

A. 可将设计院出的二维施工 DWG 快速转换成 Revit 里的三维模型

B. 可将二维 DWG 图中的构件编号、构件尺寸直接带入到 Revit 的构件中

C. 智能识别施工图 DWG 中的文字信息，作为构件的编号或尺寸的依据

D. 门窗、墙、轴线、梁、柱等构件需要分多次翻模

第 10 章　机电快速建模以及计算技术

本章导读

　　从本章开始讲解关于 Revit 插件的相关知识以及其使用方法。本章主要以鸿业软件的 BIMSpace 为例，来讲解如何在 Revit 中使用软件来提高机电建模效率。

　　BIMSpace 中提供了管道计算和管道分析类工具，在机电建模以及模型分析方面具有一定优势。

本章二维码

22. 机电快速建
模技术

使用 Revit 的插件创建机电建模可大幅度提高工作效率，可减少大量的雷同操作，以及附带了机电行业资深的特性到插件里面，借助插件技术更快地建立完善的机电 BIM 模型。本章以鸿业软件的 BIMSpace 为例来介绍 Revit 机电快速建模的技术。

鸿业 BIMSpace2015 系列软件是鸿业科技通过大量的用户调研，结合二十余年建筑行业软件研发经验，针对国内设计师在 BIM 设计应用环节中，上手慢、效率低、出图难、缺乏本地化的族库及标准化的 BIM 协同平台等难点、痛点而研发的。基于 BIM 理念的集成化 BIM 协同设计平台，BIMSpace2015 内置符合中国标准规范的不同建筑类型预设的设计样板和丰富的本地化族库，并且集成了乐建建筑设计软件、给水排水、暖通、电气设计软件、施工深化设计软件、族立得构件库管理软件、资源管理、文件管理、能耗分析、负荷计算等大量的专业应用功能。并提供了设备快速布置、卫生间自动化设计、设备管道批量快速连接、楼梯坡道参数化建模、带坡度管道的修改调整、管道碰撞处理、局部三维显示等高效的建模辅助工具；以及批量标注、平面图、系统图、轴测图等符合中国出图规范的自动成图工具和能耗分析、水力计算等专业计算工具。其开放的体系架构，可支持其他 BIM 软件顺畅接入，为全生命周期的 BIM 应用提供强有力的技术支撑。

鸿业 BIMSpace2015 系列软件基于 Revit 平台，目前支持 Revit2014/2015/2016 版本，涵盖了建筑、给水排水、暖通、电气的所有常用功能，向用户提供完整的施工图解决方案。鸿业 BIMSpace2015 系列软件包含以下内容（图 10-1）：乐建软件（建筑设计软件）、性能分析软件（负荷计算）、给水排水设计软件、暖通设计软件、电气设计软件、机电综合软件（管综及支吊架设计）、族库管理软件、资源管理软件、文件管理软件。

图 10-1　软件界面

10.1　性能分析软件（负荷计算）

如图 10.1-1、图 10.1-2 所示，可以自动提取模型中的建筑墙体、门窗、电气设备等相关信息，如图 10.1-3 所示，自动创建计算空间。可完成整个建筑的空调冷热负荷计算、焓湿图绘制与状态点计算、一次回风与二次回风计算、风机盘管处理过程计算、风量负荷互算、温差送风量互算等专业计算，如图 10.1-4 所示。

计算结果自动传递到对应的模型中，并可任意查询计算数据，任意标注。

图 10.1-1　负荷计算

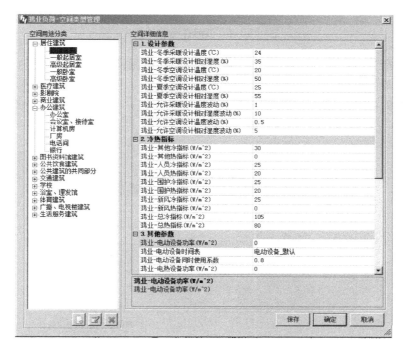

图 10.1-2　空间类型管理

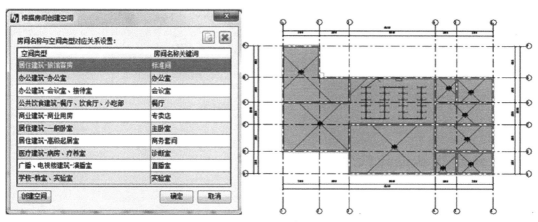

图 10.1-3　创建空间

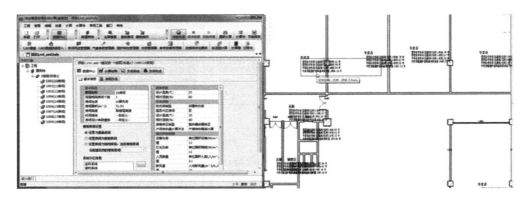

图 10.1-4　负荷计算及结果

可根据负荷计算结果与绿色节能标准，软件自动检测模型中墙体的传热系数，并根据地区标准进行节能判断。

不符合节能标准的墙体，软件自动计算保温层厚度，并通过协同机制传递到建筑专业，如图 10.1-5 所示。

图 10.1-5　保温层厚度计算

10.2　给水排水设计软件

10.2.1　给水排水

提供全面的建模功能，可以实现布置器具、连接器具、布置喷头、连接喷头、连接管道、管道编辑、管道升降、布置阀件等。提供准确的计算分析功能，实现喷淋计算、水力计算和其他通用计算等。提供方便的统计标注功能，可以实现喷头范围检查、管道类型标注、管径标注和设备材料统计等。

1. 系统设置

如图 10.2.1-1 所示，可新建和编辑系统，设置系统名称、缩写、颜色、线形、线宽，同时可对默认的系统作相应的修改。

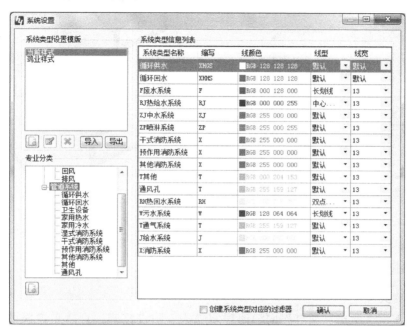

图 10.2.1-1　系统设置

2. 批量连接器具

如图 10.2.1-2 所示，自动搜索器具的给水点、排水点，可自动连接管道与器具。同时提供了丰富的管道接头样式，可根据管径自动完成弯头、三通、四通、变径等连接。

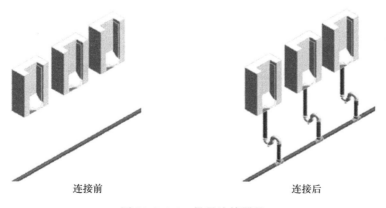

连接前　　　　　　　　　连接后

图 10.2.1-2　批量连接器具

3. 自动设计

如图 10.2.1-3 所示，通过多种布置方式可将器具放置到模型中，确定立管位置后通过框选软件会自动给出连接方案，如图 10.2.1-4 所示。

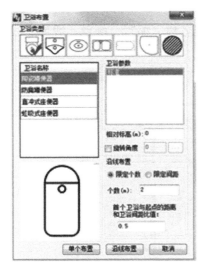

图 10.2.1-3　布置器具

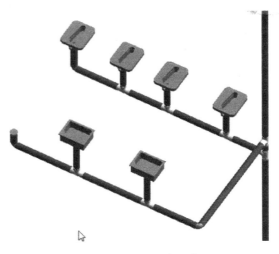

图 10.2.1-4　自动设计

10.2.2　消防喷淋

1. 布置喷头

如图 10.2.2-1 所示，通过界面快速检索喷头、附件样式，直接布置模型。同时，软件提供了单个布置、辅助线交点布置、区域布置等多种常用布置功能，能够快速完成整个空间的设备及阀件的布置，如图 10.2.2-2 所示。

根据防火危险等级及喷头喷洒半径自动校核保护范围，能够在模型中直接观察到喷洒范围，保护效果一目了然，如图 10.2.2-3 所示。

2. 批量连接

使用批量连接功能可以将框选范围内的喷头全部自动连接到相邻干管上，并自动处理喷头上弯、下弯管件。

3. 系统计算

可根据喷头数量、危险等级和喷洒流量信息，自动确定各级消防支管及干管的管径，模型联动修改，接头管件同步匹配，如图 10.2.2-4 所示。

图 10.2.2-1　布置喷头

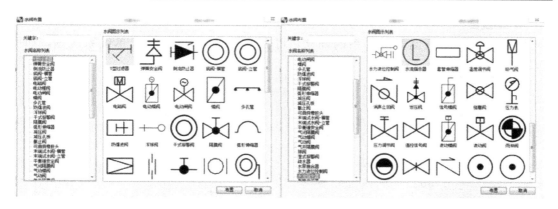

图 10.2.2-2　布置设备及阀件

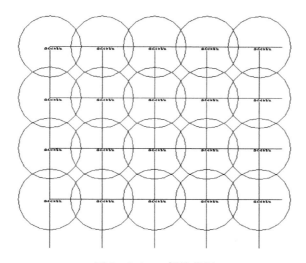

图 10.2.2-3　保护范围

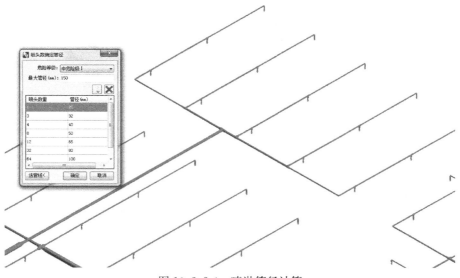

图 10.2.2-4　喷淋管径计算

4. 系统图

通过对器具的图例对应关系的确立，可方便、快捷地生成 45°单线系统图，如图 10.2.2-5 所示。

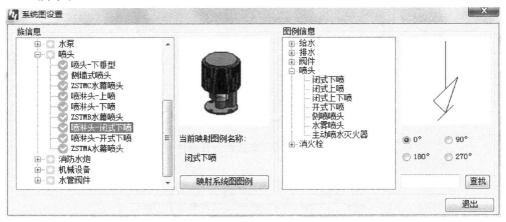

图 10.2.2-5　系统图设置

5. 消火栓布置及批量连接

软件提供了非常直观的布置界面，如图 10.2.2-6 所示，方便用户快速选择消火栓及相应器具，直接放置在模型中，并通过框选进行批量连接处理。

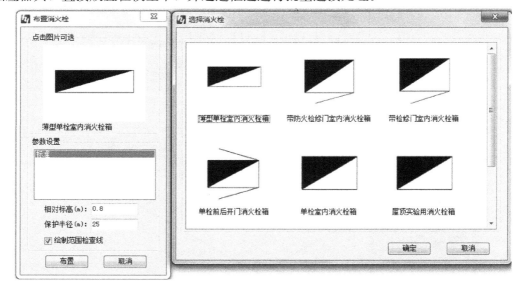

图 10.2.2-6　布置消火栓

10.3　暖通空调软件

提供全面的建模功能，可以实现布置设备、连接设备、连接管道、管道编辑、管道升降、碰撞处理和布置阀门、布置散热器等。提供准确的计算分析功能，可以实现负荷计算、墙厚调整、水系统计算和风系统计算等。提供方便的统计标注功能，可以实现房间负荷标注、管道类型标注、管径标注和设备材料统计等。

10.3.1　风系统设计

1. 系统设置

可以新建系统和编辑系统名称、系统缩写、线型、线颜色以及线宽等信息，方便管理全专业系统，如图 10.3.1-1 所示。

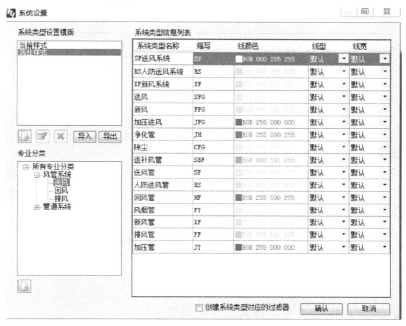

图 10.3.1-1　系统设置

2. 布置设备

如图 10.3.1-2、图 10.3.1-3 所示，提供风系统建模设计中风机、风口、风阀等设备的布置功能，通过灵活、方便的设备族检索界面，结合鸿业丰富的设备族库，即点即用。自动布置、沿线布置、矩形布置、居中布置等布置功能极大地提高了设备的布置效率。

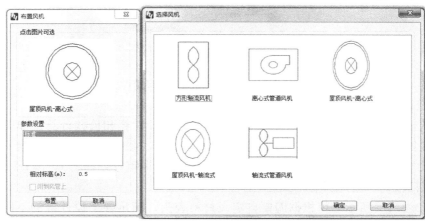

图 10.3.1-2　布置设备

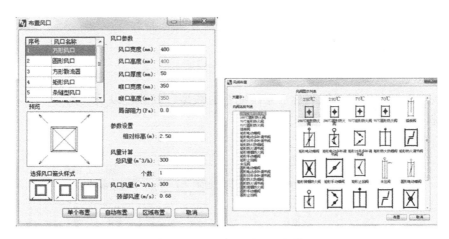

图 10.3.1-3　布置风口及阀件

3. 批量连接

如图 10.3.1-4 所示，提供风管的批量连接；风机与风管的自动连接以及风管与风管间的自动连接功能，方便实用，大大节省了设计师不必要的时间浪费，轻松解决设备与风管及风管与风管间的连接问题，如图 10.3.1-5 所示。

图 10.3.1-4　批量连接

图 10.3.1-5　批量连接后的风管

4. 系统计算

提供从模型中直接提取系统信息进行风系统的设计计算和校核计算，如图 10.3.1-6 所示，并提供灵活的系统设定以获取最优化的系统方案。系统模型自动根据计算结果更新各段风管尺寸。计算完成后，可以生成计算书，方便后期审查，如图 10.3.1-7 所示。

5. 材料表

如图 10.3.1-8 所示，可根据需要自定义材料表头，满足各个设计院的不同要求，结果可直接展现在 Revit 界面中，也可直接导出到 Excel 表格中保存，如图 10.3.1-9 所示。

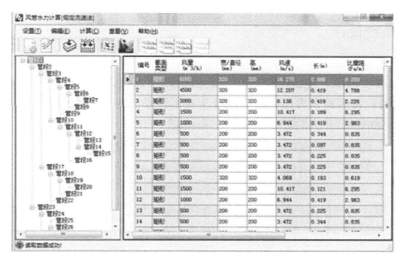

图 10.3.1-6　水力计算

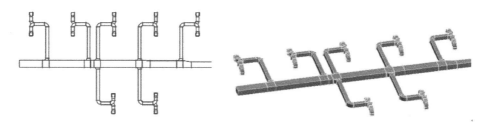

图 10.3.1-7　水力计算后的风管

图 10.3.1-8　材料表设置

材　料　表						
序号	系统分类	系统名称	材料名	规格	数量长度	单位	备注
1	送风	机械 送风 2	矩形弯头 - 弧形 - 法兰	120x120-120x120	8	个	
2	送风	机械 送风 2	矩形四通 - 弧形 - 法兰	320x320-320 x320-120x12 0-120x120	4	个	
3	送风	机械 送风 2	HY_送风散流器 - 方形	120x120	8	个	
4	送风	机械 送风 2	半径弯头/T 形三通	120x120	148.96	米	
5	送风	机械 送风 2	半径弯头/T 形三通	320x320	57.60	米	

图 10.3.1-9　Excel 格式材料

10.3.2　水系统设计

1. 布置设备

如图 10.3.2-1 所示，提供空调水系统建模设计中盘管、阀件等设备的布置功能，通过灵活、方便的设备族检索界面，结合鸿业丰富的设备族库，即点即用。

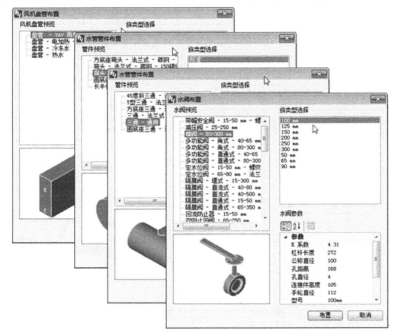

图 10.3.2-1　布置风机盘管和设备

2. 批量连接

能够自动按照管道的不同系统分类批量连接，自动连接风机盘管，自动处理不同标高的管道连接，如图 10.3.2-2 所示。

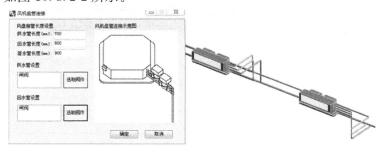

图 10.3.2-2　批量连接

3. 系统计算

如图 10.3.2-3 所示，软件可以从模型中提取系统信息进行暖通水系统的设计计算和校核计算，并提供灵活的系统设定以获取最优化的系统方案。系统模型自动根据计算结果更新各段风管尺寸，计算完成后，可以生成计算书，方便后期审查。

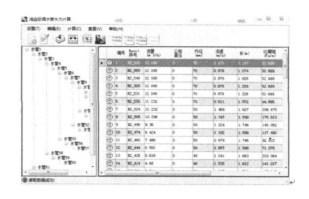

图 10.3.2-3　系统计算

4. 标注统计

如图 10.3.2-4 所示，软件提供了常用的水管标注样式，可以直接对管道进行点选标注或批量标注。

图 10.3.2-4　水管标注

10.4　电气系统

提供全面的建模功能，可以实现设备布置、线缆连接等；提供准确的计算分析功能，可以实现负荷计算、照度计算和压降计算等；提供方便的统计标注功能，可以实现设备标注、设备材料统计等。

1. 设备布置

提供符合用户常用习惯进行分类的设备库，在界面上可预览并供用户选择；提供点取布置、矩形布置、弧形布置等多种布置方式。设备布置的同时设备间导线连接同步生成，如图 10.4-1 所示。

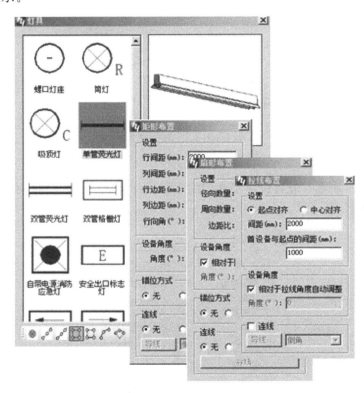

图 10.4-1　布置电气设备

2. 设备连线

提供设备间连线工具，可以连续地循环点取设备进行连线，可根据线生线管功能在导线上自动生成线管，也可以对某一区域的线管标高作批量调整，如图 10.4-2 所示。

3. 批量标注

如图 10.4-3 所示，可方便地进行导线根数标注、回路编号标注、设备标注，并提供灵活的样式设定界面。

4. 系统图

根据相关设置自动生成电气系统图，如图 10.4-4 所示。回路负荷统计、导线选型、保护管选型、开关选型及配电箱负荷计算同步完成。

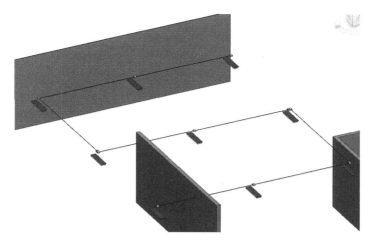

图 10.4-2 设备连线

图 10.4-3 批量标注

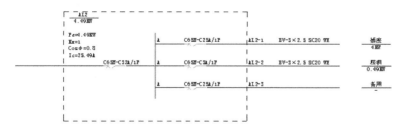

图 10.4-4 电气系统图

5. 电气计算

根据模型中的建筑信息,按照利用系数法完成各房间的照度计算,如图 10.4-5 所示。内置最新照明设计规范,可根据房间功能自动检索照度标准;提供墙面及地面反射系数数据库供选择,多样的灯具及光源种类数据库,强大的计算及布置功能,计算结果可生成 Word 格式的计算书。

通过读取灯具信息,进行相应的负荷计算,如图 10.4-6 所示,提供不计算补偿容量及计入补偿容量两种,同时还可作变压器选型,方便地导出 Excel 及 Word 计算书。

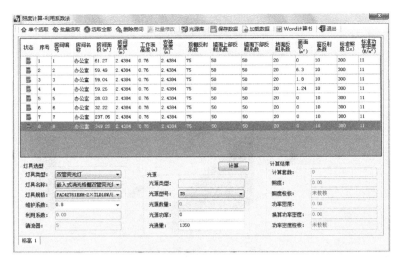

图 10.4-5　电气计算

图 10.4-6　电气负荷计算

10.5　鸿业机电深化

主要面向机电专业的深化设计，重点解决深化设计中的支吊架设计，管线综合及碰撞调整，管线调整后的设计参数计算校核、精细化材料统计、出深化设计图纸、协同开洞等BIM应用问题。本软件可结合 BIMSpace 中的其他专业模块一起使用，可进行支吊架快速生成与布置、管道的碰撞调整及协同开洞等。

1. 支吊架设计绘制

如图 10.5-1、图 10.5-2 所示，软件提供了参数化的支吊架设计与绘制方式，可从支吊架库中选取支吊架的样式，通过修改参数调整为需要的支吊架规格。软件提供了剖面布置、任意布置、沿管布置、沿线布置等多种布置方式。使用沿管布置、沿线布置等可进行批量布置，使用 Revit 自带的阵列等命令布置的鸿业支吊架，鸿业软件在进行编号和统计时也可以识别。

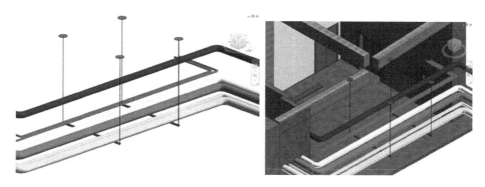

图 10.5-1　支吊架设计

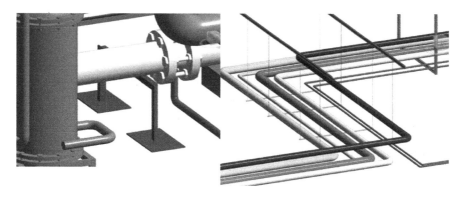

图 10.5-2　支吊架绘制

2. 支吊架编号

可按照编号规则及放置位置的设置对支吊架进行批量编号，如图 10.5-3 所示。

图 10.5-3　支吊架编号

3. 支吊架统计

如图 10.5-4、图 10.5-5 所示，支吊架统计功能可按类型和型材进行统计，可按整个模型统计，也可按图面选择进行统计，统计结果可输出到图面。

图 10.5-4　按类型统计支吊架

图 10.5-5　按型材统计支吊架

一、单选题

1. 框选要连接的所有管道，相同系统的管道会两两自动连接的功能是(C)。

A. 横立连接　　　　　　　　　　　　B. 水管连接

C. 分类连接　　　　　　　　　　　　D. 自动连接

2. 喷淋系统中主管、支管的管径与危险等级、允许连接喷头数量不匹配，此时可以用(A)命令对管道的管径进行自动调整。

A. 定管径　　　　　　　　　　　　　B. 编辑管径

C. 修改管径　　　　　　　　　　　　D. 查看管径

3. 当管道需要绕梁绕柱作水平方向的偏移调整时，可以使用(C)命令。

A. 手动偏移　　　　　　　　　　　　B. 手动修改

C. 升降偏移　　　　　　　　　　　　D. 自动升降

4. 批量选取设备进行连线的命令是(A)。

A. 设备连线　　　　　　　　　　　　B. 点点连线

C. 箱柜出线　　　　　　　　　　　　D. 导线连接

5. 机电深化中，【提取剖面】命令的主要功能是(B)。

A. 打开剖面图，自动设计支吊架

B. 提取管道剖面信息，提供支吊架的自动设计

C. 剖面信息的导入，生成剖面图

D. 生成管道剖面形状，以供出图使用

二、多项选择题

1. 在【自动设计】命令中，可以预先设置(ACD)。

A. 横管直径 　　　　　　　　　　B. 立管直径

C. 横管坡度 　　　　　　　　　　D. 存水弯

2. 在【风管水力计算】命令中，包含的主要功能有(ABCD)。

A. 设计计算

B. 校核计算

C. Excel 计算书

D. 赋回图面

3. 在【灯具布置】命令中，除了可以按照任意布置、矩形布置、扇形布置的方式来布置灯具，还可以使用(ABCD)的方式。

A. 拉线布置 　　　　　　　　　　B. 拉线均布

C. 矩形均布 　　　　　　　　　　D. 弧线均布

附件　建筑信息化 BIM 技术系列岗位职业技术考试管理办法

北京绿色建筑产业联盟文件

联盟　通字　【2018】09 号

_____

通　知

各会员单位，BIM 技术教学点、报名点、考点、考务联络处以及有关参加考试的人员：

根据国务院《2016—2020 年建筑业信息化发展纲要》《关于促进建筑业持续健康发展的意见》（国办发［2017］19 号），以及住房和城乡建设部《关于推进建筑信息模型应用的指导意见》《建筑信息模型应用统一标准》等文件精神，北京绿色建筑产业联盟组织开展的全国建筑信息化 BIM 技术系列岗位人才培养工程项目，各项培训、考试、推广等工作均在有效、有序、有力的推进。为了更好地培养和选拔优秀的实用性 BIM 技术人才，搭建完善的教学体系、考评体系和服务体系。我联盟根据实际情况需要，组织建筑业行业内 BIM 技术经验丰富的一线专家学者，对于本项目在 2015 年出版的 BIM 工程师培训辅导教材和考试管理办法进行了修订。现将修订后的《建筑信息化 BIM 技术系列岗位职业技术考试管理办法》公开发布，2019 年 2 月 1 日起开始施行。

特此通知，请各有关人员遵照执行！

附件：建筑信息化 BIM 技术系列岗位专业技能考试管理办法　全文

二〇一九年一月十五日

附件：

建筑信息化 BIM 技术系列岗位职业技术考试管理办法

根据中共中央办公厅、国务院办公厅《关于促进建筑业持续健康发展的意见》（国发办〔2017〕19号）、住建部《2016—2020年建筑业信息化发展纲要》（建质函〔2016〕183号）和《关于推进建筑信息模型应用的指导意见》（建质函〔2015〕159号），国务院《国家中长期人才发展规划纲要（2010—2020年）》《国家中长期教育改革和发展规划纲要（2010—2020年）》，教育部等六部委联合印发的《关于进一步加强职业教育工作的若干意见》等文件精神，北京绿色建筑产业联盟结合全国建设工程领域建筑信息化人才需求现状，参考建设行业企事业单位用工需要和工作岗位设置等特点，制定 BIM 技术专业技能系列岗位的职业标准、教学体系和考评体系，组织开展岗位专业技能培训与考试的技术支持工作。参加考试并成绩合格的人员，由北京绿色建筑产业联盟及有关认证机构颁发相关岗位技术与技能证书。为促进考试管理工作的规范化、制度化和科学化，特制定本办法。

一、岗位名称划分

1. BIM 技术综合类岗位：

BIM 建模技术，BIM 项目管理，BIM 战略规划，BIM 系统开发，BIM 数据管理。

2. BIM 技术专业类岗位：

BIM 工程师（造价），BIM 工程师（成本管控），BIM 工程师（装饰），BIM 工程师（电力），BIM 工程师（装配式），BIM 工程师（机电），BIM 工程师（路桥），BIM 工程师（轨道交通），BIM 工程师（工程设计），BIM 工程师（铁路）。

二、考核目的

1. 为国家建设行业信息技术（BIM）发展选拔和储备合格的专业技术人才，提高建筑业从业人员信息技术的应用水平，推动技术创新，满足建筑业转型升级需求。

2. 充分利用现代信息化技术，提高建筑业企业生产效率、节约成本、保证质量，高效应对在工程项目策划与设计、施工管理、材料采购、运营维护等全生命周期内进行信息共享、传递、协同、决策等任务。

三、考核对象

1. 凡中华人民共和国公民，遵守国家法律、法规，恪守职业道德的。土木工程类、工程经济类、工程管理类、环境艺术类、经济管理类、信息管理与信息系统、计算机科学与技术等有关专业，具有中专以上学历，从事工程设计、施工管理、物业管理工作的社会企事业单位技术人员和管理人员，高职院校的在校大学生及老师，涉及 BIM 技术有关业务，均可以报名参加 BIM 技术系列岗位专业技能考试。

2. 参加 BIM 技术专业技能和职业技术考试的人员，除符合上述基本条件外，还需具备下列条件之一：

（1）在校大学生已经选修过 BIM 技术有关岗位的专业基础知识、操作实务相关课程的；或参加过 BIM 技术有关岗位的专业基础知识、操作实务的网络培训；或面授培训，或实习实训达到 140 学时的。

（2）建筑业企业、房地产企业、工程咨询企业、物业运营企业等单位有关从业人员，参加过 BIM 技术基础理论与实践相结合的系统培训和实习达到 140 学时，具有 BIM 技术系列岗位专业技能的。

四、考核规则

1. 考试方式

（1）网络考试：不设定统一考试日期，灵活自主参加考试，凡是参加远程考试的有关人员，均可在指定的远程考试平台上参加在线考试，卷面分数为 100 分，合格分数为 80 分。

（2）大学生选修学科考试：不设定统一考试日期，凡在校大学生选修 BIM 技术相关专业岗位课程的有关人员，由各院校根据教学计划合理安排学科考试时间，组织大学生集中考试。卷面分数为 100 分，合格分数为 60 分。

（3）集中考试：设定固定的集中统一考试日期和报名日期，凡是参加培训学校、教学点、考点考站、联络办事处、报名点等机构进行现场面授培训学习的有关人员，均需凭准考证在有监考人员的考试现场参加集中统一考试，卷面分数为 100 分，合格分数为 60 分。

2. 集中统一考试

（1）集中统一报名计划时间：（以报名网站公示时间为准）

夏季：每年 4 月 20 日 10：00 至 5 月 20 日 18：00。

冬季：每年 9 月 20 日 10：00 至 10 月 20 日 18：00。

各参加考试的有关人员，已经选择参加培训机构组织的 BIM 技术培训班学习的，直接选择所在培训机构报名，由培训机构统一代报名。网址：www.bjgba.com（建筑信息化 BIM 技术人才培养工程综合服务平台）

（2）集中统一考试计划时间：（以报名网站公示时间为准）

夏季：每年 6 月下旬（具体以每次考试时间安排通知为准）。

冬季：每年 12 月下旬（具体以每次考试时间安排通知为准）。

考试地点：准考证列明的考试地点对应机位号进行作答。

3. 非集中考试

各高等院校、职业院校、培训学校、考点考站、联络办事处、教学点、报名点、网教平台等组织大学生选修学科考试的，应于确定的报名和考试时间前 20 天，向北京绿色建筑产业联盟测评认证中心 BIM 技术系列岗位专业技能考评项目运营办公室提报有关统计报表。

4. 考试内容及答题

（1）内容：基于 BIM 技术专业技能系列岗位专业技能培训与考试指导用书中，关于 BIM 技术工作岗位应掌握、熟悉、了解的方法、流程、技巧、标准等相关知识内容进行命题。

（2）答题：考试全程采用 BIM 技术系列岗位专业技能考试软件计算机在线答题，系统自动组卷。

（3）题型：客观题（单项选择题、多项选择题），主观题（案例分析题、软件操作题）。

（4）考试命题深度：易 30%，中 40%，难 30%。

5. 各岗位考试科目

序号	BIM 技术系列岗位专业技能考核	考核科目			
		科目一	科目二	科目三	科目四
1	BIM 建模技术岗位	《BIM 技术概论》	《BIM 建模应用技术》	《BIM 建模软件操作》	
2	BIM 项目管理岗位	《BIM 技术概论》	《BIM 建模应用技术》	《BIM 应用与项目管理》	《BIM 应用案例分析》
3	BIM 战略规划岗位	《BIM 技术概论》	《BIM 应用案例分析》	《BIM 技术论文答辩》	
4	BIM 技术造价管理岗位	《BIM 造价专业基础知识》	《BIM 造价专业操作实务》		
5	BIM 工程师（装饰）岗位	《BIM 装饰专业基础知识》	《BIM 装饰专业操作实务》		
6	BIM 工程师（电力）岗位	《BIM 电力专业基础知识与操作实务》	《BIM 电力建模软件操作》		
7	BIM 系统开发岗位	《BIM 系统开发专业基础知识》	《BIM 系统开发专业操作实务》		
8	BIM 数据管理岗位	《BIM 数据管理业基础知识》	《BIM 数据管理专业操作实务》		

6. 答题时长及交卷

客观题试卷答题时长 120 分钟，主观题试卷答题时长 180 分钟，考试开始 60 分钟内禁止交卷。

7. 准考条件及成绩发布

（1）凡参加集中统一考试的有关人员应于考试时间前 10 天内，在 www.bjgba.com（建筑信息化 BIM 技术人才培养工程综合服务平台）打印准考证，凭个人身份证原件和准考证等证件，提前 10 分钟进入考试现场。

（2）考试结束后 60 天内发布成绩，在 www.bjgba.com 平台查询成绩。

（3）考试未全科目通过的人员，凡是达到合格标准的科目，成绩保留到下一个考试周期，补考时仅参加成绩不合格科目考试，考试成绩两个考试周期有效。

五、技术支持与证书颁发

1. 技术支持：北京绿色建筑产业联盟内设 BIM 技术系列岗位专业技能考评项目运营办公室，负责构建教学体系和考评体系等工作；负责组织开展编写培训教材、考试大纲、题库建设、教学方案设计等工作；负责组织培训及考试的技术支持工作和运营管理工作；负责组织优秀人才评估、激励、推荐和专家聘任等工作。

2. 证书颁发及人才数据库管理

凡是通过 BIM 技术系列岗位专业技能考试，成绩合格的有关人员可以获得《职业技术证书》，证书代表持证人的学习过程和考试成绩合格证明，以及岗位专业技能水平，并纳入信息化人才数据库。

六、考试费收费标准

BIM 建模技术，BIM 项目管理，BIM 系统开发，BIM 数据管理，BIM 战略规划，BIM 工程师（造价），BIM 工程师（成本管控），BIM 工程师（装饰），BIM 工程师（电力），BIM 工程师（装配式），BIM 工程师（机电），BIM 工程师（路桥），BIM 工程师（轨道交通），BIM 工程师（工程设计），BIM 工程师（铁路）考试收费标准：480 元/人（费用包括：报名注册、平台数据维护、命题与阅卷、证书发放、考试场地租赁、考务服务等考试服务产生的全部费用）。

七、优秀人才激励机制

1. 凡取得 BIM 技术系列岗位相关证书的人员，均可以参加 BIM 工程师"年度优秀工作者"评选活动，对工作成绩突出的优秀人才，将在表彰颁奖大会上公开颁奖表彰，并由评委会颁发"年度优秀工作者"荣誉证书。

2. 凡主持或参与的建设工程项目，用 BIM 技术进行规划设计、施工管理、运营维护等工作，均可参加"工程项目 BIM 应用商业价值竞赛"BVB 奖（Business Value of BIM）评选活动，对于产生良好经济效益的项目案例，将在颁奖大会上公开颁奖，并由评委会颁发"工程项目 BIM 应用商业价值竞赛"BVB 奖获奖证书及奖金，其中包括特等奖、一等奖、二等奖、三等奖、鼓励奖等奖项。

八、其他

1. 本办法根据实际情况，每两年修订一次，同步在 www.bjgba.com 平台进行公示。本办法由 BIM 技术系列岗位专业技能人才考评项目运营办公室负责解释。

2. 凡参与 BIM 技术系列岗位专业技能考试的人员、BIM 技术培训机构、考试服务与管理、市场传推广、命题判卷、指导教材编写等工作的有关人员，均适用于执行本办法。

3. 本办法自 2019 年 2 月 1 日起执行，原考试管理办法同时废止。

北京绿色建筑产业联盟
（BIM 技术系列岗位专业技能人才考评项目运营办公室）

二〇一九年一月